LES ENGRAIS

TOME PREMIER

L'AGRICULTURE AU XXᵉ SIÈCLE
ENCYCLOPÉDIE PUBLIÉE SOUS LA DIRECTION DE
H.-L.-A. BLANCHON & J. FRITSCH

Les Engrais

PAR

J. FRITSCH

Chimiste
Lauréat de la Société d'Encouragement
(Méd. d'argent; méd. d'or)

TOME PREMIER

COMPOSITION ET VIE DES PLANTES. — L'ATMOSPHÈRE
ET LA TERRE ARABLE. — ENGRAIS DE LA FERME. — AMENDEMENTS
ENGRAIS VERTS. — EXPLOITATION DU SOL
SOUS LE RÉGIME DU FUMIER DE FERME. — LES ENGRAIS CHIMIQUES :
ÉNUMÉRATION ET DÉFINITIONS.

Planche de 10 figures dans le texte

PARIS

LUCIEN LAVEUR, ÉDITEUR
13, RUE DES SAINTS-PÈRES, VIᵉ

LES ENGRAIS

INTRODUCTION

Le principe de la fumure des terres avait été connu et appliqué de toute antiquité. Les Grecs et les Romains l'avaient consacré par l'emploi agricole des déjections des hommes et des animaux. Mais ils ignoraient les principes de la nutrition des plantes. Toute leur science agronomique se résumait en quelques axiomes, tels que les suivants : la terre produit les plantes les plus diverses ; on augmente sa fécondité par la fumure, on la diminue par une longue suite de récoltes ; le repos peut la lui restituer. Dans ces conditions, les manipulations du labour, des semailles, de l'épandage du fumier se transmettaient de génération en génération sous leur forme ancestrale ; on ne soupçonnait pas leur enchaînement avec le rendement des récoltes.

Les plantes cultivées étaient principalement le blé et les autres céréales ; on les faisait revenir plusieurs fois successivement dans le même champ, puis, quand la terre était fatiguée, on la laissait reposer pour lui faire reprendre de nouvelles forces. Ce repos était la jachère.

Vers le milieu du XVIIIe siècle on modifia la jachère : au lieu de laisser la terre inoccupée, on y semait du trèfle. La culture de cette légumineuse constituait déjà un progrès, car elle permettait de féconder de grandes surfaces restées jusque-là improductives, d'entretenir un bétail plus nombreux, mieux nourri et, par suite, d'augmenter la production de la viande pour l'alimentation humaine.

Comme, dans la plupart des cas, les céréales réussissaient aussi bien après trèfle qu'après une jachère entière, on ne tarda pas à considérer cette légumineuse comme une plante améliorante. Lorsqu'au bout de quelques années la terre était fatiguée de produire du trèfle, on y cultivait des choux, des pois, des haricots, des vesces, des betteraves, des pommes de terre ; on pensait que ces plantes, en ombrageant le sol, devaient également le féconder. C'est ainsi que peu à peu vint l'idée de l'assolement, qui consiste, en principe, à cultiver alternativement des céréales et des plantes sarclées, avec retour périodique d'une légumineuse.

Le développement progressif de la culture des plantes sarclées permit d'entretenir un bétail plus nombreux et de lui donner une alimentation plus substantielle. Au lieu de lui imposer le régime de la pâture depuis le printemps jusqu'à l'automne, suivi de la maigre ration de paille pendant la stabulation hivernale, on fut à même de le nourrir à l'étable et de lui donner des aliments de plus en plus abondants durant tout le cours de l'année. Par suite aussi, on eut la possibilité de recueillir les déjections solides et liquides des animaux et d'en éviter la perte par dispersion dans les pâturages et sur les routes. La production du fumier permit à son tour de mieux fertiliser les terres.

Mais, toutes ces connaissances étaient purement empiriques. On ignorait ce qu'était le fumier, comment et pourquoi il favorisait la croissance des plantes.

Bernard Palissy (1510 à 1590), dont on connaît l'âpre dévouement à l'art de la céramique en France, s'occupa également de chimie et d'agriculture. « Le fumier, dit-il en substance, n'améliore la terre que par les sels solubles qu'il renferme ; les récoltes successives diminuent la fécondité du sol parce qu'elles lui enlèvent les sels solubles et que finalement il n'en contient plus. » Ces déclarations sont absolument conformes à la théorie actuelle, et Bernard Palissy peut être considéré comme un précurseur ; malheureusement, à l'époque où il vivait, on ne possédait guère de notions sur la nutrition des plantes et on ignorait comment elles se comportent vis-à-vis des sels solubles qu'elles enlèvent à la terre.

Au xviiie siècle, les études agronomiques commencèrent à prendre une allure plus scientifique, grâce aux travaux de Priestley (1733-1804), Saussure (1740-1799), Chaptal (1756-1832), Davy (1778-1829), etc. Saussure étudia le rôle de l'acide carbonique dans la production végétale. A cette époque, l'humus était considéré comme le véritable aliment des plantes. D'après cette théorie, plus on augmentait la réserve de matière organique dans le sol, plus on augmentait sa fertilité. On ne tenait nullement compte des matières minérales.

En 1840, Liebig, s'appuyant sur les travaux de certains de ses devanciers et sur ses propres recherches, formula les vrais principes de la science agronomique dans sa *Chimie agricole* dont la lecture, à 70 ans de distance, est vraiment instructive. « Toutes les plantes, dit-il, se nourrissent d'aliments inorganiques ou minéraux. La plante vit d'acide carbonique, d'eau, d'ammoniaque, d'acides phosphorique, sulfurique, silicique, de chaux, de potasse, de fer; certaines plantes exigent du sel de cuisine. Entre tous les éléments de la terre, de l'eau et de l'air qui contribuent à faire vivre les plantes, il existe un enchaînement tel que, si un seul élément vient à manquer, la plante ne peut vivre.

« Les déjections des hommes et des animaux agissent sur les végétaux non par les éléments organiques qu'elles renferment, mais par les produits de leur décomposition, par conséquent par l'acide carbonique et par l'ammoniaque qu'elles produisent. Le fumier peut donc être remplacé par les éléments minéraux en lesquels il se décompose dans le sol.»

Wiegmann et Polstorf démontrèrent expérimentalement que les plantes peuvent végéter sans le secours de l'humus, qu'elles peuvent puiser dans l'air l'acide carbonique dont elles ont besoin. A cet effet, ils cultivèrent des plantes dans une terre où toute matière organique avait été détruite par calcination et qui, par conséquent, ne contenait plus que des matières minérales. Des essais de culture furent effectués par Knop, Stohmann et Sachs pour prouver que les plantes peuvent être amenées à leur plus grand développement sans le concours de l'humus, quand on met à leur disposition les éléments minéraux solubles dont elles ont besoin.

La théorie de Liebig fut d'abord vivement combattue; mais elle finit par rallier les suffrages de tous les savants. L'agriculture entra dès lors dans la voie du progrès scientifique, guidée par les nombreux travaux et les patientes recherches de toute une pléiade de savants qui illustrèrent la seconde moitié du XIXe siècle. Citons : en Angleterre Lawes et Gilbert, en Allemagne Wolff, Wagner, Mœrcker; en France, Boussingault,

J.-B. Dumas, Peligot, Payen, Berthelot, de Gasparin, Heuzé, Barral, Joigneaux, G. Ville, Dehérain, Risler, et parmi nos contemporains Grandeau, Pagnoul, Pétermann et tant d'autres. Actuellement, et bien qu'il reste encore bien des questions à éclaircir, on peut affirmer que la science agronomique atteint à son apogée.

Notre but, en publiant ce travail, est de contribuer à sa diffusion dans la classe rurale. Nous étudierons la composition de la plante, de l'atmosphère et du sol; nous traiterons ensuite des engrais et des amendements, et enfin, des engrais chimiques et de leurs applications aux principales plantes cultivées.

TOME PREMIER

CHAPITRE PREMIER

COMPOSITION ET VIE DES PLANTES

Les végétaux se composent en majeure partie d'eau et de substance sèche. Si on les soumet à la dessiccation à une température de 100-110°, l'eau s'évapore et laisse comme résidu la substance sèche dont la quantité varie suivant les plantes, et suivant leur âge. Si ensuite on combure la substance sèche, on remarque qu'une partie en est destructible par le feu, tandis qu'une autre partie, en quantité beaucoup plus faible, résiste à la combustion et forme les cendres. La partie combustible est la *matière organique*, composée de carbone, d'eau et d'azote : elle se dégage dans l'atmosphère sous forme de gaz ; la partie non combustible ou cendre forme les *matières minérales*. Chaque partie de la plante, depuis la pointe des racines jusqu'aux sommités fleuries, depuis l'écorce jusqu'à la moelle, donne de la cendre par combustion. En analysant la cendre, on trouve dans toutes les plantes sans exception des phosphates, de la potasse, de la magnésie, de la soude, de la chaux, de l'oxyde de fer, des acides sulfurique et silicique et le plus souvent du chlore.

Les chiffres suivants nous indiquent la teneur de quelques plantes en eau, en substance sèche et en cendres :

	Eau	Substance sèche	Substance sèche Matière organique	Cendres
Grains de seigle.......	13,4	86,6	84,6	2,0
Foin de prairie........	20,3	79,7	73,7	6,0
Herbe de prairie.......	75,0	25,0	22,9	2,1
Pommes de terre (tubercules)...............	75,0	25,0	24,0	1,0
Pommes...............	83,1	16,9	16,5	0,4
Betteraves fourragères..	87,5	12,5	11,4	1,1

Nous voyons par ce tableau que l'eau forme la masse prépondérante de l'organisme végétal, puisqu'elle s'y trouve dans la proportion de 75 à 90 o/o et même au-delà. Dans les parties ligneuses, elle est moins abondante et se réduit généralement à 35-50 o/o ; mais elle fait partie essentielle de tout organisme vivant. Nous voyons en outre que la matière organique combustible , et la matière minérale , incombustible, qui forment ensemble la substance sèche, se trouvent en proportions très variables. Ainsi :

Les grains de sei-gle contiennent :	1 de cendres sur	42 de mat. org.
Le foin de prairie,	1 —	12 —
L'herbe de prairie,	1 —	11 —
Les pommes de terre (tubercules)	1 —	24 —
Les pommes	1 —	41 —
Les betteraves fourragères	1 —	10 —

Malgré leur faible proportion par rapport à la matière organique, les matières minérales jouent un rôle excessivement important dans la vie de la plante, ainsi qu'on le verra dans la suite de notre travail.

LA MATIÈRE ORGANIQUE.

La matière organique se compose de carbone, d'hydrogène, d'oxygène et d'azote. Ces éléments s'y trouvent en proportions diverses ; mais c'est le carbone et l'oxygène qui prédominent. Ainsi, 100 kilogr. de matière organique anhydre contiennent 49 kilogr. de carbone, 63 kilogr. d'hydrogène, 43, 5 kilogr. d'oxygène et 1,2 kilogr. d'azote.

Dans la matière organique des plantes on distingue les quatre groupes suivants de composés chimiques :

1º Les hydrates de carbone ;

2º Les matières grasses ;

3º Les matières albuminoïdes ;

4° D'autres corps organiques (alcaloïdes, acides organiques, etc.).

1° **Les hydrates de carbone**, comme leur nom l'indique, se composent d'une certaine quantité de carbone, d'hydrogène et d'oxygène ; on les trouve dans toutes les plantes et ils forment la masse principale de leur matière organique. Les principaux d'entre eux sont la cellulose et l'amidon. En absorbant de l'eau, ils se transforment en sucres qui se rattachent soit au groupe de la glucose, soit à celui de la saccharose. Les autres hydrates de carbone les plus importants en dehors de la cellulose, de l'amidon et du sucre, sont la dextrine, la gomme et l'albumine végétale.

La *cellulose* est l'élément le plus important de la paroi cellulaire ; elle se forme en dernier lieu dans l'achèvement de la cellule. Dans la cellule en voie de formation les parois sont très minces. Elles s'épaississent peu à peu par l'interposition de nouvelles particules de cellulose et finissent dans certains cas par se lignifier. On trouve souvent, dans la paroi cellulaire, des matières organiques, de l'acide silicique, du carbonate de chaux, de l'oxalate de chaux, etc.

Par suite des modifications qu'elle subit pendant la croissance de la cellule, la cellulose se comporte différemment sous l'action des réactifs chimiques. Certaines formes de celluloses gonflent déjà dans l'eau froide ; d'autres se distinguent par leur résistance contre les acides les plus forts et les plus concentrés et offrent ainsi à la cellule une protection très efficace contre les influences extérieures ; en même temps, elles servent à consolider la plante. La cellulose soluble se rencontre notamment dans les graines de légumineuses, dans lesquelles la membrane cellulaire forme une couche épaisse. Dans la germination, cette cellulose est dissoute par l'eau et sert à la structure des organes de la jeune plante.

Les chiffres suivants nous permettent de nous faire une idée du rôle de la cellulose dans les plantes.

Les grains de seigle contiennent :	1,8	0/0	de cellulose,
Les grains de blé	—	2,5	0/0	—
Les grains d'avoine	—	10,6	0/0	—
Le trèfle sec	—	26,30	0/0	—
La paille de seigle	—	44,0	0/0	—
La paille de blé	—	40,0	0/0	—
La paille d'avoine	—	36,8	0/0	—
Le foin de prairie	—	25,6	0/0	—

On sait que le bois de nos arbres, particulièrement riche en cellulose, sert à la fabrication de la cellulose et du papier.

L'*amidon* est très répandu dans le règne végétal; il constitue le premier produit perceptible de l'assimilation, et se forme dans toutes les plantes vertes foliacées. A l'état pur, l'amidon se présente sous forme d'une poudre blanche, insoluble dans l'eau froide, gonflant dans l'eau chaude et se transformant en une masse gluante qui est l'empois.

L'amidon existe sous forme de granules microscopiques solides, mais de formes diverses, dans les cellules végétales. Leur forme, leur grosseur et leur structure permettent de déceler leur origine à l'aide du microscope. Dans les feuilles vertes où il prend naissance l'amidon se trouve à l'état de granules globulaires ; dans les pommes de terre, il prend la forme de corpuscules ovoïdes, irréguliers ; dans les grains de blé, de seigle et d'orge, les granules sont lenticulaires et aplatis, etc.

Considéré au point de vue de sa fonction, l'amidon constitue un aliment de réserve dans les plantes ; il s'accumule comme tel dans les tubercules et les rhizomes, dans les rayons médullaires des arbres, et tout particulièrement dans les grains de céréales, dont voici la teneur, d'après A. Mayer :

Blé.................	57 à 73	0/0 d'amidon.
Orge	53 à 71	—
Seigle.............	56 à 66	—
Avoine............	43 à 60	—
Maïs.............	51 à 65	—
Riz...............	62 à 86	—

La *dextrine* est un produit intermédiaire entre l'amidon et la glucose ; on l'obtient en soumettant l'amidon à une température de 200° ou en le traitant par les acides, par les ferments (diastase); sous l'action prolongée des acides, la dextrine se transforme en glucose, et en maltose ou sucre de malt sous l'action de la diastase.

De la dextrine se rapproche l'*albumine végétale* et d'autres substances analogues à la gomme, qui sont également contenues dans le suc cellulaire. Ces substances ne jouent aucun rôle dans la nutrition de la plante : elles servent uniquement à fermer les blessures que reçoit la plante.

L'*inuline* a la même composition que l'amidon et s'en rapproche sensiblement. Elle est moins répandue dans le règne végétal, car on ne la trouve que dans les racines de quelques plantes, telles que la chicorée, le topinambour, où elle joue le même rôle que l'amidon.

L'amidon, formé dans les cellules vertes, est transformé en glucose ou sucre de raisin par des enzymes. On trouve ce sucre dans la plupart des organes de la plante; il traverse la membrane cellulaire, voyage de cellule en cellule et sert de matière première à toutes les combinaisons organiques du végétal. En outre de la glucose, un autre sucre, la lévulose, est également très répandu dans le règne végétal ; les deux sucres se rencontrent notamment en grande quantité dans tous les fruits de nos vergers, dans les raisins avant leur complète maturité.

Le *sucre de canne* ou saccharose se rencontre dans le suc de la canne à sucre et de la betterave à sucre, dans les tiges des céréales un peu avant la floraison. Tandis que, dans la betterave à sucre, il joue le rôle d'aliment de réserve, il semble constituer dans les tiges de céréales, dans les feuilles et dans le germe des semences, un produit intermédiaire entre l'amidon et la glucose et former un aliment immédiat du protoplasma.

Enfin, la *maltose* est formée par l'action de la diastase sur l'amidon dans les grains en germination ; cette transformation est graduelle et donne lieu à la production de dextrine intermédiaire mentionnée plus haut.

2º **Les matières grasses** sont des composés de glycérine et d'acides gras. Les plus connus parmi ces derniers sont les acides stéarique, palmitique et oléique et, suivant la proportion respective de chacun d'eux, les corps gras sont solides, semi-liquides ou liquides à la température ordinaire. Plus est élevée leur teneur en stéarine, plus ils sont fermes ; plus est élevée leur teneur en oléine, plus ils sont mous.

Dans les végétaux la matière grasse se trouve contenue sous forme de fines gouttelettes dans le suc cellulaire ou dans le protoplasma. Les corps gras du règne végétal ont généralement la même composition que ceux du règne animal ; ils se distinguent par une teneur élevée en carbone et par une teneur très faible en oxygène. Ils exigent donc une grande quantité d'oxygène pour se comburer et produire ainsi de la chaleur. Comme ils contiennent près de 2 fois 1/2 plus de combustible que les hydrates de carbone, ils constituent un aliment respiratoire très important. (On sait que la respiration n'est autre chose qu'une oxydation ou combustion.) Un autre corps gras qui se rencontre également dans les plantes est la lécithine, qui se distingue par sa teneur élevée en acide phosphorique ; comme les autres graisses, elle est formée dans le protoplasma et s'y trouve répartie à à un état finement divisé.

La teneur en matière grasse des plantes cultivées varie dans des limites très étendues, comme le montrent les chiffres suivants (d'après **J. Kühn**) :

Pommes de terre..................	0,15 0/0
Choux blanc......................	0,2 —
Trèfle vert (au commencement de la floraison).....................	0,6 —
Paille de blé.....................	1,2 —
Grains de blé....................	1,7 —
Pois.............................	1,9 —
Foin de prairie...................	2,9 —
Paille d'avoine...................	1,7 —
Grains d'avoine..................	5 —
Maïs............................	4,3 —
Graines de lupins................	4,5 à 6 —
Graines de lin...................	33,6 —

Graines de colza................ 42,2 0/0
Amande de palme.............. 48,7 —

Il y a lieu de citer encore les cires, mais celles-ci ne servent pas d'aliments de réserve, comme les corps gras, car elles ne sont plus résorbées par le protoplasma ; elles forment le plus souvent un vernis qui recouvre les feuilles ou les fruits pour les protéger contre une transpiration trop forte.

3° **Les matières albuminoïdes** ou **protéiques** forment les combinaisons les plus compliquées que l'on rencontre dans les végétaux. Elles se composent :

1° De groupes non azotés, formés de carbone, d'hydrogène et d'oxygène, donc vraisemblablement des hydrates de carbone et des corps gras ;

2° De groupes azotés formés de carbone, d'hydrogène et d'oxygène (amides) ;

3° De groupes sulfurés, et en partie :

4° De groupes phosphatés (nucléine).

Suivant la nature et le nombre de leurs groupements, les matières albuminoïdes possèdent des propriétés très différentes, quoique leur composition centésimale ne présente que peu de différence. D'après A. Mayer, la formule chimique de l'albumine est $C^{157}H^{254}N^{40}SO^{50}$. D'après Ritthausen, la teneur en carbone des matières albuminoïdes qui se rencontrent dans les grains de céréales, de sarrazin, des légumineuses et des plantes oléagineuses varie entre 51,o et 54,7 o/o, la teneur en azote entre 15,6 et 18,03 o/o, la teneur en soufre entre 0,4 o/o (dans la légumine des pois) et 1,55 o/o (dans l'albumine du blé). La teneur moyenne des matières albuminoïdes en azote est de 16 o/o. Quoique le soufre ne se trouve qu'en faible proportion dans les matières albuminoïdes, il n'en forme pas moins un élément indispensable.

Suivant leur degré de solubilité dans l'eau pure et dans l'eau salée, on distingue :

a) Les matières albuminoïdes solubles dans l'eau (albumine végétale, peptones);

b) Les matières albuminoïdes peu solubles dans l'eau pure, mais très solubles dans l'eau alcaline (globuline);

c) Les matières albuminoïdes insolubles dans l'eau pure et dans l'eau alcaline, mais solubles dans l'alcool et dans les acides dilués (gliadine et glutenine).

a) Les matières albuminoïdes solubles dans l'eau. On les trouve toujours dans les cellules vivantes de la plante ; elles servent de matière première à la formation du protoplasma, qui se compose d'un mélange d'albumines, de globulines, de lécithine et d'eau. C'est à la présence de ces composés mobiles, non cristallins, que le végétal doit en première ligne son élasticité. Le protoplasma avec ses combinaisons albuminoïdes très solubles, facilement décomposables est le siège de toutes les transformations et des phénomènes de respiration de la plante. — Les albumines ne forment jamais une solution claire, parce que leurs molécules sont toujours unies par agrégats ; par suite aussi, elles ne peuvent traverser la membrane cellulaire. Les peptones, par contre, possèdent une grande diffusibilité ; ils jouent parmi les matières albuminoïdes le même rôle que la glucose parmi les hydrates de carbone, étant issus, tout comme celle-ci, de matières insolubles et transformées en corps diffusibles par l'action de ferments.

b) Comme matières albuminoïdes peu solubles dans l'eau pure, mais très solubles dans l'eau alcaline, on distingue les *globulines*, qui se présentent en plusieurs modifications. On trouve ces corps en proportion importante, le plus souvent sous forme de légumine, dans les graines de légumineuses, et dans les graines d'avoine ; le maïs en contient très peu ; les grains de blé, de seigle et d'orge n'en contiennent pas. Les graines de lupin sont très riches en matières albuminoïdes ; mais, contrairement aux autres légumineuses, elles ne contiennent pas de légumine, mais principalement de la conglutine.

c) Les matières albuminoïdes solubles dans l'alcool et les acides dilués sont la gliadine et la glutenine qui, à l'état frais et hydraté, forment des masses plus ou moins gluantes, tenaces. Ces substances ne se rencontrent que dans les grains de céréales où elles forment des réserves de matières albuminoïdes sur lesquelles la plante ne vient puiser que lorsqu'elle a utilisé celles qui s'y trouvaient sous une forme plus soluble. C'est la gliadine contenue dans le gluten du blé qui fait monter la pâte dans la panification. Le seigle ne contient presque pas de gliadine.

Citons encore les *nucléines*, qui sont insolubles dans l'eau pure et dans l'eau alcaline et résistent à l'action de tous les ferments d'origine végétale ou animale. On les trouve dans le noyau cellulaire ; elles sont phosphatées et forment des éléments essentiels de toute cellule vivante ; de là ressort l'importance de l'alimentation phosphatée pour les animaux et les plantes dans leur premier développement.

La teneur moyenne en matières albuminoïdes ou protéiques totales est la suivante pour différents produits, d'après J. Kuhn :

Betterave fourragère............	1,3 0/0
Pommes de terre..................	2,1 —
Herbe de prairie....................	3,0 —
Trèfle rouge........................	3,4 —
Paille d'avoine.....................	3,6 —
Grains d'avoine.....................	10,7 —
Paille de seigle....................	3,0 —
Grains de seigle....................	10,8 —

Paille dé foin................... ....   8,8 0/0
Graines de pois....   23,1   —
Graines de haricots....   25,3   —
Graines de lupins.................   35,4   —

Aux matières azotées, non albuminoïdes, appartiennent les *amides*, parmi lesquels l'asparagine se rencontre le plus fréquemment. C'est sous forme d'amides que s'accumule l'azote absorbé par les plantes pour servir ensuite à la formation des matières albuminoïdes ; inversement, les matières albuminoïdes peuvent se transformer en amides et retourner ensuite à leur état antérieur. Les amides peuvent former les deux tiers de la matière azotée, dans les betteraves fourragères, et un tiers de cette matière dans l'herbe et le trèfle jeunes. Les céréales n'en contiennent qu'une faible quantité, soit environ 5 o/o de la matière azotée.

Les *ferments* ou enzymes sont également des matières albuminoïdes, mais on ne connaît pas leur composition exacte. Ils constituent des éléments du protoplasma vivant ; ils sont solubles dans l'eau et possèdent la propriété de transformer certaines combinaisons organiques compliquées en corps plus simples sans se décomposer eux-mêmes et sans rien perdre de leur énergie. Au point de vue chimique, cette transformation est toujours une hydrolyse (transformation avec absorption d'eau). Les ferments ne se forment que dans les cellules vivantes ; mais, leur activité peut s'exercer aussi hors des cellules, par un procédé analogue à l'action catalytique en chimie.

La haute importance physiologique des ferments est basée sur leur pouvoir de dissoudre et de transformer en corps solubles certains composés insolubles pour les approprier aux échanges de matière dans la plante.

On distingue plusieurs sortes de ferments, savoir :

1° Les ferments diastasiques.La diastase est le premier ferment qu'on ait étudié, en vue de ses applications en distillerie et en brasserie ; elle possède le pouvoir de dissoudre l'amidon et de le transformer successivement en dextrines et en maltose ; celle-ci est à son tour transformée en glucose. Dans les germes de pommes de terre, l'amidon est transformé directement en glucose. La diastase est très répandue dans les feuilles et dans les tubercules en germination. L'action diastasique s'exerce en quelques minutes, le mieux à une température de 60-65° ;

2° Les ferments inversifs.Le plus connu de ces ferments est l'invertine, sécrétée plus particulièrement par la levure de bière : il possède la propriété de transformer la saccharose non fermentescible en sucre interverti, fermentescible ;

3° Les ferments ayant le pouvoir de dissoudre les parois cellulaires, appelés *cythases*. Ils interviennent chaque fois que la cellulose en réserve doit être solubilisée ;

4° Les ferments peptonisants. Ils ont pour effet de transformer les matières albuminoïdes en peptones salubles et diffusibles ;

5° Les lipases. Elles ont la propriété de décomposer les corps gras après les avoir préalablement émulsionnés.

4° **Autres matières organiques.** — On distingue les *alcaloïdes*, matières organiques azotées qui sont dissoutes dans le suc cellulaire et possèdent un caractère basique ; dans les plantes ils sont combinés avec des acides. Ils exercent une action toxique violente sur l'organisme végétal. On ignore encore leur rôle dans l'échange des matières du végétal. La plupart des alcaloïdes sont des produits spécifiques de certaines plantes, comme le colchicine dans la colchique, la coniine dans la ciguë.

Les *glucosides* sont des matières azotées qui, mises en ébullition avec des acides dilués, se décomposent en sucre et en d'autres corps en absorbant de l'eau. Ils se rencontrent plus particulièrement dans les plantes tropicales, dans les graines de certaines légumineuses. La solanine (toxique), qui se trouve dans les germes de la pomme de terre, est également un glucoside. On ne connaît pas le rôle physiologique de ces matières.

On ne connaît pas davantage le rôle physiologique des acides organiques, du tannin et des huiles essentielles. Par suite de la présence de ces acides, toutes les plantes et les sucs des plantes ont une réaction acide. Les acides qu'on y rencontre le plus souvent sont l'acide oxalique, l'acide malique, l'acide tartrique et l'acide citrique. Dans l'oseille et dans le trèfle acide, on trouve de l'oxalate acide de potasse, tandis que, dans les cellules des autres plantes, on trouve de l'oxalate de chaux cristallisé;

Le *tannin* est très répandu dans la nature; on le trouve à l'état dissous dans le suc cellulaire.

LES MATIÈRES MINÉRALES.

Nous avons vu plus haut que la partie non combustible des plantes (cendre) représente les matières minérales, et que ces matières ne se trouvent qu'en faible proportion par rapport à la matière organique. Et cependant, elles sont absolument indispensables et constituent la base même de la croissance de la plante. L'acide carbonique, l'ammoniaque et l'acide azotique dont la plante se sert pour former la matière organique sont des aliments absolument inutiles si la plante n'a en même temps à sa disposition des matières minérales en quantité suffisante.

Abstraction faite de quelques éléments qu'on ne

rencontre que rarement dans les cendres des végétaux on y trouve toujours, en dehors des éléments organogènes, neuf éléments minéraux, savoir : du soufre à l'état d'acide sulfurique, du phosphore à l'état d'acide phosphorique ; du silicium à l'état d'acide silicique, du chlore, du potassium, du sodium, du calcium, du fer et du magnésium. Mais tous ces éléments ne sont nullement indispensables, car un élément n'est indispensable que lorsqu'il joue un rôle physiologique quelconque, qui ne peut être rempli aussi bien par quelque autre substance. Un aliment peut n'être pas absolument indispensable, mais il peut être simplement utile dans certains cas. Examinons le rôle des neufs éléments précités.

Le *soufre*. — Les plantes contiennent environ 1 o/o de soufre. Cet élément leur est indispensable dès leur premier développement et dans tout le cours de leur végétation, car nous avons vu plus haut qu'il fait partie des matières albuminoïdes. Les plantes ne peuvent former leurs matières albuminoïdes si elles n'ont pas à leur disposition du soufre sous une forme appropriée. Certaines plantes, en outre, comme, par exemple, la moutarde, l'ail, l'oignon, etc., ont besoin de soufre pour former les huiles essentielles sulfurées qui leur donnent leur saveur forte. Selon toute vraisemblance cependant, ces combinaisons ne paraissent avoir qu'une importance très secondaire. On reconnaît la présence du soufre dans l'albumine à l'odeur de sulfure d'hydrogène que dégagent les œufs pourris.

Le *phosphore*. — L'acide phosphorique est absolument indispensable pour la production végétale. On n'a jamais réussi à faire végéter normalement une plante quelconque en supprimant l'acide phosphorique dans les aliments mis à sa disposition. On trouve les plus grandes quantités d'acide phosphorique dans les cendres des plantes dont la croissance et la reproduction des cellules sont les plus actives. Nous avons déjà fait remarquer plus haut que l'acide phosphorique est indispensable à la formation et à l'activité du protoplasma, qui est le point de départ de toute végétation. Dans le protoplasma, l'acide phosphorique se trouve sous formes de lécithines, combinaisons grasses qui se décomposent facilement en acides gras, glycérine et choline. On trouve également du phosphore dans l'huile grasse d'un grand nombre de semences, par exemple, dans celles du pois et d'autres légumineuses, du seigle, de l'avoine, de l'orge. En outre, tous les organes végétaux riches en matières albuminoïdes sont également riches en phosphates, notamment les graines des céréales, des légumineuses et des plantes oléagineuses. L'acide phosphorique accompagne donc toujours la matière azotée ; il en est de même lorsque celle-ci se déplace dans la plante.

Le rapport de l'acide phosphorique à l'azote cependant n'est pas constant; il varie de 1 partie d'acide phosphorique pour 2 à 4 parties d'azote. Enfin, l'acide phosphorique constitue un élément de la matière colorante de la chlorophylle, qui est vraisemblablement une sorte de lécithine.

Le *silicium* est répandu dans la plupart des végétaux supérieurs. L'acide silicique occupe la limite des éléments indispensables; il ne se trouve jamais en grande quantité dans le protoplasma, mais toujours à la périphérie des tiges, principalement sous l'épiderme, par conséquent de préférence dans les tissus âgés qui doivent servir de protecteurs aux autres parties de la plante. L'acide silicique est utile cependant en ce sens que, comme tout autre minéral, il peut couvrir jusqu'à un certain point les besoins généraux de la plante en matière minérale, de sorte qu'elle peut alors se contenter de quantités relativement moindres des minéraux nécessaires à l'échange des matières. Certains groupes de plantes, telles que les graminées et les céréales, se distinguent par une teneur élevée en silice. Ainsi, par exemple, la paille des céréales contient en moyenne 5 o/o de cendres composées pour moitié de silice. Malgré cela, une céréale peut, selon toute apparence, végéter normalement sans acide silicique, sans que ses tiges perdent de leur solidité. La résistance des céréales à la verse ne provient donc pas uniquement de ce qu'elles ont absorbé de l'acide silicique en quantité suffisante, mais de ce que l'interposition d'acide silicique dans les tiges les prémunit contre les champignons et les dégâts des animaux.

Le *chlore* se trouve régulièrement dans toutes les plantes supérieures, mais en plus grande quantité que le soufre. Le chlore s'accumule plus dans les feuilles que dans les racines. Il est indispensable à la végétation normale des plantes; il est parfois utile en ce sens qu'il favorise la mobilité de l'amidon. Dans le tabac, les composés chlorés sont désagréables parce qu'ils sont un obstacle à la combustion complète; en fondant ils recouvrent la partie incandescente d'une couche qui s'oppose à l'accès de l'air.

En dehors des quatre métalloïdes que nous venons de décrire on trouve régulièrement dans les cendres des plantes cinq métaux qui sont : le potassium, le sodium, le calcium, le magnésium et le fer.

Le *potassium* se trouve dans les cendres de toutes les plantes, quoique en quantités très variables. On désigne comme plantes avides de potasse toutes celles qui produisent spécialement de grandes quantités d'hydrate de carbone, telles que les pommes de terre, les betteraves à sucre, la vigne, le sarrazin, le tabac et le houblon ; et comme plantes avides de phosphates toutes celles qui sont riches en azote.

La teneur en potasse des plantes varie suivant le

genre de plantes et pour un seul et même genre suivant la nature des aliments qu'on met à leur disposition. Si on leur donne des sels de potasse en excès,
on y retrouve ces sels sous forme de sels minéraux;
tandis que si on leur donne une alimentation normale,
ces sels s'y trouvent en combinaison avec des acides
organiques. Contrairement à ce qui a lieu pour le
chlore, la potasse influe d'une manière favorable sur
la qualité des produits.

Le *sodium*. — On trouve régulièrement ce métal
dans les cendres des plantes cultivées dans les conditions normales, mais en quantité moindre que le potassium. Tandis que l'acide phosphorique et la potasse
s'accumulent dans certains organes des plantes, le
sodium se trouve réparti uniformément dans tout le
corps du végétal. On ne reconnaît à ce corps aucun
rôle physiologique particulier; les végétaux supérieurs, notamment les plantes de nos cultures, peuvent se développer normalement sans avoir du sodium
à leur disposition. Ce corps est utile en ce sens qu'il
peut couvrir en partie les besoins des plantes en
matière minérale, et qu'elles exigent alors moins de
potasse. Un fait digne de remarque, c'est que les
betteraves ne donnent jamais les rendements culturaux les plus élevés si on ne leur donne en même
temps du chlorure de sodium, même avec de la
potasse en excès.

Le *calcium* se rencontre en proportions sensibles dans tous les végétaux supérieurs. On le trouve plus spécialement dans les feuilles et, par conséquent, dans toutes les plantes à grand développement foliacé, comme le trèfle, le tabac, etc. ; les cendres des racines, tubercules en contiennent très peu. D'une manière générale, les organes végétatifs contiennent principalement de la chaux et peu de magnésie, tandis que les graines renferment surtout de la magnésie et peu de chaux.

La chaux est un aliment indispensable de la plante. Aucun végétal supérieur ne peut se développer normalement si, dès la germination, il ne trouve à sa portée des sels de chaux assimilables. Le calcium paraît influer notamment sur la formation des organes chlorophylliens, car on a remarqué que les parties blanches des feuilles panachées contiennent moins de chaux que les parties vertes. En outre, la chaux est appelée à neutraliser l'influence nuisible de l'acide oxalique libre sur le noyau cellulaire des végétaux supérieurs, en transformant cet acide en oxalate de chaux insoluble et inoffensif. L'acide oxalique est localisé principalement dans les feuilles ; c'est pourquoi aussi les plantes à grand développement foliacé contiennent le plus de chaux, ainsi qu'il a été dit plus haut.

Magnésie. — On la trouve régulièrement dans les

cendres des végétaux. Elle s'accumule de préférence dans les graines, notamment dans l'enveloppe corticale. Son rôle physiologique consiste, d'après Löw, en ce que ses sels, surtout les phosphates de magnésie, sont plus facilement décomposables que les sels de chaux correspondants ; c'est pourquoi l'acide phosphorique, l'azote et le soufre sont beaucoup plus assimilables sous forme de sels magnésiens que sous forme de sels calcaires, ce qui est particulièrement important pour la formation de l'albumine de la nucléine. Mais les sels de magnésie seuls exercent une action toxique ; ils doivent donc être toujours accompagnés d'une certaine quantité de sels de chaux.

Le *fer* est indispensable à la vie des végétaux supérieurs ; il concourt à la formation de la matière colorante verte de la chlorophylle, quoique celle-ci ne contienne pas de fer. Dans la plupart des cas cependant, il suffit de faibles quantités de fer pour couvrir les besoins de la plante. Ainsi, par exemple, une plantation de maïs n'enlèverait au sol que 400 gr. de fer d'après Pfeffer.

On trouve encore dans les cendres de certaines plantes de l'iode, du fluor, de l'aluminium, du manganèse et d'autres minéraux ; mais comme ces corps ne se rencontrent qu'exceptionnellement, il n'y a pas lieu de nous y arrêter.

Analyse des cendres des plantes

NOMS DES PLANTES		Teneur en cendres pures		100 PARTIES DE CENDRE CONTIENNENT								
		De la substance séchée à l'air	De la substance sèche	Potasse	Soude	Chaux	Magnésie	Oxyde de fer et d'alumine	Acide phos- phorique	Acide silicique	Acide sulfurique	Chlore
Blé d'hiver	Paille	4,26	5,37	13,65	1,38	5,76	2,48	0,61	4,81	67,50	2,45	1,68
	Grains	1,77	1,97	31,16	2,25	3,34	11,97	1,31	46,98	2,11	0,37	0,22
Seigle d'hiver	Paille	4,07	4,79	19,24	2,15	8,58	2,72	1,04	5,14	56,38	2,71	2,51
	Grains	1,73	2,09	31,47	1,70	2,03	11,54	1,63	46,93	1,88	1,01	0,61
Orge	Paille	4,39	4,80	22,85	4,13	7,77	2,60	0,69	4,48	52,02	3,71	2,26
	Grains	2,18	2,60	20,15	2,53	2,60	8,62	0,97	34,68	27,54	1,69	0,93
Avoine	Paille	4,40	4,70	22,22	2,89	2,86	4,04	1,42	4,69	48,57	3,09	6,31
	Grains	2,64	3,14	16,38	2,24	3,73	7,06	0,67	23,02	44,33	1,36	0,58
Maïs	Paille	4,72	4,87	20,96	14,63	9,63	6,17	1,56	12,66	27,88	3,00	1,74
	Grains	1,23	1,51	27,93	1,83	2,28	14,98	1,26	45,00	1,88	1,30	1,42
Foin	de prairie	5,15	6,02	25,54	4,43	16,72	6,31	1,25	8,01	27,01	4,56	7,22
	de montagne	»	2,91	31,01	1,29	17,45	6,63	2,48	11,28	23,55	4,57	2,31
Trèfle rouge séché		5,69	5,28	22,22	3,06	35,33	15,51	1,83	9,79	6,75	3,05	2,81

NOMS DES PLANTES		Teneur en cendres pures		100 PARTIES DE CENDRE CONTIENNENT								
		De la substance séchée à l'air	De la substance sèche	Potasse	Soude	Chaux	Magnésie	Oxyde de fer et d'alumine	Acide phosphorique	Acide silicique	Acide sulfurique	Chlore
Colza	Paille	3,80	4,92	27,28	9,34	28,37	6,01	1,84	5,96	6,34	7,59	8,37
	Graines	3,73	4,44	24,50	1,63	14,18	11,80	1,56	42,33	1,42	2,39	0,16
	Tourteaux	»	6,42	22,78	3,32	12,44	12,80	3,32	35,14	5,06	5,93	0,64
Pois	Paille	4,92	5,13	22,90	4,07	36,82	8,04	1 72	8,05	6,83	6,26	5,64
	Graines	2,72	2,73	41,79	0,96	4,99	7,96	0,86	36,43	0,86	3,49	1,54
Haricots de jardin	Paille	»	4,79	31,90	7,83	27,45	6,27	1,13	9,53	4,83	4,18	7,70
	Fèves	»	3,22	44,01	1,49	6,38	7,62	0,32	35,52	0,55	4,05	0,86
Turneps racines		»	8,01	45,40	9,84	10,60	3,69	0,81	12,71	1,87	11,19	5,07
Betterave à sucre	Racine	0,80	3,86	55,11	10,00	5,36	7,53	0,93	10,99	1,80	3,81	5,18
	Feuilles	1,80	17,58	28,48	14,65	14,65	14,98	0,98	6,90	3,20	5,19	11,47
Chicorée	Racine	1,04	3,35	38,30	15,68	7,02	4,69	2,51	12,49	4,93	7,93	6,95
	Feuilles	1,87	10,98	26,18	17.63	19,67	2,42	1,87	6,30	8,46	8,61	16,19
Pommes de terre	Tubercules	0,94	3,77	60,37	2,62	2,57	4,69	1,18	17,33	2,13	6,49	3,11
	Tiges	1,18	8,58	21,78	2,31	32,65	16,51	2,86	7,89	4.32	6,23	5,78
Tabac indigène, feuilles		»	18,41	20,07	3,39	41,59	11,72	3,07	3,16	8,92	3,86	5,22

Le tableau ci-dessus indique la teneur moyenne des
plantes cultivées en substances minérales et la
composition de ces dernières. Ces chiffres sont empruntés à la table de Wolff (composition des cendres
des végétaux).

GERMINATION DE LA PLANTE.

La première phase de la vie de la plante est la germination. Pour germer, les graines exigent de l'oxygène et de l'eau ; mais les 15 o/o d'eau qu'elles contiennent en moyenne sont insuffisants pour assurer le
départ de la germination. Elles doivent donc absorber
de l'eau dans le sol. Mais si le sol est trop humide,
l'oxygène de l'air nécessaire à la germination est
refoulé par l'eau et la graine germera beaucoup plus
lentement que dans une terre modérément humide.
Dans l'épandage de la semence, il faut donc tenir
compte de la qualité du sol : ne pas enterrer profondément la semence dans une terre lourde, ni trop
superficiellement dans une terre légère, car elle man-
querait d'air dans le premier cas et d'humidité dans
le second.

La germination des graines exige, en outre, une
certaine quantité de chaleur. Il existe pour les différentes semences des températures extrêmes en dehors
desquelles elles ne peuvent germer ; la température

la plus favorable est le plus souvent comprise entre 25 et 30° C. Le seigle et les pois commencent à germer à 1-2°, l'avoine et la betterave à sucre à 4-5°, le maïs à 8-10°, et le tabac à 13-14°. La température maximum de germination est de 30° pour le seigle, l'avoine et la betterave à sucre, et de 35° pour les pois et le tabac ; le maïs supporte une température de 40-44. A 50° la germination s'arrête, la plupart des plantes meurent rapidement, même si elles ont franchi la période de la germination. A 55°, la plupart des cellules meurent instantanément.

La graine germe plus rapidement et plus sûrement dans une terre légèrement alcaline que dans une terre à réaction neutre ou acide. C'est ce qu'explique l'importance du chaulage des terres acides et pauvres en calcaire. On a remarqué également que la présence d'acide phosphorique est favorable à la germination.

Tous les sels sans exception, quand ils sont en proportion importante, nuisent à la germination parce qu'ils enlèvent aux graines l'eau qui leur est si nécessaire. C'est pourquoi les sels de potasse, le nitrate de soude, etc., ne doivent jamais être répandus en grande quantité immédiatement avant les semailles ; quand ils sont répandus quelque temps auparavant, ils se répandent dans les couches profondes et ne présentent plus alors de danger pour la germination. Les sels de potasse bruts sont particulièrement dangereux à ce point de vue à cause de leur teneur élevée en chlore ; il est donc nécessaire de les épandre longtemps à l'avance afin qu'ils puissent se délayer convenablement dans le sol.Le même danger n'existe plus après la levée des plantes, car elles possèdent alors des racines fortes et profondes, moins sensibles à l'action des sels.

Sont nuisibles à la germination tous les acides forts, tels que les acides sulfurique, chlorhydrique, etc.,parce qu'ils coagulent les matières albuminoïdes des graines. L'acide phosphorique seul fait exception à cette règle et favorise la germination, comme nous l'avons déjà fait observer.

Les sels des métaux lourds, tels que le sublimé, le nitrate d'argent, le sulfate de zinc, etc., entravent la germination parce qu'ils forment avec les matières albuminoïdes de la semence des composés métalliques insolubles. Le sulfate de cuivre, qu'on emploie couramment pour désinfecter les semences de céréales, devient nuisible si on le laisse agir trop longtemps ou en solution trop concentrée.

Les semences conservent leur vitalité pendant des siècles ; mais, pendant tout ce temps, elles ont besoin de respirer, quoique faiblement, et ce fait même impose une limite à leur vitalité.

La respiration devient très intense au commencement de la germination ; elle a pour effet de comburer les substances hydrocarbonées de la graine, telles que l'amidon, le sucre, la matière grasse, tandis que la matière azotée résiste à la combustion.

L'aliment de réserve le plus important des graines de semence est l'amidon. Celui-ci est insoluble par lui-même, mais il est transformé en différents sucres solubles par des enzymes ; ces sucres sont le point de départ de la plupart des modifications qui s'effectuent dans la jeune plante. Dans les graines qui ne contiennent pas d'amidon, mais de l'huile, comme celles des plantes oléagineuses, c'est la matière grasse qui subit ces transformations à la place de l'amidon. Les sucres produits servent à former la cellulose, des acides végétaux et autres éléments de la jeune plante.

Les matières azotées subissent des modifications très importantes pendant la germination. Une grande partie des matières albuminoïdes est rendue soluble par les enzymes, surtout par la peptase, et transformées en peptones solubles et diffusibles qui, par suite, peuvent se répandre dans les organes de la jeune plante. Une autre partie des matières albuminoïdes se transforme en combinaisons azotées plus simples, qui sont les amides, parmiles quels l'asparagine se rencontre le plus souvent. Ces amides n'ont pas d'autre emploi dans la germination, mais ils sont repris dans la suite par la plante verte et transformés de nouveau en matières albuminoïdes.

NUTRITION DE LA PLANTE.

Pendant la germination, la substance sèche de la graine diminue rapidement, tandis que celle de la plantule augmente proportionnellement. Dès que les cotylédons de la plante sont exposés à la lumière solaire, ils verdissent et acquièrent dès lors la propriété de former de la matière organique avec l'acide carbonique de l'air.

Pour continuer à se développer à partir du moment où ses organes se sont formés aux dépens de la graine, la plante verte exige, avant tout, de l'eau. Celle-ci lui est nécessaire comme véhicule des substances nutritives à travers les organes, comme élément des substances organiques qui contiennent toujours beaucoup d'eau, et enfin comme dissolvant dans les transformations chimiques dont la plante est le siège. Dans la plupart des plantes l'absorption d'eau se fait à peu près exclusivement par les racines ; seules les plantes inférieures, les plantes aquatiques, etc., absorbent l'eau par tous leurs organes. Les racines s'allongent d'autant plus que les plantes acquièrent un développement plus grand, qu'elles exigent plus d'eau et qu'elles rencontrent plus de difficultés pour en trouver. La plante envoie ses racines dans les couches du sol qui contiennent de l'humidité et des matières nutritives. Moins le sol contient de matières nutritives, plus les racines s'allongent en s'amincissant ; plus il contient de matières nutritives, plus les racines sont courtes et vigoureuses. Dans les plantes qui souffrent de la faim, l'allongement des racines se fait aux dépens de la partie aérienne. La longueur totale des racines est souvent très considérable ; elle atteint environ 500 m. pour un plant de blé arrivé à son complet développement. En principe, les racines des plantes n'absorbent l'eau que par les parties les plus jeunes, c'est-à-dire par le chevelu, les parties plus âgées servant de support et de canaux pour la circulation des matières nutritives. Le chevelu est d'autant plus long que la plante exige plus d'eau.

L'eau absorbée par les racines s'élève dans la plante par absorption des parois cellulaires et par capillarité des cellules vasculaires ; elle arrive ainsi jusqu'aux feuilles, d'où elle se dégage sous forme de vapeur. Cette absorption et ce dégagement d'eau par transpiration sont d'autant plus énergiques que l'air est plus chaud et plus sec. Ainsi, dans l'espace de 48 heures, l'orge évapore 91 gr. d'eau à une température de 8°, 203 gr. à une température de 12°, et 249 gr. à une température de 15°. L'évaporation d'eau est plus faible par un temps calme que lorsqu'il fait du vent.

La plupart des plantes cultivées exigent de grandes quantités d'eau. Ainsi d'après Hellriegel, la formation de 1 kg. de grains d'orge n'exige pas moins de 700 litres d'eau, ce qui, pour une production de 2.000 kilogr. de grains à l'hectare, équivaut à 1.400.000 litres d'eau, soit 1.400 hectol., qui, répandus sur la surface d'un hectare, formeraient une couche de 140 mm. d'épaisseur. Or, les quantités d'eau de pluie tombant d'avril à juin sur notre climat s'élèvent en moyenne à 160 mm., dont un tiers seulement profite aux plantes, de telle sorte que les chutes d'eau dans le cours de l'été sont insuffisantes pour produire les récoltes maxima. Il est donc indispensable d'emmagasiner une grande quantité d'eau dans le sol en hiver par les labours profonds, par l'enrichissement en humus, afin de couvrir les besoins de la végétation en été.

D'après Hellriegel encore, pour produire 1 gr. de substance sèche, les légumineuses exigent 280 à 310 gr. d'eau et les céréales de printemps 320 à 380 gr. Si les plantes souffrent de la sécheresse, ne fût-ce que d'une manière transitoire, pendant leur accroissement, la production de paille s'en ressentira ; si la sécheresse sévit pendant la floraison, elle compromet la production des grains.

C'est l'avoine qui est la plus exigeante à ce point de vue ; c'est pourquoi aussi on la sème de préférence dans les terres fraîches. Les pois exigent le moins d'eau.

Les prairies exigent beaucoup d'eau : 1 hectare de prairie en évapore par an 3.460 hectolitres, tandis qu'une terre nue n'en évapore que 1.370 hectolitres.

Or, la réserve d'eau du sol dépend, en première ligne, des chutes d'eau de pluie. Les différentes plantes exigent pour prospérer les quantités de pluie suivantes, en terrain argilo-calcaire.

Herbes de pâturages.............	770	mm.
Herbes de prairie...............	670	—
Avoine........................	630	--
Blé d'hiver....................	600	—
Pommes de terre...............	600	—
Betteraves....................	600	—
Orge.........................	520	—
Vigne........................	500	—

En outre de l'eau, les plantes absorbent par leurs racines des substances minérales (phosphates, nitrate, potasse, chaux, etc.).Ces substances se trouvent soit à l'état dissous dans l'eau du sol, soit à l'état absorbé, c'est-à-dire dans un état tel qu'elles ne puissent être entraînées ni par la neige, ni par la pluie, tout en étant facilement absorbables par les racines. Plus un sol est riche en substances humiques ou lixiviables, plus est grand son pouvoir absorbant ; par suite, les terres sablonneuses possèdent le pouvoir absorbant

le plus faible, et les terres argileuses et argilo-calcaires le pouvoir absorbant le plus élevé.

Les substances nutritives qui sont les plus absorbées par les plantes sont le potassium, le sodium, le
magnésium, l'acide phosphorique, les sels d'ammoniaque.

D'un autre côté, la chaux se combine avec les sels
de fer solubles, nuisibles à la végétation, et les transforme en combinaisons insolubles. L'acide phosphorique soluble est avidement absorbé par la terre végétale; il se combine d'abord avec la chaux pour former des sels moins solubles et, au bout d'un temps
assez long, avec le fer et l'alumine pour former des
sels presque insolubles. C'est pourquoi aussi l'acide
phosphorique des superphosphates, soluble dans l'eau,
exerce encore une action très rapide, mais moins durable que celle des scories.

Les sels d'ammoniaque sont absorbés avidement
par le sol, mais ils ne tardent pas à être transformés
par les bactéries nitrifiantes en nitrates qui ne sont
pas absorbés par le sol et exposés dès lors à être entraînés par les eaux de pluie.

Les composés minéraux insolubles sont rendus
solubles dans le sol tant par l'acide carbonique contenu dans l'eau du sol que par les acides sécrétés
par le chevelu des racines.

Tandis que l'eau et les matières minérales pénétrent dans la plante par les racines, les aliments gazeux composés d'oxygène et d'acide carbonique y pénètrent principalement par les feuilles. A cet effet, celles-ci possèdent à leur face inférieure de petites ouvertures par lesquelles elles absorbent ces gaz. Cependant, les racines peuvent également absorber de l'oxygène pour la respiration, et de l'azote quand il s'agit de légumineuses.

Bien que l'atmosphère ne contienne que 3 à 5 o/o d'acide carbonique, cette quantité est largement suffisante pour permettre aux plantes d'acquérir leur plus grand développement. L'absorption de l'acide carbonique et sa transformation en substance végétale s'effectuent dans les cellules vertes, chlorophylliennes, où il est décomposé en carbone et en oxygène. L'oxygène est rejeté en partie dans l'atmosphère par la respiration de la plante, tandis que le carbone se combine dans la cellule avec de l'hydrogène pour former la substance végétale, d'après la formule :

$$6CO^2 + 5H^2O = C^2H^{10}O^5 + 12O.$$

Comme la substance sèche de la plante se compose en majeure partie de carbone, les plantes sont obligées de puiser dans l'atmosphère la majeure partie de leurs éléments nutritifs.

Cette absorption de l'acide carbonique par les cellules vertes de la plante est un des phénomènes les plus importants de la nature. Elle ne s'accomplit qu'en présence de la lumière solaire. Cependant, certaines bactéries possèdent également la propriété de former de la substance végétale à l'abri de la lumière et sans le concours de la chlorophylle, et cette découverte a son importance.

La chlorophylle ne peut se former et se maintenir que sous l'influence de la lumière ; lorsque celle-ci est supprimée la matière colorante verte disparaît, les plantes placées dans l'obscurité prennent un aspect jaune pâle, leurs tiges s'allongent à la recherche de la lumière, deviennent grêles et fragiles. Le blé ne tarde pas à verser lorsque l'extrémité inférieure des tiges souffre du manque de lumière par suite d'un développement trop luxuriant ou d'un port très serré. De là ressort l'importance du semis en lignes convenablement écartées.

L'intensité de l'assimilation de l'acide carbonique dépend de l'intensité lumineuse. Les rayons jaunes-rouges du spectre solaire sont plus actifs que les rayons bleus-violets ; les rayons rouges sont les plus actifs à ce point de vue. Il s'ensuit que la lumière solaire est indispensable, comme source de lumière et d'énergie, à la végétation. La lumière artificielle, par exemple la lumière électrique, peut également donner lieu à l'assimilation de l'acide carbonique par les plantes, et ce proportionnellement à son intensité. De ce qui précède, il résulte que les plantes ne peuvent croître, en assimilant de l'acide carbonique, que pendant le jour.

La chaleur exerce également une grande influence sur l'intensité de l'assimilation : les températures extrêmes sont également nuisibles.

La première substance organique formée dans les cellules vertes est l'amidon ; celui-ci ne s'accumule pas dans les feuilles, mais il est incessamment transformé par les enzymes en glucose, et cette transformation s'effectue indépendamment de la lumière, aussi bien la nuit que le jour. Ce fait est important, car l'accumulation de l'amidon dans les feuilles serait un obstacle à la marche de l'assimilation. La glucose formée, étant soluble, se répand par osmose à travers les parois cellulaires dans tout le corps du végétal et constitue la matière première dont se forment tous les autres composés organiques de la plante.

En même temps que cette formation d'amidon, il s'effectue dans la plante une décomposition de substance organique par suite de la respiration qui donne lieu à un dégagement d'acide carbonique. La respiration et l'assimilation de l'acide carbonique suivent donc une marche parallèle dans la plante vivante : le protoplasma respire, les corps chlorophylliens assimilent l'acide carbonique, mais l'intensité de l'assimilation est de 20 à 40 fois plus grande que la respiration. Aussi, la substance sèche de la plante augmente incessamment pendant le jour. La plante respire sans interruption le jour et la nuit, aspirant de l'oxygène et dégageant de l'acide carbonique. La respiration augmente avec la température, et la lumière n'influe pas sur elle. Des journées chaudes et des nuits fraîches forment donc les meilleures conditions pour la croissance des végétaux. L'oxygène est le seul élément qui, comme tel, pénètre librement dans l'organisme, par les feuilles et par les racines. La respiration des fleurs est très intense au moment de leur épanouissement. Mais la respiration des plantes est beaucoup plus faible que celle des animaux ; aussi peuvent-elles vivre beaucoup plus longtemps que ceux-ci en l'absence d'oxygène.

La respiration a pour effet de transformer dans la plante de l'énergie chimique en énergie cinétique, par exemple, en chaleur qui servira aux fonctions vitales. Mais, elle fournit avant tout de l'énergie fonctionnelle qui est nécessaire pour la croissance et la formation des cellules, pour la transformation chimique de l'acide carbonique et des autres composés organiques en hydrates de carbone, en albumine, etc., et pour le transport de l'eau absorbée et des substances nouvellement formées aux points de la plante où elles doivent être utilisées : aux extrémités des racines et des tiges, aux fleurs, aux graines et aux fruits.

CHAPITRE II

L'ATMOSPHÈRE ET LA TERRE ARABLE

Comme nous l'avons vu plus haut, la plante puise sa nourriture, en partie dans l'atmosphère, en partie dans le sol.

Nous allons donc dire quelques mots de l'une et de l'autre.

L'ATMOSPHÈRE.

L'atmosphère est la couche d'air qui entoure le globe terrestre. Elle se compose d'un mélange d'oxygène et d'azote en proportion constante ; elle contient pour 100 :

En volume.............	79,1	litres	d'azote
—	20,9	—	d'oxygène
En poids.............	76,9	gr.	d'azote
—	23,1	—	d'oxygène

Mais comme tous les corps gazeux ont une tendance très forte à se mélanger les uns avec les autres.

il s'ensuit que tous les gaz et les vapeurs qui se forment sur la terre se réunissent également dans l'atmosphère. Aussi, on y trouve toute une série de substances volatiles dont la quantité varie suivant les conditions locales.

L'oxygène et l'azote étaient désignés autrefois sous le nom de gaz qui ne pouvaient être liquéfiés ni par le froid, ni par la pression ; le progrès industriel est venu modifier cette manière de voir.

On a d'abord reconnu que ces deux gaz différaient l'un de l'autre quand on eut remarqué qu'une partie de l'air atmosphérique était capable d'entretenir la combustion et que cette même partie, appelée oxygène, pouvait seule servir à la respiration ; que l'autre partie, au contraire, l'azote, avait des propriétés tout opposées : qu'il éteignait le feu, que les animaux y étouffaient. Cette opposition dans les propriétés se manifeste d'une manière constante. Partout dans la nature l'oxygène se révèle par son activité : il se combine avec le charbon dans la combustion pour le transformer en acide carbonique, en dégageant de la chaleur qui sert à nous garantir du froid et à actionner les machines ; il produit la chaleur de notre corps en comburant dans nos poumons certains éléments du sang et les transformant en acide carbonique et eau ; par ses propriétés oxydantes, il détruit le fer et les roches ; bref, partout dans la nature il se manifeste par son activité créatrice ou destructrice.

Il en est tout autrement de *l'azote*. Il ne brûle ni ne peut entretenir la combustion des autres corps ; les animaux le rejettent sous la même forme qu'ils l'aspirent. Tandis que l'oxygène absorbé par les plantes est mis en œuvre par elles, l'azote de l'air est sans action sur elles. Il ne sert qu'à diluer l'oxygène, et ce rôle est très important. Dans une atmosphère d'oxygène pur, l'homme et les animaux, eu égard à leur constitution, seraient dans une fièvre continuelle, parce que la combustion du sang dans les poumons serait trop active ; les constructions en fer les plus solides s'effondreraient au bout de quelques jours, à supposer toutefois que l'on pût fabriquer ce métal. car le fer chauffé à blanc dans la forge brûlerait comme du phosphore.

L'électricité atmosphérique possède la propriété de modifier l'inertie apparente de l'azote de l'air, en le transformant en nitrite et nitrate d'ammoniaque. Les plantes reçoivent périodiquement par les eaux de pluie certaines quantités de cet élément ainsi transformé. La proportion centésimale d'azote contenue dans l'air est excessivement faible, mais si l'on considère l'énorme quantité d'air qui entoure le globe terrestre, on peut se faire une idée des quantités d'azote fournies chaque année à l'agriculture par l'air atmosphérique.

Hellriegel a découvert une autre voie par laquelle l'azote atmosphérique arrive aux plantes. Ce savant a remarqué que les légumineuses emmagasinaient parfois des quantités d'azote beaucoup plus grandes que celles contenues dans les engrais mis à leur disposition. Cet excédent ne pouvait provenir que de l'air atmosphérique, et Hellriegel reconnut que l'assimilation de l'azote atmosphérique était faite par l'intermédiaire de certaines bactéries qui se fixent sur les racines des plantes et y produisent des nodules.Cette découverte, qui a déjà donné lieu à des applications pratiques, est certainement appelée à jouer un rôle important dans l'agriculture. Nous reviendrons sur cette question au chapitre relatif aux engrais azotés.

Un autre élément constant de l'air est *l'acide carbonique*. L'air en contient en moyenne 0,04 par 100 litres. Mais si l'on songe à son mode de formation, on conçoit aisément que sa teneur doive varier suivant les circonstances locales. Dans les villes industrielles, par exemple, où les cheminées d'usines crachent sans interruption d'énormes quantités d'acide carbonique, l'atmosphère contient toujours une proportion plus grande de ce gaz (1 kilogr. de carbone produit 1865 litres d'acide carbonique ; une usine qui brûle journellement 20.000 kilogr. de houille = 10.000 kilogr. de carbone, envoie donc dans l'air 18.650.000 litres ou ou 18.650 m³ d'acide carbonique. Il en est de même dans les locaux fermés où se trouvent réunis un grand nombre d'être vivants, tels que les écoles. On pourrait être tenté de croire, dès lors, que l'air atmosphérique dût insensiblement se surcharger d'acide carbonique et que son oxygène, consommé incessamment par les êtres qui vivent sur le globe, dût diminuer au point de rendre l'air irrespirable. Or, il n'en est rien ; d'autres circonstances s'y opposent, et ce sont principalement des végétaux qui rétablissent l'équilibre. Comme nous l'avons déjà fait observer, ils absorbent l'acide carbonique, transforment son carbone en substance organique et restituent à l'air atmosphérique l'oxygène qui y était combiné. D'un autre côté, l'acide carbonique est très soluble dans l'eau ; l'eau de pluie le dissout et le ramène en grande partie sur la terre, dans l'eau et les sources.

Un autre élément qui ne manque jamais dans l'air atmosphérique est la *vapeur d'eau*. L'eau, qui recouvre les trois quarts du globe, s'évapore à toute température, mais en plus grande quantité aux températures élevées qu'aux températures basses; par suite, l'atmosphère est plus humide dans la saison chaude que dans la saison froide, malgré les apparences contraires.

En outre du nitrate d'ammoniaque déjà cité, l'air atmosphérique contient parfois encore d'autres composés ammoniacaux, quoique en très faible quantité.

savoir : du carbonate d'ammoniaque et du sulfure d'ammonium, qui ont leur source dans la décomposition des matières organiques azotées, la putréfaction des cadavres, etc. Par suite, leur occurrence est toute locale ; d'ailleurs, comme ils sont solubles dans l'eau, ils sont éliminés de l'atmosphère par l'eau de pluie.

Enfin, l'air contient toujours également des corps solides, des sels, du sable, des poussières. etc., et une série d'êtres organisés (spores de champignons, etc.) ; mais ces corps n'intéressent l'agriculteur qu'autant qu'ils lui sont nuisibles, car ils peuvent se fixer sur les céréales sous forme de rouille, déterminer des maladies infectieuses, etc.

Phénomènes météorologiques. — En dehors des éléments de l'air atmosphérique nécessaires à la structure des plantes, les phénomènes météorologiques exercent une influence considérable sur le développement et la forme de la végétation.

La pression de l'air (760 mm. au niveau de la mer) influe d'une manière très nette sur l'évaporation de la plante, sur l'absorption des gaz et l'évaporation du sol. et, par suite, quoique indirectement, sur l'ensemble des caractères de la végétation d'une contrée.

Une importance capitale pour la végétation des plantes revient aux perturbations barométriques amenées par le régime des vents. La cause des mouvements de l'air est toujours l'inégale répartition de la pression atmosphérique, comme le prouvent les maxima et les minima barométriques. Ces derniers sont produits par les courants d'air ascendants formés par la chaleur de l'air et celle mise en liberté par la condensation des vapeurs d'eau. Or, la chaleur de l'air et des vapeurs d'eau résulte de l'action des rayons solaires sur la surface de la terre et de la mer. Dans cette action, l'air de la pression élevée est attiré vers la pression faible ; au-dessus du maximum barométrique se trouve donc un courant d'air descendant, et au-dessus du minimum un courant d'air ascendant que la rotation de la terre fait dévier à droite sur la moitié septentrionale du globe, et à gauche sur la moitié méridionale. Les courants aériens se composent donc de spirales qui se rapprochent du centre du minimum barométrique (courant cyclonien) ou s'éloignent du centre du maximum barométrique (courant anti-cyclonien).

La vitesse du vent, mesurée d'après l'échelle de Beaufort, est représentée par les chiffres suivants : à la force de 0, il est calme, sa vitesse est de 0 à $0^m,20$ par seconde et sa pression de 0 — 0,01 kilogr. par mètre carré de surface ; à la force de 4, vent modéré : vitesse 3 à 5 m. par seconde, pression 2 à 4 kilogr. ; à la force de 8, vent fort : vitesse 11 à 14 m. par seconde, pression 15 à 23 kilogr.; à la force de 10, tempête : vitesse 17 à 22 m. par seconde, pression 34 à 50 kilogr.; à la force de 12, ouragan : vitesse 28 m. et plus, pression 95 kilog. et au-delà.

LA TERRE ARABLE. — SA FORMATION — SES PROPRIÉTÉS

La terre arable s'est formée par la désagrégation des roches. Les massifs montagneux qui émergent de la surface du sol sont rongés par l'action du temps et finissent par tomber en poussière. L'eau qui pénètre dans leurs pores et leurs fissures gèle en hiver; l'expansion qui en résulte a pour effet d'élargir les fissures et de faire éclater les roches. Dans la surface ainsi creusée, l'eau s'accumule en plus grande quantité l'hiver suivant, la désagrégation mécanique augmente en proportion et suit une marche lentement progressive. A cette action purement physique vient s'ajouter l'action des agents atmosphériques : l'oxygène de l'air se combine avec certains éléments des roches et les transforme en agrégats pulvérulents; l'acide et l'eau dissolvent d'autres éléments, et finalement la roche est réduite en miettes. Cette action destructrice du temps et des éléments est évidemment très lente et peut exiger des millions d'années. Certains végétaux inférieurs (champignons, algues, mousses), contribuent également à l'effritement des roches et à la formation de la terre arable.

Les débris des roches ne restent pas en place. Les pluies et les eaux produites par la fonte des neiges les entraînent et les déposent dans les plaines en couches disposées suivant l'ordre des densités. Les sources, les ruisseaux et les fleuves détachent des blocs de leurs rives et les déposent en d'autres endroits. L'eau des fleuves et l'eau de la mer charrient des myriades d'êtres inférieurs. A l'embouchure des fleuves, le mélange d'eau douce avec l'eau de la mer tue des millions de ces êtres microscopiques dont les débris forment à la longue de nouvelles térres propres à la vie des plantes.

La terre végétale formée par les débris des roches varie suivant la constitution physique de ces dernières. Les débris de granit, de basalte, de porphyre formeront des dépôts argileux, qui seront plus ou moins calcaires ou sableux suivant la proportion plus ou moins grande en éléments difficilement solubles de ces roches. En d'autres endroits se déposeront des masses sablonneuses provenant des roches de quartz et de granit. Le grès donnera un sable lourd et ferme, la chaux coquillière un terrain calcaire, le keuper une terre argileuse, légère et friable. Mais il est rare qu'on puisse attribuer avec certitude l'origine d'une terre à telle ou telle roche.

Dans leur transport depuis le lieu d'origine jusqu'à celui de leur dépôt, les débris des roches ont été mélangés avec les produits de désagrégation les plus variés, et c'est ce mélange précisément qui y a introduit les divers éléments nécessaires à la fertilité du sol.

Les matières fertilisantes du sol sont formées par la désagrégation des roches de même que les matières structurales (quartz, argile, chaux) qui servent de support aux plantes. Les matières fertilisantes ne sont pas immuables, mais sans cesse en voie de transformation sous l'influence de l'oxygène de l'air et de l'eau chargée d'acide carbonique et de divers sels; il s'ensuit que les combinaisons existantes à un moment donné sont incessamment détruites et remplacées par des combinaisons nouvelles. En outre, ces matières sont alternativement entraînées dans les couches profondes du sol par les eaux de pluie, et ramenées vers la surface avec l'eau; toutefois, ce mouvement est essentiellement limité par le pouvoir absorbant de la terre, ainsi qu'on le verra plus loin. D'une manière générale, et indépendamment de l'apport de matières fertilisantes par les engrais, la couche arable du sol emmagasinera toujours une plus grande quantité de substances nutritives que le sous-sol, parce que la désagrégation et la solubilisation des matières y est beaucoup plus active.

Les matières fertilisantes, assimilables du sol, auxquelles viennent s'ajouter les matières insolubles combinées avec les débris des roches, sont les suivantes :

La chaux (CaO). — La chaux se trouve le plus souvent sous forme de carbonate ($CaCO^3$) et, en outre, sous forme d'humate, de phosphate et aussi de nitrate, dans les terres abondamment fumées au fumier de ferme. On ne la trouve pas combinée à l'acide silicique dans l'eau traversant le sol, parce que le silicate de chaux est dissous par l'eau chargée d'acide carbonique et transformé en carbonate de chaux.

La potasse (K^2O). — La potasse, dont le sol contient généralement de 0,1 à 0,3 o/o, se trouve le plus souvent sous forme de silicate hydraté ou d'humate acide. En outre, l'eau absorbée par la terre tient en dissolution ou retient par attraction superficielle : du carbonate de potasse (K^2CO^3) résultant de la désagrégation du feldspath et du mica, et du sulfate de potasse (K^2SO^4) produit par la transformation des silicates hydratés par l'action du sulfate de chaux.

Les matières azotées en voie de décomposition dans le sol se combinent également avec la potasse et forment du nitrate de potasse (KNO^3). Les phosphates alcalins sont le moins représentés dans l'eau du sol.

La *soude* (Na^2O). — Elle se présente le plus souvent à l'état de chlorure de sodium (NaCl) et de silicate. On la trouve également à l'état de carbonate (Na^2CO^3), de sulfate (Na^2SO^4), de nitrate ($NaNO^3$), de phosphate (Na^2HPO^4) et d'humate de soude.

L'*ammoniaque* (NH^3). — L'ammoniaque se présente sous les mêmes combinaisons que la potasse, mais elle est très instable dans le sol parce qu'elle est incessamment transformée en nitrates et acide nitrique. La terre arable contient le plus souvent 0, 1 à 0.2 o/o d'azote total.

La *magnésie* (MgO). — Elle se trouve dans la terre à l'état de carbonate, d'humate et de phosphate d'ammoniaque et de magnésie ($MgNH^4PO^4+6H^2O$) ou de silicate.

Le *fer* (Fe). — On trouve le fer dans le sol à l'état d'oxyde hydraté ($Fe^2O^6H^6$) ou de phosphate hydraté ($Fe^2P^2O^8$) ou encore de silicate hydraté.

Le *chlore* (Cl). — Il se trouve dans le sol le plus souvent à l'état de chlorure de sodium (NaCl) et de chlorure d'ammonium (NH^4Cl).

L'*acide silicique* (SiO^2) absorbé par les plantes ne provient pas du quartz où il se trouve à l'état insoluble, cristallisé, mais de l'acide silicique soluble ($H^4Si\,O^4$) dans l'eau carbonatée et résultant de la transformation des silicates de potasse en carbonates par l'acide carbonique.

L'acide sulfurique (SO^3). — Les sulfates se forment dans le sol par l'oxydation des sulfures. Ceux-ci sont produits dans les couches profondes de la terre, soustraites à l'action de l'air, par des détritus organiques sulfureux. Les sulfates se forment également par la transformation des carbonates alcalins et des terres alcalines sous l'action du sulfure d'ammonium qui se dégage des matières organiques en décomposition. La majeure partie de l'acide sulfurique se trouve dans le sol sous forme de sulfate d'oxyde de fer insoluble (FeS^3O^2) ou de composés calcaires peu solubles. Faisons remarquer en passant que lesulfate acide de protoxyde de fer est défavorable à la végétation en ce sens qu'il détruit les membranes cellulaires.

L'acide phosphorique (P^2O^5). — Cet acide constitue une des matières les plus importantes pour la nutrition des végétaux, et cependant il ne se trouve qu'en très faible proportion (0,03 à 0, 1 0/0) dans la plupart des terres; les terres fertiles n'en contiennent que 0, 2 0/0, sous forme de phosphate d'oxyde de fer ($Fe^2P^2O^8$), ou de phosphate d'ammoniaque et de magnésie ($PO^4MgNH^46H^2O$) qui sont transformés en [phosphates alcalins pour être absorbés par les racines des plantes.

L'acide azotique est produit par l'action des microbes en présence de carbonates alcalins ou de terres alcalines sur l'ammoniaque amené au sol par l'air atmosphérique ou résultant de la décomposition des matières organiques. L'acide nitrique se trouve aussi dans le sol à l'état de nitrate d'ammoniaque (NH^4NO^3).

L'acide carbonique se trouve en grandes quantités dans la nature, soit à l'état de combinaison dans un grand nombre de minéraux, soit à l'état libre dans l'air et dans l'eau qui circulent dans le sol. Toutes les matières organiques en voie de décomposition dégagent également de l'acide carbonique. Les silicates instables, mais insolubles par eux-mêmes, sont transformés en carbonates solubles par l'eau tenant de l'acide carbonique en dissolution.

Comme on le voit, l'acide carbonique joue un rôle très important dans la nutrition des plantes ; il rend solubles et assimilables par les racines presque toutes les matières fertilisantes du sol, qui sont insolubles ou très peu solubles dans l'eau pure.

S'il manque dans le sol une seule matière fertilisante indispensable, toute végétation est impossible, lors même que les autres substances nutritives y seraient accumulées en grand excès. Il ne suffit pas que le sol contienne toutes les matières fertilisantes que nous venons de décrire, pour donner d'abondantes récoltes ; il doit en contenir une réserve qui ne doit pas descendre au-dessous d'un certain minimum (Loi du minimum).La fertilité du sol dépend de la matière fertilisante qui s'y trouve en quantité la plus faible.

Pour donner une idée approximative des quantités de matières fertilisantes contenues dans le sol, tant à l'état assimilable qu'à l'état combiné, nous reproduisons ci-dessous les chiffres minima et maxima fournis par un grand nombre d'analyses. 100 parties (poids) de terre fine séchée à l'air peuvent contenir. d'après le Dr G. Krafft :

Eau	1,03	— 31,23
Matières organiques (humus)	0,08	— 64,66
Azote	0,01	— 2,50
Résidu insoluble dans les acides (terres, quartz, argile)	30,43	— 94,84
Acide silicique zéolithique, soluble dans la soude caustique	15,41	— 30.50
Potasse ⎰ solubles	traces	— 3,72
Soude ⎱ dans l'acide	traces	— 1,88
Chaux	traces	— 33,50
Magnésie	traces	— 3,71
Oxyde de fer, de manganèse et d'aluminium	1,30	— 17,98
Chlore	traces	— 0,45
Alcide silicique	0,01	— 0,18
Acide sulfurique	traces	— 3,12
Acide phosphorique	0,03	— 2,00
Acide carbonique	traces	— 12,45

PROPRIÉTÉS DU SOL.

Une terre est dite fertile lorsqu'elle est largement pourvue des substances propres à la nutrition des plantes, et lorsques celles-ci peuvent les absorber sans être gênées par les propriétés physiques du sol. Ces propriétés sont donc très importantes et il convient d'en dire quelques mots.

Les principales propriétés du sol, abstraction faite de sa composition chimique, sont les suivantes :

Pouvoir absorbant. — Toutes les terres possèdent plus ou moins la propriété d'attirer et de fixer non seulement les éléments de l'atmosphère, tels que l'oxygène, l'acide carbonique, l'ammoniaque, l'eau, etc., mais encore les sels nutritifs qui lui sont fournis par les engrais. Nous avons déjà signalé plus haut le rôle que jouent les agents atmosphériques gazeux dans la formation de la terre arable. Or, l'activité qu'ils ont déployée dans cette formation, ils la renouvellent sans cesse. Non seulement ils servent d'aliments à la plante, mais ils contribuent à rendre solubles et assimilables les principes minéraux du sol indispensables à la vie végétale. C'est ici qu'intervient le pouvoir absorbant de la terre pour retenir les sels nutritifs. En effet, tout élément qui n'est pas absorbé par les racines des plantes au moment de sa solubilisation est exposé à se perdre dans le sous-sol; il s'ensuit que les matières fertilisantes solubles seraient entraînées par les eaux de pluie dans les rivières et fleuves, de sorte que, au bout d'un certain temps, la terre, si elle ne possédait un grand pouvoir absorbant, serait dépouillée de sa fertilité et nos plaines ne formeraient plus qu'un désert. Grâce au pouvoir absorbant du sol, les eaux de drainage et les sources sont presque toujours exemptes d'ammoniaque, de potasse et d'acide phosphorique, tandis qu'elles contiennent des proportions importantes des matières qui ne sont pas absorbées par le sol.

On n'est pas encore exactement renseigné sur la manière dont s'effectue la fixation par le sol des substances minérales solubles. Autrefois, on admettait volontiers qu'elle était due à une attraction superficielle, ou à certaines affinités électives, mais il est vraisemblable que de l'état soluble elles retournent à l'état insoluble sous l'influence de certains agents chimiques.

Le pouvoir absorbant du sol dépend de sa teneur en zéolithes ou silicates décomposables par les acides. Si l'on enlève ces silicates à une terre en la traitant par un acide et ensuite par un lavage à l'eau, on détruit son pouvoir absorbant; on le rétablit en y ajoutant de l'oxyde de fer pur, de l'alumine pure, de l'acide silicique pur, ou encore de la magnésie. Le pouvoir absorbant du sol dépend donc de l'ensemble des éléments qui résultent de la décomposition des sels.

Comme nous venons de le voir, le pouvoir absorbant forme un obstacle à la circulation des solutions nutritives dans le sol. Par suite, ces solutions se localisent et ne peuvent être absorbées par les racines des plantes que si elles sont mises en contact avec elles.

A l'état physique du sol se rattachent certaines propriétés intéressantes.

Une terre est appelée *légère* et *chaude*, lorsque le mélange de ses granules forme une masse poreuse, dans laquelle les racines des plantes et l'air atmosphérique peuvent pénétrer facilement. Une terre est *lourde* et *froide* lorsque les granules qui la composent sont tellement fins et serrés qu'ils opposent une grande résistance à la pénétration des racines et à l'accès de l'air. D'une manière générale, une terre sablonneuse est chaude et légère, une terre argileuse est lourde et froide. Mais ces règles présentent de nombreuses exceptions : une terre sablonneuse formée par la désagrégation du grès coloré dans laquelle le liant du grès a été enlevé en grande partie par l'eau de pluie, est bien plus lourde et plus froide qu'une terre formée de sable quartzeux diluvial ; certaines sortes de terres formées presque entièrement de sable pur ont un grain tellement fin et compact qu'à première vue on les prendrait pour des terres argileuses et qu'on ne reconnaît leur véritable nature qu'à l'aide du microscope. L'humidité stagnante dans le sous-sol rend froide et lourde une terre sablonneuse d'ailleurs chaude et légère. D'un autre côté, une terre argileuse peut être de nature telle qu'elle est susceptible d'être ameublie et rendue poreuse par les façons culturales et par l'action des agents météoriques pendant l'hiver.

A la nature physique du sol se rattachent encore différentes propriétés qui exercent une grande influence sur sa fertilité. Nous allons les indiquer rapidement.

Capillarité (pouvoir d'absorber et de retenir l'humidité). — Abstraction faite de sa teneur en humus dont on connaît le pouvoir absorbant, le sol pourra retenir mécaniquement d'autant plus d'eau qu'il sera plus finement divisé et plus poreux. Ainsi, par exemple, 100 parties de sable quartzeux fin ne retiendront que 25 parties d'eau sans en laisser rien écouler, tandis que l'argile grise en retiendra 70 parties. Une terre qui retient l'eau la conservera longtemps et ne la perdra que lentement par évaporation, tandis qu'une terre qui ne retient pas l'eau se desséchera rapidement.

La consistance et la cohésion. — Ces deux propriétés dépendent également de la répartition mécanique des divers éléments du sol. Ils ont une grande importance au point de vue pratique, car plus une terre est consistante et cohésive, plus elle oppose de difficulté à la pénétration des outils pour l'exécution des façons culturales ; par suite, elle est très ingrate, même si elle est suffisamment pourvue de principes fertilisants, par ce qu'elle s'oppose également à la pénétration de l'air.

Pouvoir d'absorber et de retenir la chaleur. — Le pouvoir d'absorber et de retenir la chaleur dépend à la fois de l'état physique du sol et de sa couleur, une terre foncée absorbant plus de chaleur et la retenant mieux qu'une terre de couleur claire. L'absorption de la chaleur dépend, en outre, de la nature des éléments dont se compose le sol, dont les uns possèdent une chaleur spécifique ou capacité calorique plus grande que les autres. D'après les recherches qu'on a faites à ce sujet, la capacité calorique des éléments du sol varie de 0, 2 à 0,5 en ce sens qu'elle est le plus faible pour les éléments minéraux et le plus élevée pour l'humus. Par conséquent, une terre riche en humus absorbe une grande quantité de chaleur eu égard à sa couleur et à sa capacité calorique; par suite, elle ne se réchauffe pas très vite, mais elle retient longtemps la chaleur qu'elle a absorbée, et les plantes qui y végètent souffrent bien moins des écarts de température si nuisibles à la végétation.

AMÉLIORATION DU SOL.

L'état physique du sol, lorsqu'il est défectueux, peut être considérablement amélioré par le travail de l'homme. Les moyens d'amélioration sont les suivants :

Le drainage. — Si l'on enlève l'eau stagnante des couches du sous-sol, celles-ci pourront contribuer à la nutrition des plantes. Les racines s'étiolent au contact d'un sous-sol trop humide ; si on l'assainit, elles y trouvent une alimentation abondante. Le drainage a donc pour but d'enlever au sous-sol son excès d'eau, et, par suite, de le réchauffer. L'air pénètre alors jusque dans les couches profondes et favorise la solubilisation des éléments minéraux, d'où résulte une amélioration très sensible de l'état de fertilité.

L'irrigation. — Le manque d'eau est tout aussi préjudiciable que l'eau en excès. L'irrigation bien réglée permet de donner à une terre trop sèche l'humidité qui lui manque et de fertiliser une terre stérile en y déposant les principes fertilisants qu'elle tient en suspension.

Cultures spéciales. — Il y a des terres tellement légères que le vent les enlève ; dans ces conditions, un vent violent peut dénuder de grands espaces et déposer la terre sur d'autres points. Ce motif suffit pour les rendre impropres à la culture de la plupart des plantes agricoles. Mais si on les ensemence de lupins, par exemple, qui forment rapidement un vaste réseau de racines profondes, celles-ci arrivent à fixer la terre. Les racines restées dans le sol après la récolte laissent une grande quantité de matière organique qui forme un liant pour retenir le sable; celui-ci est transformé ainsi peu à peu en une terre cultivable. Le lupin n'est pas une plante particulièrement améliorante au sens du mot; mais, comme toutes les légumineuses, il possède la propriété d'emmagasiner de l'azote atmosphérique dans le sol.

Le mélange des terres. — Le mélange des terres a pour but d'améliorer l'état physique du sol ou d'augmenter sa fertilité. Il s'exécute de différentes manières. Le mieux est de donner des labours profonds ou d'établir des billons. Le mélange de deux terres de nature différente présente toujours des difficultés. S'il s'agit simplement d'enrichir la couche superficielle du sol lorsque le sous-sol est fertile, il suffit de donner progressivement des labours profonds pour ramener les couches inférieures à la surface et les mélanger avec la terre arable. Les terres marécageuses à sous-sol sableux peuvent être améliorées par le mélange du sable et rendues fertiles. Le mélange des terres présente encore des difficultés lorsqu'il s'agit de mélanger au sol les éléments qui lui manquent en les apportant du dehors. La terre argileuse la plus lourde peut être considérablement améliorée par un apport de sable et de calcaire.

La calcination du sol. — Ce genre d'amélioration du sol est de ceux qui présentent le plus de difficultés, mais il est souvent couronné d'un plein succès. Il ne convient qu'aux terres argileuses plastiques. On divise la couche superficielle en mottes qu'on fait griller sur un feu modéré. Les parties grillées, mélangées avec le reste de la terre, ont pour effet de l'ameublir et de l'approprier à la culture. Le grillage en outre a pour effet de décomposer une partie de l'argile, de solubiliser partiellement la potasse qu'elle contient et de la rendre assimilable. Mais ce moyen n'est qu'un pis-aller. Il présente tellement de difficultés qu'on s'efforce de plus en plus de le supprimer et de le remplacer par l'application des engrais chimiques. L'emploi des sels de potasse dans les terres tourbeuses, qu'on ne pouvait utiliser autrefois qu'en ayant recours à l'écobuage, a donné les meilleurs résultats.

Le chaulage et le marnage. — Ces opérations ont pour but de donner de la chaux aux terres qui en manquent ; mais, la chaux et la marne n'agissent pas seulement comme aliments des plantes, elles constituent le plus souvent d'excellents moyens d'amélioration du sol, en agissant énergiquement sur son état physique, par un contact prolongé. La chaux possède, en effet, la propriété de décomposer toute une série de silicates, par exemple, les silicates d'alumine et les combinaisons analogues, et, par suite, de mettre en circulation les éléments nutritifs contenus dans la terre arable. Le chaulage est toujours couronné de succès dans les terres lourdes. Il produit une amélioration considérable, ameublissant le sol et le rendant plus léger.

Augmentation des rendements par suite des améliorations apportées au sol. — L'amélioration du sol par les moyens que nous venons d'indiquer permet d'obtenir des rendements élevés là où l'on n'obtenait auparavant que de maigres récoltes. Cette amélioration n'apporte au sol aucun élément nouveau, en dehors de la chaux par le chaulage et le marnage; elle se borne à favoriser la solubilisation des substances nutritives insolubles des plantes, mais elle donne souvent des résultats extraordinaires par lesquels il ne faut pas se laisser séduire. Les labours profonds, le drainage, le chaulage, etc., peuvent augmenter la production du sol; mais, les rendements diminuent avec une égale rapidité et finissent par tomber même au-dessous des rendements antérieurs à l'amélioration, si l'on néglige de restituer au sol les matières fertilisantes exportées par les récoltes.

RÔLE DE L'HUMUS DANS LA NUTRITION DES PLANTES.

Examinons maintenant le rôle de l'humus et la nature des réactions chimiques dont il est le siège. L'humus, on le sait, est le produit de la décomposition de toutes les matières organiques qui ont pénétré dans le sol. Il est sans cesse en voie de transformation : l'humus, tel qu'il se trouve aujourd'hui dans le sol, ne sera plus le même demain, ni dans la suite. Dans la formation de l'humus par la décomposition de la matière organique, des racines laissées par les plantes, du fumier, etc., une partie du carbone se transforme en acide carbonique, l'azote fournit de l'ammoniaque, celui-ci à son tour se transforme en acide nitrique. Cet acide carbonique, cette ammoniaque concourent à la nutrition des plantes. L'acide carbonique, en outre, désagrège les matières minérales du sol et les rend assimilables. Une autre partie du carbone subit une combustion lente, se transforme en une substance organique noire, qui est l'humus proprement dit, pour se résoudre ensuite insensiblement en aliments gazeux de la plante. Ce dépôt de matière organique produit souvent le meilleur effet. Il ameublit les terres argileuses lourdes, et les rend perméables à l'air ; il donne de la consistance aux terres sableuses légères qui, par suite, retiennent mieux l'humidité. La couleur noire favorise l'échauffement du sol.

Comme l'humus provient de matières végétales qui contiennent toujours une certaine quantité de matières minérales, celles-ci sont, par ce fait, remises en circulation pour servir d'aliments à une nouvelle génération de plantes.

Somme toute, l'humus, pris comme tel, n'est pas un aliment pour les plantes ; seuls, les produits qui accompagnent sa formation et sa décomposition contribuent à la végétation des plantes et à l'amélioration du sol. Quelle que soit donc l'importance de l'humus dans le sol au point de vue agricole, on ne peut pas dire que les plantes en vivent ; il n'exerce qu'une action indirecte.

LES ORGANISMES DU SOL.

Les transformations chimiques et physiques qui s'accomplissent dans le sol sont dues en grande partie à l'action des plantes et des insectes qui y vivent, savoir : les plantes culturales, les mauvaises herbes, les insectes et les microbes.

Un grand nombre de transformations chimiques sont produites par des organismes microscopiques, des champignons et des ferments.

Le Dr Ernst a trouvé dans 1 gramme de terre :

630.000 germes de microbes à une profondeur de	20 cm.
500.000 — — —	50 —
276.000 — — —	70 —
36.000 — — —	1 m. —
5.000 — — —	1 m.20 —
700 — — —	1 m.40 —

En général, le nombre de germes diminue avec l'âge géologique de la formation, avec l'altitude, la densité et la diminution de l'aération du sol. Les terres sablonneuses contiennent moins de germes que les terres argileuses riches en humus. Les terres fortement fumées qui se trouvent en bon état de culture contiennent plus de microbes que les terres non fumées. La plus grande quantité de bactéries se trouve à une profondeur de 20-35 cm.; elles diminuent ensuite rapidement à mesure qu'on creuse davantage dans le sol. Un grand nombre de germes y pénètrent avec l'eau, et surtout avec le fumier de ferme et le compost.

L'activité vitale des bactéries se rattache étroitement au processus d'oxydation et de réduction, et à l'enrichissement du sol en azote. En l'absence d'organismes animaux et végétaux (terre stérilisée), les éléments du sol sont incapables d'oxyder l'ammoniaque et ses sels, de les transformer en nitrites et en nitrates. Cette propriété n'appartient qu'aux organismes microscopiques dont il existe une quarantaine d'espèces différentes.

La végétation des plantes culturales et des mauvaises herbes a également pour effet de modifier la composition chimique et physique du sol. Le chevelu des racines solubilise les matières minérales par les sucs acides qu'il émet, et les rend assimilables. Les animaux et les insectes de tous genres qui vivent dans la terre modifient son état physique par leur travail mécanique; ils modifient son état chimique par l'apport de matières organiques, résultant de la décomposition de leurs cadavres.

Les lombrics contribuent d'une manière toute spéciale à l'ameublissement et à la fertilisation du sol. D'après Nowacki, on trouve 5 lombrics par mètre carré de prairie et de terre cultivée, et environ 10 par mètre carré de jardin. Ces lombrics creusent chaque année en automne sur la même surface 5 à 10 trous de 1 à 2 m.50 de profondeur et de 5 cm. de section, et augmentent ainsi de 2 mm. le niveau de cette même surface.

D'après Wollny, la terre renfermant des lombrics possède, toutes choses égales d'ailleurs, une fertilité beaucoup plus grande qu'une terre qui n'en contient pas. Par suite de l'émiettement qui résulte de leur travail, la terre devient plus perméable à l'air et à l'eau, l'échange d'acide carbonique y est plus actif; d'où il résulte qu'elle s'enrichit davantage en azote et en matières minérales solubles.

Les racines des plantes et le travail des microbes jouent un rôle très important au point de vue de la fixation de l'acide carbonique dans le sol. D'après les longues recherches faites à ce sujet par Stoklassa et Ernst (1), la respiration des microbes et des racines peut emmagasiner dans le sol, par hectare et par an, 15.000 et 6.000 kilogr., soit 21.000 kilogr. d'acide carbonique.

(1) Böhm. Zeitschr. f. Zucker industrie 1907, t. 31, p. 291.

CHAPITRE III

LES ENGRAIS

OBSERVATIONS GÉNÉRALES.

La réserve du sol en matières nutritives des plantes diminue à chaque récolte d'une quantité égale à celle des matières enlevées par elle ; à cet épuisement correspond, il est vrai, un certain enrichissement aux dépens des réserves insolubles, par la décomposition incessante des minéraux sous l'action des agents atmosphériques.

Cette décomposition des matières insolubles est accélérée par la culture des plantes à racines pivotantes, des plantes sarclées, par les labours profonds et par l'alternance des récoltes ; mais l'épuisement des éléments combinés, solubles, n'en est pas moins un fait inéluctable et ne fait que s'accélérer progressivement avec le temps. Quelles que soient les mesures que l'on prenne pour favoriser la solubilisation des réserves insolubles du sol, on ne réussira jamais à combler les réserves solubles enlevées par les récoltes. De là découle la nécessité de la restitution.

Les engrais seuls nous en donnent le moyen. Ils n'agissent pas seulement par les matières nutritives qu'ils contiennent, mais encore par l'influence qu'ils exercent sur la marche de la solubilisation des réserves insolubles du sol, par la remise en état de la terre dont l'état physique a été modifié par la végétation des plantes et les influences météorologiques, et enfin par l'apport d'organismes microscopiques.

Les engrais ont donc pour but de fournir à la terre les matières nutritives qu'elle contient le moins, d'augmenter sa réserve en minéraux solubles, de modifier son état physique et de l'approprier aux exigences des plantes, et enfin de lui amener des organismes microscopiques dont nous avons reconnu le rôle bienfaisant. Le choix des engrais est donc dicté, d'une part, par les exigences des plantes en matières nutritives, de l'autre par l'état de fertilité du sol, c'est-à-dire par l'état de sa réserve en principes fertilisants solubles.

Parmi les matières nécessaires à la plante pour son développement figure en premier lieu le carbone. Cet élément se trouve répandu en abondance dans l'atmosphère, de sorte qu'il est superflu de le fournir à la terre. On a d'ailleurs un moyen très simple de l'augmenter, en cultivant des plantes dont l'appareil

foliacé est très développé, telles que les légumineuses,
et dont les racines laissent dans le sol une grande
quantité de débris organiques. L'azote est fourni à
la terre par la pluie, sous forme d'ammoniaque (10 à
20 kilogr. par hectare), par la rosée, et par l'air qui
pénétre dans le sol ; mais ces apports sont tellement
faibles qu'ils ne peuvent compenser l'azote enlevé
par les récoltes ou perdu par entraînement dans le
sous-sol. On y supplée par les engrais azotés et par
la culture des légumineuses.

Parmi les matières minérales qui constituent les
cendres des plantes, l'acide phosphorique et la potasse
attirent tout spécialement notre attention, parce que
les plantes en exigent des quantités relativement importantes par rapport aux faibles quantités contenues
dans le sol. La chaux, la magnésie, l'acide silicique
et l'acide sulfurique se trouvent généralement en
excès dans le sol. Il est donc inutile de les lui fournir, si ce n'est dans certains cas exceptionnels. La
soude, le chlore, le fer et le manganèse sont relativement abondants dans le sol, et d'ailleurs la cendre
des plantes n'en contient que très peu ; il n'y a donc
pas à s'en occuper.

Certains éléments constitutifs du sol exercent sur
les engrais une action très nette. Tandis que le quartz
est tout à fait inerte, l'argile siliceuse prend une part
très active à la décomposition des matières humiques ;

elle adhère fortement aux particules les plus fines de l'humus et, par son pouvoir absorbant, elle enlève aux engrais la potasse, l'ammoniaque et l'acide phosphorique. La formation d'humates d'alumine et d'humates d'oxyde de fer insolubles dans l'eau a pour effet d'entraver la combustion trop rapide de l'humus.

La terre calcaire exerce une action énergique sur les engrais organiques, l'humus s'oxydant plus rapidement à l'état d'humate de chaux qu'à l'état isolé. Aussi, les terres calcaires dévorent d'humus.

Ces observations faites, nous allons aborder l'étude des engrais en particulier, dans l'ordre suivant :

1º Le fumier de ferme, l'engrais humain et les engrais verts ;

2º Les amendements.

3º Les engrais chimiques ;

LE FUMIER DE FERME.

L'épandage de fumier de ferme constitue la plus ancienne méthode de fumure. Cette méthode est aussi la plus rationnelle, en ce sens qu'elle permet de restituer au sol toute la série des éléments fertilisants qui sont nécessaires à l'alimentation de la plante ; elle présente, en outre, le grand avantage d'ameublir le sol au moyen de la paille du fumier et, par conséquent, de le rendre plus perméable aux agents atmosphériques ; enfin elle permet de lui amener une grande quantité de matière organique qui, en se décomposant, forme de l'humus. Or, les substances humiques solubles (humates d'ammoniaque), et l'acide carbonique qui se dégage constamment de l'humus, sont les dissolvants les plus actifs des matières minérales du sol.

Comme rien ne peut remplacer les effets du fumier de ferme, cet engrais est et restera toujours la base de toute exploitation rationnelle.

Le fumier de ferme est un mélange contenant les déjections solides et liquides des animaux de la ferme. et la matière employée comme litière. Sa valeur dépend donc de celle des déjections des animaux, de celle des matières employées comme litière, enfin et surtout de son traitement et des soins apportés à sa conservation jusqu'au moment de son emploi.

Les déjections des animaux.

La valeur fertilisante des déjections des animaux dépend du genre auquel appartiennent les animaux, de la qualité des aliments dont ils sont nourris et de l'état où ils se trouvent.

L'organisme animal emprunte aux aliments absorbés par l'appareil digestif tous les éléments nécessaires à sa conservation ; les éléments non digérés sont éliminés sous forme de déjections solides. La partie digérée des aliments passe dans la substance de l'animal ; elle est employée à l'augmentation du cadavre et à la dépense d'énergie vitale, puis elle est éliminée de nouveau en grande partie soit sous forme gazeuse par les poumons et par la peau, soit sous forme liquide par les urines. Un animal adulte, dont le poids ne varie que faiblement dans les circonstances normales, rejettera donc par les excréments la presque totalité des matières qu'il absorbera par la nourriture.

Un animal soumis au régime de la ration d'entretien ne perd donc comme matières que celles éliminées par la respiration, composées de carbone, d'hydrogène et d'oxygène qui n'ont aucune valeur comme engrais. Les matières minérales et azotées, seules importantes, se retrouvent presque intégralement dans les déjections solides et liquides.

Si les animaux fournissent des produits utiles, tels que la laine, le lait, etc., on constate dans leurs déjections une diminution de matières minérales correspondante à la quantité de ces matières contenue dans leurs produits. Ainsi, chez le mouton qui produit de la laine, on constate une diminution de matières minérales correspondante à la proportion contenue dans la laine. Il en est de même pour la vache qui produit du lait ou qui est pleine. D'autre part, le fumier d'un animal en croissance sera moins riche en matières minérales, surtout en acide phosphorique et en potasse, parce qu'une partie de ces matières est employée à la formation des muscles et des os.

L'alimentation des animaux exerce une grande influence sur la quantité et la qualité de leurs déjections. Plus elle sera généreuse, plus le fumier aura de valeur, à tel point que les déjections d'une bête bien nourrie peuvent atteindre comme engrais une valeur double de celle fournie par une bête mal nourrie.

Enfin, la qualité du fumier varie suivant le genre d'animaux qui le produisent. Les différences sous ce rapport proviennent surtout de celles du régime alimentaire qu'on leur impose.

La matière employée comme litière.

La litière a pour but de fournir aux animaux une couche sèche et chaude, d'absorber aussi complètement que possible les excréments solides et liquides ; en même temps elle sert de régulateur dans la décomposition du fumier, dont elle augmente la valeur par sa teneur en azote et en matières minérales.

La paille forme la meilleure litière. A défaut de

paille, on emploie les foins avariés, les tiges de pois,
de maïs, de pommes de terre, des roseaux, des joncs,
des herbes de marais, des fucus, etc.; mais ces
matières ont moins de valeur que la paille.

On emploie également les feuilles mortes. Elles
absorbent une plus grande quantité de purin que la
paille, mais elles ne retiennent pas suffisamment les
déjections solides. En outre, elles sont en général
pauvres en matières fertilisantes et, ce qui est pis,
difficilement décomposables.

Enfin, on remplace parfois la paille et les feuilles
mortes par la fibre et la sciure de bois.

Les meilleurs succédanés de la paille-litière sont
la terre sèche et la tourbe. La première est d'autant
meilleure pour cet usage qu'elle est plus riche en
humus et qu'elle possède un pouvoir absorbant considérable. Mais, elle est d'un poids élevé, ce qui élève
les frais de transport du fumier.

La tourbe se trouve dans le commerce en balles
de 100 kilogr. à l'état de fibres de 5 cm. de long
dont on a séparé la poudre par tamisage. Elle constitue une excellente litière, eu égard à son pouvoir
absorbant pour le purin et sa propriété de combiner
l'azote et l'ammoniaque. Un volume de tourbe produit le même effet que 3 volumes de paille.

Les quantités respectives de litière à employer sont
les suivantes: il faut deux fois plus d'herbes de ma-

rais que de paille, 7 fois plus de feuilles que de paille, 8 fois plus de rameaux de pin et de sapin, 10 à 12 fois plus de terre que de paille, une égale quantité de fibre de bois que de paille, le tout calculé au poids.

Les différentes sortes de fumiers.

Fumier de bovins. — Dans les conditions normales, ce sont les bovins qui produisent le plus de fumier. Ce fumier contient 20 à 30 o/o de matière sèche et 70 à 80 o/o d'eau ; par suite de cette teneur élevée en eau, il ne s'échauffe et ne se décompose que lentement. Aussi, son effet sur la végétation des plantes dure de 3 à 4 ans. Il convient le mieux aux terres sablonneuses, pauvres en humus. C'est un fumier frais.

Une vache d'un poids vif de 350 à 400 kilogr. produit en moyenne par an 10.000 kilogr. de fumier lorsqu'elle est nourrie à l'étable. Les vaches au pâturage, le jeune bétail et les bœufs de labour en produisent moins.

Pour déterminer la quantité de fumier produite il suffit de totaliser les matières fertilisantes contenues dans les aliments donnés au bétail et celles contenues dans la litière, et de retrancher les matières minérales employées à la production du lait et de la viande. Mais ce calcul ne tient aucun compte des pertes que subit le fumier pendant sa conservation.

Fumier de mouton. — Le fumier de mouton est beaucoup plus sec que le fumier des bovins; sa teneur en eau varie de 64 à 66 o/o. Il contient aussi plus du double d'azote et il se décompose très rapidement. C'est un fumier échauffant. Il convient surtout, à l'état bien décomposé, aux terres argileuses riches en humus. Il ne convient ni pour les céréales, qu'il fait verser, ni pour les pommes de terre, car il influe sur leur saveur et leur richesse en fécule. Un mouton produit par an environ 700 kilogr. de fumier, pesant environ 700 kilogr. le mètre cube.

Fumier de cheval. — Le fumier de cheval est sec et échauffant, par suite de l'alimentation plutôt sèche de cet animal, de la faible quantité de litière qu'on lui donne et de la nature concentrée de son urine. Ce fumier se décompose beaucoup plus rapidement que celui de mouton, et il est difficile d'éviter les pertes qui en résultent. Il convient surtout aux terres froides, telles que les terres argilo-siliceuses ou les terres riches en humus. Dans les terres légères, sablonneuses, il se décompose trop rapidement pour exercer une action durable. Le mieux est de le mélanger avec le fumier de bovins et de porcs. Comme le cheval passe généralement son existence au dehors, il ne produit guère que 6.000 à 8.000 kilogr. de fumier par an.

Fumier de porc. — Le fumier de porc est le plus souvent très aqueux et pauvre en azote. Sa valeur, du reste, est sujette à varier en raison même du régime alimentaire qu'on impose à l'animal. C'est le fumier du porc à l'engrais qui est le meilleur ; il se rapproche le plus de celui des bovins par son action. Il convient pour les terres chaudes, sablonneuses. La production par tête de porc est de 1.300 à 2.500 kilogr. par an.

Conservation et traitement du fumier.

La conservation du fumier a pour but, non seulement de le préserver autant que possible de toute déperdition, mais encore d'augmenter la solubilité de ses matières fertilisantes. Les pertes peuvent affecter soit la matière solide et les matières liquides par dispersion, soit les matières volatiles par évaporation de certains produits de décomposition. On évite ces pertes en recueillant soigneusement toutes les matières excrémentielles, en employant soigneusement des matières convenables pour la litière et en traitant le fumier de la manière que nous indiquerons.

Abandonné à l'air libre, le fumier subit des modifications profondes qui s'accomplissent simultanément ou successivement ; les bactéries s'y multiplient au point que 1 gr. de fumier en contient des millions. La décomposition atteint tout d'abord les matières azotées de l'urine, ensuite les déjections solides, et enfin la paille. La rapidité de la décomposition du fumier est proportionnelle à sa teneur en azote. Une litière abondante, surtout celle de fibres ou de sciure de bois, a pour effet de ralentir la décomposition.

Dans cette décomposition, les matières albuminoïdes sont peptonisées, les peptones à leur tour sont transformés en amides, ceux-ci en ammoniaque et acides gras ; enfin les acides gras sont décomposés en hydrogène et gaz de marais avec mise en liberté d'acide carbonique. Au début, la décomposition est provoquée rapidement par des ferments aérobies (ayant besoin d'oxygène pour vivre) ; lorsque l'oxygène est absorbé et qu'il se forme de l'hydrogène, de l'acide carbonique, du gaz de marais, etc., la décomposition est effectuée par des ferments anaérobies (n'ayant pas besoin d'oxygène pour vivre) qui continuent lentement le travail de la putréfaction.

Parmi les matières non azotées du fumier, la cellulose de la litière est décomposée en ses éléments par les bactéries de la fermentation cellulosique ; la fécule, le sucre, les acides organiques et leurs sels sont également transformés. Les produits qui en résultent sont : l'acide carbonique, le gaz des marais, de l'hydrogène, des matières humiques qui donnent la couleur noire au fumier décomposé.

Ces fermentations s'effectuent plus rapidement à l'abri de l'air, à une température élevée (40°) en milieu humide, par conséquent dans le milieu des tas de fumier abondamment arrosés de purin.

Les transformations de la matière organique du fumier provoquent à leur tour la solubilisation des manières minérales.

Dans le traitement du fumier, il faut faire en sorte de régler l'humidité et la température suivant la marche de la décomposition. Si le fumier est trop sec, ce qui se traduit par l'apparition des champignons de moisissure, la putréfaction est trop rapide pour que le purin puisse s'emparer de tous les produits solubles de décomposition, et comme tous ces produits sont volatils, ils se dégagent dans l'atmosphère et sont perdus. Un excès d'humidité, par contre, ralentit la décomposition et favorise l'écoulement des matières azotées solubles, des phosphates et des sels de potasse. En hiver, la marche de la décomposition subit parfois des arrêts par suite du refroidissement si l'on n'a pas soin de conserver le fumier en gros tas pour y retenir la chaleur.

Pour empêcher l'évaporation des produits volatils, surtout de l'ammoniaque, il faut ajouter au fumier des matières destinées à les fixer et à les transformer en combinaisons non volatiles. Pour fixer l'ammoniaque on répand sur le fumier ou dans l'intérieur des tas, des couches légères de terre argileuse, humique ou calcaire, des déchets de tourbe ; de la boue des marais, etc., qui absorbent les matières volatiles et enrichissent le fumier en matière organique et azotée. Un autre moyen plus simple consiste à tenir le fumier constamment humide. On peut encore transformer les combinaisons ammoniacales volatiles en composés moins volatils par l'addition de plâtre non calciné, à raison de 1-2 kilogr. par jour et par tête de gros bétail, de kaïnite (o kilogr. 700 à 1 kilogr. par jour et par tête de bétail), de sulfate double de potasse et de magnésie (200 gr. par jour et par tête de bétail), de superphosphate (400 à 500 gr. par jour et par tête), de sulfate de fer, de déchets d'alun.

En dehors de ces additions destinées à assurer la conservation des principes fertilisants du fumier, on y ajoute parfois encore des gadoues, des cendres de bois, des résidus de brasserie, etc., afin d'augmenter sa richesse. Ces pratiques se réduisent, en définitive, à transformer le fumier en compost (voir plus loin).

Mais, malgré tous les soins qu'on apporte à sa conservation, le fumier subit toujours certaines déperditions par évaporation d'acide carbonique, de sulfure d'hydrogène et d'ammoniaque ; les pertes seront naturellement plus élevées si l'on néglige les moyens indiqués pour fixer ces matières. En même temps, le fumier diminue de volume. Au bout de 2-3 mois sa décomposition est achevée ; le fumier a perdu alors 1/5 de son poids et de son volume. S'il reste plus longtemps dans la fosse, il perd 30 à 40 o/o ; il s'appauvrit alors en azote et en matière humique si on ne le conserve pas avec les soins voulus.

FOSSE A FUMIER ET A PURIN.

Le mode de conservation le plus généralement employé consiste à réunir le fumier dans une fosse plus ou moins profonde, de forme rectangulaire, demi-circulaire ou circulaire. Cette fosse doit être établie dans un endroit abrité contre le vent et le soleil, le mieux par un toit. Mais, cette méthode des fosses offre quelques difficultés pour le débardage. Les *plates-formes* établies au niveau du sol suppriment cet inconvénient. Pour assurer l'écoulement du purin, la surface d'une plate-forme est *convexe* ou *concave*, de façon à présenter une inclinaison de 1 à 3 centimètres par mètre, vers la citerne placée à la partie la plus basse. Les précautions que nous venons d'indiquer pour les fosses, afin d'empêcher les eaux extérieures d'arriver dans la citerne, sont les mêmes pour les plates-formes. Nous allons fixer les idées du lecteur sur les deux modèles de plate-forme en usage (1).

La figure 1 représente une coupe transversale, suivant la ligne AB, et le plan d'une *plate-forme à aire convexe* ; *a* est l'emplacement du fumier, *b* la fosse à purin, *c* la pompe à purin, *d* la rigole d'enceinte, *e* la digue d'enceinte. La figure 2 représente une coupe transversale et le plan d'une *plate-forme à aire concave;* les détails de cette figure portent les mêmes lettres que la précédente.

Les mesures à prendre dans la préparation du sol de la fosse à fumier sont applicables à la préparation de l'aire d'une plate-forme, quand le sol est plus ou moins perméable ; c'est-à-dire que dans ce cas on étend sur le sol une couche de béton ; parfois même un simple pavage suffit. Mais si le sol est argileux, on peut se contenter de le battre afin de mieux le régulariser et d'augmenter encore son imperméabilité. Ce résultat obtenu, on entoure ensuite le terrain d'une petite rigole et d'une légère digue en terre. les dimensions ayant été calculées de manière que le tas de fumier, sur la plate-forme, n'atteigne jamais plus de trois mètres de hauteur.

Les *plates-formes convexes* sont les plus anciennement employées : ce sont celles dans lesquelles l'inclinaison des plans est dirigée de la partie centrale vers les bords, le long desquels se trouve une rigole

(1) D'après M. Camille Pabst, *Petit Journal agricole,* 1902.

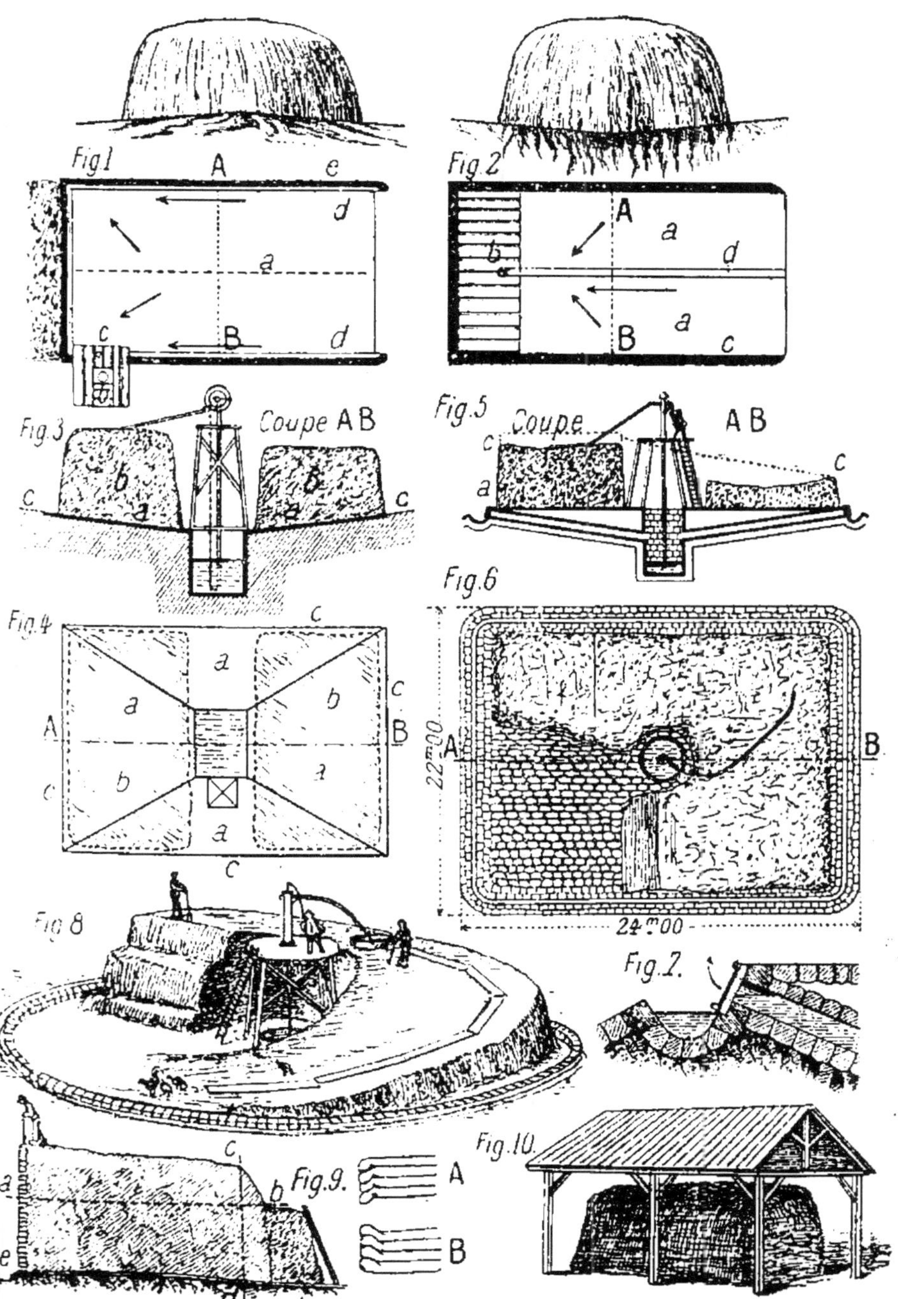

Fig. 1 à 10. — Différentes dispositions des fosses à fumier.

destinée à recueillir le purin et à le conduire à la citerne. M. Ringelmann a décrit ainsi la plate-forme de cette espèce, qui fut en usage à l'Ecole nationale d'Agriculture de Grignon.

On voit (fig. 5 et 6, plan et coupe verticale) que cette plate-forme est constituée par quatre plans triangulaires, dont la pente conduit le purin dans la rigole de ceinture A (fig. 5) ; pour faciliter l'arrosage du fumier C, la citerne B est placée au centre de la plate-forme.

Deux caniveaux souterrains permettent d'amener à la citerne le liquide recueilli dans les rigoles. Afin d'éviter leur obstruction, ces caniveaux sont pourvus en amont d'une grille A, fixée dans un châssis en bois (fig. 7) ; la grille mobile de chaque caniveau souterrain est à 0 m.15 au-dessus du fond d'une petite cuvette où se réunissent les rigoles de ceinture. La figure 8 représente la vue générale de cette plate-forme et la manière d'élever le tas, en y amenant le fumier des locaux d'animaux.

Le fumier est élevé par couche de 20 centimètres d'épaisseur environ. Pour maintenir les parois du tas aussi verticales que possible, on replie en dedans le bord de chaque couche, comme l'indique la figure 9 et les coupes A et B qui l'accompagnent.

Cette plate-forme convexe de Grignon peut être considérée comme le modèle à employer dans les grandes exploitations ; aussi allons-nous donner quelques détails complémentaires sur sa constitution. Son aire fut empierrée, comme une route ordinaire, sur une forme en terre glaise, afin que l'étanchéité soit plus complète. La rigole de pourtour fut pavée. Quant à la citerne centrale, elle fut construite en maçonnerie à mortier hydraulique ; elle fut, en outre, pourvue d'une plate-forme sur laquelle était adaptée une pompe qu'on pouvait tourner dans le plan horizontal, pour pouvoir arroser tout le tas. Aujourd'hui cette ancienne pompe est remplacée par un modèle à chapelet établi à poste fixe.

M. Ringelmann regrette, pour cette plate-forme à fumier convexe, qu'on ait placé au centre de l'aire les caniveaux chargés a d'alimenter la citerne. En effet, si cette position est logique pour la citerne, car elle facilite les arrosages, il n'en est pas moins vrai que les caniveaux souterrains qu'elle nécessite sont sujets à de fréquentes obstructions ; non seulement ils compliquent inutilement le système, mais encore ils augmentent son prix de revient. Si donc on préfère la plate-forme convexe à la plate-forme concave, il est à conseiller de supprimer ces caniveaux souterrains, dans lesquels se réfugient les rats, et de placer la citerne à la périphérie de la plate-forme.

La *plate-forme concave* paraît être plus avantageuse. Les figures 3 et 4 montrent la coupe verticale et le plan de celle qui fut construite dans l'ancienne école de Grand-Jouan, elle peut également être considérée dans les grandes exploitations comme le modèle du genre. On voit que l'aire se compose de quatre plans inclinés *a*, se raccordant à la citerne centrale ; celle-ci est fermée à l'aide d'un plancher et est surmontée d'une charpente qui supporte la pompe à chapelet pour le purin ; les tas de fumier sont mis en A et B.

Autour de la plate-forme *a*, on ménage un chemin *c* pour permettre aux voitures l'accès sur tous les points du périmètre : ce chemin est suffisamment bombé pour empêcher l'accès des eaux extérieures. Ce système évite la construction de rigoles de ceinture, qui gênent les voitures ; celles-ci d'ailleurs abîment continuellement les rigoles. Enfin, on peut installer les latrines des ouvriers contre la fosse.

Ajoutons encore que si chaque tas de fumier *f* a 3 mètres de haut, le niveau du plancher de la pompe peut se trouver à 3m.50 au-dessus de la plate-forme. Comme le gorgeoir de la pompe est à o m.50 au-dessus du plancher, on possède de cette façon une charge de 1 mètre, suffisante pour permettre l'arrosage du fumier ou pour charger le tonneau à purin.

Enfin les plates-formes, comme les fosses à fumier, peuvent être abritées par une toiture légère. M. Michel

Perret a établi une plate-forme de cette nature dans sa ferme de Tullins (Isère). Il a cherché à doubler la quantité de fumier produite sur son domaine en y ajoutant les matières ligneuses qu'il avait à sa disposition.

Pour faciliter la décomposition de ces dernières et leur transformation en humus, le mélange est mis sur une plate-forme recouverte d'une toiture (fig. 10). Une rigole recueille le purin, qui est rejeté sur le tas avec une pelle à eau; la masse fermente, se concentre et finit par faire un fumier gras, bien décomposé, pesant en moyenne 1.000 kilogr. le mètre cube.

Pour compléter ce qui a trait aux fumiers ainsi abrités, ajoutons qu'il est plus que probable que les bons effets de ce système, vantés par quelques agronomes, proviennent bien plus de ce que les pertes du fumier par évaporation se trouvent ainsi diminuées qu'à cause de la protection des tas contre la pluie; c'était du moins l'avis de Gasparin; il trouvait, en outre, que les murs ou les poteaux destinés à supporter la toiture sont des entraves très gênantes aux opérations des voitures qui apportent et emportent le fumier.

Dimensions à donner à la plate-forme du fumier (1). — Connaissant approximativement la quantité annuelle de fumier produite dans une exploita-

____
(1) G. Pabst, *loc. cit.*

tion, comment calculer les dimensions à donner à l'emplacement destiné à le recevoir ?

Nous avons vu que les quantités moyennes de fumier produites varient dans des proportions très grandes, suivant l'espèce, l'âge des animaux, la nature de leur alimentation, etc. Les chiffres qu'on admet le plus généralement représentant les quantités annuelles produites sont les suivants : cheval 10.200 kilogr. ; bœuf de travail 9.400 kilogr. ; bœuf à l'engrais 25.300 kilogr. ; vache en stabulation 11.400 kilogr. ; bête à laine 700 kilogr. ; porc 1.100 kilogr.

Ajoutons que 100 kilogr. de foin donnés aux différentes espèces d'animaux produisent, en admettant que le fumier ait une teneur uniforme de 70 o/o d'eau : cheval 170 kilogr. de fumier, vache laitière (suivant les cas) 107, 200 ou 240 kilogr. ; veaux de six mois 133 kilogr. L'ensemble des animaux de la ferme rend vingt-cinq fois environ son poids de fumier (Girardin).

D'après un certain nombre d'auteurs, pour calculer les quantités de fumier frais produites par les différents animaux, il suffirait de multiplier par deux la somme de la litière et des fourrages considérés à l'état sec. Wolff dit que ce calcul peut se faire en ajoutant la moitié de la substance sèche des fourrages consommés à la litière ainsi réduite à l'état sec, et en multipliant la somme par quatre.

D'après M. Heuzé, il faudrait multiplier la somme

de la litière et des fourrages à l'état sec, par les nombres suivants, pour en déduire la quantité de fumier correspondante : cheval 1 kilogr. 3 ; bœuf (de travail) 1 kilogr.5 ; vache 2 kilogr.3 ; porc 2 kilogr.5 ; mouton 1 kilogr. 2. Moyenne 1 kilogr. 8.

Ceci dit, supposons une exploitation possédant quatre chevaux, huit bœufs de travail, trente vaches, cent moutons et dix porcs, et cherchons l'emplacement nécessaire pour loger le fumier produit par ces animaux. De ce qui précède, on peut dire que ces bêtes auront produit environ : chevaux, 40,8 tonnes de fumier ; bœufs, 75,2 tonnes ; vaches, 34,2 tonnes ; moutons, 55 tonnes; porcs, 11 tonnes. Au total 525 tonnes de fumier environ.

Or, le poids du mètre cube de fumier augmente avec son âge. On peut donc admettre que le tas de fumier se compose : 1° d'un tiers, c'est-à-dire 175 tonnes, de fumier à l'état frais, pesant 400 kilogr. le mètre cube ; 2° un deuxième tiers, à moitié fait, pesant 700 kilogr. le mètre cube; 3° un troisième tiers bien tassé et bien fait, pesant 800 kilogr. le mètre cube.

Le volume du fumier se compose donc de trois couches : 1° fumier frais, 175 t. : 400 kilogr.=437 m³.5 ; 2° fumier à moitié fait, 175 t. : 700 kilogr.=250 m³. ; 3° fumier fait, 175 t. : 800 kilogr. = 218 m³. 75. Au total : 906,25 mètres cubes.

Or, la hauteur recommandable du tas de fumier étant 2 m. 50 environ, la surface occupée par l'emplacement du fumier sera approximativement de 360 mètres carrés. En supposant une aire carrée, le côté aurait donc 19 mètres de longueur environ.

Confection des tas. — Donnons quelques indications sur le mode de confection des tas. Le fumier frais sorti des étables doit être réparti uniformément dans la fosse, en une couche d'environ 30 centimètres. Sur cette couche, on répand également une couche de terre épaisse de 6 à 10 centimètres, destinée à empêcher la perte d'ammoniaque par volatilisation; sur cette couche de terre on met ensuite une seconde couche de fumier et on continue ainsi jusqu'à ce que le tas ait atteint une hauteur de 1 m. 50 à 2 mètres, suivant la facilité avec laquelle il se décompose. Les tas trop élevés dégagent une chaleur trop forte qui active la décomposition et empêche le purin dont on l'arrose de traverser toute la couche.

Lorsque le fumier est sec à la surface, on l'arrose de purin, ou d'eau à défaut de purin ; cet arrosage doit se faire deux fois par semaine en hiver, une fois par jour en été; il a pour but de ralentir la décomposition et d'empêcher la perte de matière azotée.

Pour éviter les pertes d'ammoniaque des fosses à purin, on y verse de l'acide chlorhydrique ou sulfurique (1 kilogr. 500 par 100 litres de purin) ou bien du plâtre.

Epandage du fumier. — Le fumier amené dans les champs doit être épandu immédiatement, et enfoui le plus tôt possible. Si on le laissait en petits tas de 50 ou de 100 kilogr. seulement pendant quelques jours, il perdrait une partie de ses éléments les plus fertiles par volatilisation; d'un autre côté, les points sur lesquels se trouvent les tas absorberaient une quantité exagérée de matières fertilisantes et produiraient des inégalités dans la végétation.

Le fumier frais enrichit le sol en humus, l'ameublit, le sèche et le réchauffe. Ce fumier, par conséquent, produira son maximum d'effet utile dans les terres froides et compactes.

Le fumier décomposé, au contraire, produira le meilleur effet dans les terres sablonneuses et dans celles que la culture aura déjà amenées à un certain état de fertilité.

La durée de l'action du fumier ne peut être évaluée que par appréciation. Aux terres compactes, peu actives, sous un climat froid et humide, il faut donner de fortes fumures à la fois, parce que la décomposition dans le sol est très lente. C'est pourquoi aussi l'action du fumier s'y soutient pendant 4 à 5 ans.

Dans les climats chauds et secs, et pour les terres sablonneuses, il convient de fumer faiblement, mais souvent, parce que l'action du fumier y est peu durable et ne dépasse pas 2-3 ans.

Dans une terre enrichie en humus par une série de fortes fumures et se trouvant en bon état de fertilité le fumier de ferme produit tout son effet utile ; tandis que, dans une terre pauvre ou épuisée, il faut d'abord reconstituer une réserve de matières fertilisantes avant de pouvoir compter sur de bonnes récoltes. Cette réserve du sol ne se forme que lentement par le fumier, beaucoup plus rapidement par les engrais chimiques, comme nous le verrons plus loin.

Le purin.

Le purin est riche en potasse et en azote; il contient non seulement les sels minéraux qui lui sont fournis par les urines, mais encore ceux qu'il dissout en traversant le fumier. Sa valeur fertilisante est très élevée ; elle varie suivant le degré de dilution avec l'eau de pluie et suivant les précautions employées pour éviter les pertes d'azote.

Le purin venant des étables est dirigé par un caniveau couvert soit dans la fosse à purin, soit de préférence dans une fosse spéciale et soustrait autant que possible à l'action de l'air, de la lumière et de la chaleur. On l'emploie à la ferme pour l'arrosage du fumier et du compost, et pour la fumure des champs.

Le mieux est de l'employer pour la fumure des prairies, des champs de trèfle, des plantes fourragères, les betteraves, le colza. On en répand 300 à 400 hectolitres par hectare.

VALEUR FERTILISANTE DE LA PAILLE.

V. Seelhorst (1) a fait des expériences sur l'action de la fumure avec paille non décomposée. Dans tous les cas où l'on n'a pas répandu en même temps du nitrate, la paille a eu pour effet de diminuer le rendement des récoltes. Additionnée de nitrate, elle a donné des résultats tout différents. Dans les terres sableuses et pauvres en humus, l'apport de paille a été défavorable, mais seulement dans la première année de l'épandage ; dans les terres fertiles, riches en humus, cet inconvénient ne s'est pas présenté. La cause de ce phénomène est que, dans les terres pauvres en matières organiques, les bactéries du sol se nourrissent principalement des hydrates de carbone de la paille (surtout des pentoses) et transforment les matières azotées solubles du sol en leur propre substance, les soustrayant ainsi aux plantes culturales.

Il y a lieu de mentionner également les très intéressantes recherches de Hiltner (2) qui montrent que

(1) *Journ. Landwirtschaft*, 1906, t. 54, p. 283.
(2) *Arb. d. biolog. Anstalt f. Land-u-Forstwirtschaft*, 1906, t. 5, pp. 99 à 120.

la paille ne produit de mauvais effets que si, après
son épandage, on cultive des plantes qui n'appartiennent pas à la famille des légumineuses. Les légumineuses puisent dans l'atmosphère l'azote dont elles
ont besoin et ne souffrent pas de faim par suite de
l'accaparement de l'azote du sol par les bactéries.
La récolte antérieure n'est pas indifférente. La paille
épandue après une culture de lupins n'a pas donné
de mauvais résultats, parce que ces plantes ont augmenté la réserve d'azote du sol. Mais il n'en est pas
de même pour les céréales. Si l'on enfouit des engrais
verts (légumineuses) avec la paille, celle-ci produit
un excellent effet, parce que sa matière organique,
grâce à l'activité des bactéries du sol, produit lentement du nitrate très soluble ; pendant l'hiver, une
petite partie de ce nitrate pénètre dans les couches
profondes du sol, et les plantes qui y seront ensuite
cultivées pourront mieux s'alimenter d'azote que si la
paille avait été répandue seule.

L'ENGRAIS HUMAIN.

Dans les conditions actuelles du commerce et des
moyens de communication, une exploitation basée
uniquement sur l'emploi du fumier de ferme serait
irrationnelle, en dehors des toutes petites exploitations, ainsi que nous le verrons plus loin. Les gran-

des villes surtout enlèvent à l'agriculture, tous les ans d'énormes quantités de matières fertilisantes, qui sont perdues avec les déjections, parce que l'utilisation de celles-ci rencontre actuellement de sérieuses difficultés. Dans les petites villes et les villages, où les terres sont très rapprochées des habitations, les déjections peuvent être employées comme engrais sans plus ; mais, dans les grandes villes, où elles sont diluées avec 90 o/o d'eau et au-delà, leur transport devient coûteux, vu que l'on ne tient pas à en inonder les terres situées à proximité.

C'est pourquoi, dans la plupart des grandes villes, on a pris le parti, condamnable au point de vue agricole, de se débarrasser des matières fécales en les envoyant dans les fleuves. On atteint ainsi le but immédiat qu'on poursuit, qui est de se débarrasser le plus vite possible de toutes ces matières odorantes, mais on ne réfléchit pas qu'en agissant ainsi on ne fait que de déplacer le mal. Le danger d'infection qu'elles présentent n'éclate pas toujours dans la grande ville elle-même, mais dans le cours inférieur du fleuve dans lequel on les déverse.

Dans ces derniers temps, on a essayé une nouvelle méthode qui devait réunir à la fois les avantages du tout à l'égout, qui sont incontestables, et les exigences de l'économie rurale : cette méthode est celle de l'épandage dans des terrains d'irrigation. Ce système fonctionne depuis des années, dans certaines grandes villes : les matières fécales diluées sont dirigées par des conduites dans un terrain distant de plusieurs kilomètres de la ville, et là elles sont distribuées dans les champs. La fertilité de ces terres a été ainsi augmentée dans des proportions considérables, et il semble que ce système ait mis fin aux controverses qui s'étaient élevées sur la question de savoir si l'on maintiendrait le système du tout à l'égout ou celui des fosses d'aisances. Un certain nombre de villes ont aménagé à grands frais des terrains d'épandage ; elles ont ainsi amélioré considérablement leurs conditions hygiéniques, bien que les résultats financiers de ce système soient de beaucoup inférieurs aux premières évaluations.

Le système des terrains d'épandage soulève deux questions principales : la question hygiénique et la question de la restitution à la terre. En ce qui concerne la première, on prétend la résoudre, en affirmant que les matières fécales sont désinfectées par la filtration dans les couches arables du sol. La terre, en effet, absorbe la majeure partie des substances fertilisantes contenues dans l'engrais, et spécialement aussi les substances odorantes (ammoniaque, sulfure d'ammonium, etc.). C'est là une règle applicable à tous les sols ; mais il est clair que le pouvoir absorbant des différentes terres varie considérablement suivant leur composition, qui est loin d'être uniforme. Ainsi, une bonne terre argilo-calcaire agit infiniment mieux sous ce rapport qu'une terre sablonneuse, c'est-à-dire que, pour obtenir les mêmes résultats, il faut une surface beaucoup plus grande de cette dernière que de la première. Le même principe est applicable au point de vue agricole : si une terre donnée est incapable de fixer suffisamment les engrais qu'on lui donne, elle s'en sursature et les plantes qu'on y cultive monteront à graine ou périront complètement. On obtiendrait encore de meilleurs résultats si l'engrais donné en excès allait se perdre dans le sous-sol, mais alors on revient au point de départ qui consiste à éviter la perte de matières fertilisantes dont la valeur d'ensemble est très élevée.

Le système des terrains d'irrigation fournira donc de bons résultats à la condition qu'ils seront assez vastes, suffisamment perméables, pour filtrer la quantité de matières fécales à écouler. Plus est faible le pouvoir absorbant du sol, plus doit être grande l'étendue du terrain d'irrigation. Or, l'expérience démontre péremptoirement que les terrains prévus pour l'irrigation sont insuffisants partout où l'on a appliqué ce système, et l'on sera peut-être obligé, dans quelques années, de laisser reposer plus ou moins longtemps les terrains utilisés actuellement et d'en chercher d'autres. Des recherches faites à ce sujet il résulte que 1 hectare de terre ne peut recevoir que les déjections de 60 à 80 personnes; si on lui en donne plus, les matières organiques ne s'oxydent pas suffisamment, ne se nitrifient pas et s'écoulent sans produire d'effet utile. Il s'ensuit que si l'on voulait appliquer le système d'épandage aux déjections totales fournies par la ville de Paris, il faudrait y consacrer 43.000 hectares ! Nous laissons aux compétences le soin de conclure.

Dans les villes qui ne possèdent pas le système d'épandage par les égouts, on atteint le même résultat en transportant les matières par tonneaux ou par wagons-réservoirs ; dans ce cas, les frais de premier établissement sont moins élevés que pour la canalisation, tandis que les frais d'exploitation sont beaucoup plus élevés ; cependant, le système de transport par tonneaux présente cet avantage qu'on peut utiliser les matières fécales partout où on le juge utile, en supposant que les frais de transport ne soient pas trop élevés.

Pour se faire une idée des énormes quantités de matières fertilisantes qui se perdent journellement par suite de la non-utilisation des déjections humaines, il suffit de citer les chiffres suivants de Barral :

Un homme adulte évacue journellement

Dans les excréments solides. .   2 gr. 8 d'azote.
Dans les urines.. . . . .   10 gr. 9   —

Total . . . .   13 gr. 7 d'azote.

En admettant pour les femmes et les enfants seulement la moitié de cette quantité, cela ferait 6 gr. 85 par jour et par tête.

D'après Fleitmann, ces chiffres seraient trop faibles; d'après lui un homme adulte évacue journellement :

	Dans l'urine	Dans les excréments solides	Ensemble
	gr.	gr.	gr.
Chlorure de sodium ...	8,924	0,017	8,941
Chlorure de potassium.	0,751	—	0,751
Potasse	2,482	0,546	3,028
Chaux	0,225	0,557	0,782
Magnésie	0,242	0,278	0,520
Oxyde de fer.	0,005	0,054	0,059
Acide phosphorique ...	1,760	0,807	2,567
Acide sulfurique	0,386	0,029	0,415
Acide silicique.	0,069	0,038	0,107
Total des éléments minéraux.	14,844	2,326	17,170

Ces éléments, calculés pour l'ensemble d'une population, représentent une valeur considérable, étant donné surtout que l'acide phosphorique des urines se trouve sous une forme soluble et assimilable.

Quant à celles qui s'accumulent dans les villes, les Compagnies de vidanges les recueillent dans des dépotoirs. Les liquides prennent le nom d'*eaux-vannes*, qui sont traitées industriellement pour en extraire le sulfate d'ammoniaque. Les matières solides sont desséchées et transformées en une substance noirâtre qui est la *poudrette*.

La poudrette ordinaire contient 1 1/2 à 2 o/o d'azote, 3 à 5 o/o d'acide phosphorique et 1/2 o/o de potasse, quand le tourteau organique de vidange, qui n'est en somme que de la poudrette préparée plus soigneusement, contient de 2 1/2 à 3 o/o d'azote, mêmes proportions d'acide phosphorique et de potasse.

En général, dans les dépotoirs installés dans le voisinage des villes, après avoir séparé les résidus solides des eaux vannes par un séjour plus ou moins prolongé dans des bassins de décantation, on se contente de les laisser sécher, soit sous des hangars, soit même à l'air libre, pour les broyer ensuite et les débarrasser des corps étrangers, briques, débris, etc., par un passage au crible de 15 à 16 millimètres.

Un traitement aussi barbare donne lieu à des déperditions notables d'azote par le lavage des pluies et la fermentation des matières ainsi laissées en tas. Certaines Compagnies de vidanges ont la précaution d'ajouter à la masse de l'acide sulfurique, qui fixe les produits ammoniacaux ; la dessiccation a lieu dans des séchoirs spéciaux et le produit après broyage et criblage est convenablement bluté. On obtient ainsi une poudrette qui dose jusqu'à 7 o/o d'azote, 2,5 o/o d'acide phosphorique et 3,5 o/o de potasse.

La *poudrette* ordinaire du commerce, grossièrement préparée, livre l'azote à raison de 1 fr. 10 à 1 fr. 25 le kilogr., et l'acide phosphorique à o fr. 20 environ, c'est-à-dire en dessous des tarifs courants pour les autres engrais azotés. C'est donc une source d'azote et d'acide phosphorique à bon marché, et son emploi est réellement avantageux pour certaines cultures. Alors que l'engrais azoté par excellence, le nitrate de soude, subit actuellement une plus-value notable, l'agriculteur ne peut que trouver son intérêt à rechercher des matières fertilisantes plus économiques.

La *poudrette* a l'avantage d'être très assimilable et de produire une action rapide. La récolte à laquelle elle est destinée en recueille tous les effets. Elle diffère en cela des autres engrais organiques, dont l'action est généralement plus lente et se poursuit pendant plusieurs années, tandis que la fumure à la poudrette est annuelle. On s'en trouve bien pour toutes les cultures, en particulier pour les céréales et les crucifères, à condition de ne pas négliger l'addition d'engrais phosphaté et potassique, le cas échéant.

Pour donner au sol de 40 à 50 kilogr. d'azote, la dose nécessaire de poudrette ordinaire à l'hectare est à peu près de 2.500 à 3.000 kilog., soit de 30 à 50 hectolitres. On l'épand peu de jours avant la semaille, au moment des dernières façons données au sol. Il faut exiger que l'engrais soit bien pulvérulent, bien homogène et bien bluté, pour éviter la présence de débris de verre qui pourraient amener des accidents pendant l'épandage (1).

RENSEIGNEMENTS PRATIQUES POUR L'EMPLOI EN NATURE DE L'ENGRAIS HUMAIN.

L'engrais humain est employé soit à l'état naturel, soit mélangé avec différentes matières. Le premier mode d'emploi est le plus simple, mais il ne peut être appliqué que dans un faible rayon : dans ce cas, les matières sont conduites dans les champs et enterrées à la charrue.

En Belgique, où l'on dispose de moyens de transport à bon marché, on dilue les matières fécales avec de l'eau ; on les transporte en tonneaux et on en répand 6 à 18 mètres cubes par hectare. Les quantités dont on n'a pas l'emploi immédiat sont mises en réserve dans des fosses cimentées établies à proximité des champs. On conserve de même les matières fécales en les recueillant dans des fosses étanches.

Le plus grave inconvénient dans l'emploi de ces

(1) Cf. Alf. Graux. *Journal d'Agr. prat.*

matières résulte de leur dilution. On·a essayé une foule de moyens pour diminuer leur teneur en eau ; mais on n'a pas encore trouvé de méthode répondant à toutes les exigences.

Les procédés les plus employés consistent à désinfecter d'abord les matières avec du sulfate de fer, du plâtre, de l'acide carbonique, etc.; on réunit à part les matières solides et les liquides, puis on applique la suite du traitement aux matières séparées ou réunies. Ce dernier système, qui permet de restituer à l'agriculture toutes les matières fécales, mérite certainement la préférence. On diminue leur teneur en eau soit par une addition de chaux caustique qui combine l'eau et empêche la décomposition des matières azotées fraîches, par la dessiccation dans l'appareil à vide et la transformation en briquettes ou enfin par le mélange de matières absorbantes, telles que la terre sèche, la tourbe, la chaux, la poudre de charbon. Dans ce dernier procédé, les urines, additionnées de sulfate de magnésie, sont filtrées sur de la tourbe pulvérulente et le liquide filtré est rejeté, tandis que la tourbe est employée comme engrais.

Un procédé pratique pour l'emploi des déjections humaines consiste à les réunir dans des fosses étanches et à les désinfecter avec du sulfate de fer. On laisse déposer les matières solides, on décante le liquide en tonnes et on le répand sur les champs ou les prairies. Le dépôt bourbeux est ensuite ajouté au fumier, mélangé avec de la terre et transformé en compost.

LE COMPOST.

Le compost est un engrais préparé avec les déchets les plus divers, d'origine tant animale que végétale. Sa valeur fertilisante varie considérablement, en raison même de la diversité des matériaux qui entrent dans sa composition. Il constitue un appoint précieux du fumier de ferme, parce qu'il contient les matières fertilisantes les plus précieuses, telles que l'azote, l'acide phosphorique et la potasse soluble.

On peut faire entrer dans le compost les cadavres des petits animaux, les déchets de corne, d'os, la poussière de laine, les déchets de cuir, ceux de la fabrication de la gélatine, les résidus de la tannerie, les petits lots de fumier, la fiente des oiseaux et de la volaille, les excréments humains, les hannetons, chenilles, limaces, etc. On peut y ajouter, en outre les mauvaises herbes à l'état frais pour faciliter leur décomposition, les déchets et balayures des granges, les tiges de pommes de terre, les résidus et déchets des racines et tubercules, les feuilles d'arbres, les déchets de teillage du lin, les déchets de malt et de brasserie, des tourteaux, de la sciure de bois, etc. Enfin, les matières les plus propres à enrichir le compost en

matières minérales sont : les boues de curage des
fossés et des étangs, les gadoues, la tourbe, les gra-
vats de maçonnerie, les cendres de bois, la suie, etc. ;
les cendres de houille possèdent une valeur moins
grande.

Les composts s'établissent souvent dans un endroit
ombragé du voisinage de la ferme. L'emplacement
doit se trouver à une certaine distance des habitations
afin d'éviter les émanations qui se dégagent, par la
fermentation, des matières en décomposition.

La méthode générale de préparation consiste à former, avec les matières citées plus haut et sur une aire
en argile battue, des tas à base rectangulaire allongée
à côtés élevés en plan incliné, de façon qu'ils présentent la forme d'un tronc de pyramide quadrangu-
laire de la largeur de 2 m. 50 à 3 mètres environ,
au niveau du sol, et d'une hauteur de 1 mètre à 1 m. 50 ;
la longueur varie, naturellement, avec la quantité
de matériaux dont on dispose. Les tas sont montés
en stratifiant les différentes couches : débris organiques, terre, chaux.

Au sujet de la proportion de chaux à mélanger
intimement au compost, M. Damseaux conseille de
ne pas dépasser, en poids, le quinzième ou le dix-
septième de la masse totale, parce que les matières
compostées étant, ordinairement, d'une décomposition facile, il peut y avoir des pertes en ammoniaque

malgré le pouvoir absorbant de la terre pour ce corps.

Il convient d'arroser les tas de temps en temps, avec des liquides putrescibles, comme le purin, du sang des abattoirs, des urines, des matières fécales délayées, des eaux grasses ou savonneuses, etc.; mais s'il faut entretenir la fraîcheur, condition nécessaire d'une bonne transformation des substances en contact avec la terre et la chaux, il faut éviter, en même temps, une humidité trop grande qui imprégnerait la masse, empêcherait la circulation de l'air et, par suite, la nitrification.

Au bout de quelques mois, on recoupe les composts. On entend, par *recoupage*, une opération qui consiste à attaquer les tas à la bêche, par un bout, et à les refaire derrière soi, en mélangeant intimement toutes les substances qui se sont plus ou moins désagrégées depuis la confection ; on produit ainsi une aération profonde qui favorise la transformation des matières organiques en terreau et celle de leur azote en nitrate. Les composts sont, en réalité, de véritables nitrières artificielles.

Suivant la main-d'œuvre dont on dispose, on recoupe les composts une seconde ou même une troisième fois. Au bout d'un temps variable de six mois à dix-huit mois, les composts sont susceptibles d'emploi. On les applique de préférence aux prairies peu éloignées et aux jardins. On profite d'une période de gel pour pénétrer dans les prairies avec les tombereaux lourdement chargés ; on dépose le terreau en petits tas. On le répand ensuite, à la pelle, sur toute la surface. Enfin, on l'incorpore au sol par un hersage à la herse souple, façon qui contribue également à l'aération du sol et permet de détruire les mousses et les plantes adventices (1).

« Les composts, dit P. Joigneaux, c'est la petite providence du cultivateur, c'est l'engrais à bon marché, à la portée de toutes les bourses et de toutes les intelligences. Vous n'avez pas assez de fumier, faites des composts. Si ce n'est pas dans les usages de l'endroit, les gens riront en vous voyant à la besogne ; peu importe, vous ne serez pas les premiers dont on se sera moqué. Laissez rire, vous aurez votre tour après. Où vos voisins n'auront su mettre qu'une charretée d'engrais, vous en mettrez trois ou quatre aisément, d'aussi bon que le leur, peut-être meilleur encore, et qui n'aura pas coûté aussi cher. Si vous avez la bonhomie de tendre l'oreille afin d'écouter ce que Pierre ou Jacques dira de vous, vous n'aboutirez jamais ; les gens qui se sentent vivre et penser doivent aller de l'avant, à la manière des éclaireurs, sans détourner la tête à chaque pas pour voir qui les suit et compter les traînards. »

(1) Cf. H. Lajus. *Petit Journal agricole*, déc. 1906.

MM. Müntz et Girard, à leur tour, font remarquer fort judicieusement que la pratique des composts a le grand avantage d'introduire dans l'exploitation des habitudes d'ordre et de propreté.

Le tableau suivant, dressé d'après les tables de Wolff, donne la composition des différents engrais produits à la ferme.

1000 kilogrammes de fumier contiennent

DÉSIGNATION	Eau	Matière organique	Azote	Acide phosphorique	Potasse	Soude	Chaux	Magnésie	Acide sulfurique	Acide silicique	Chlore et fluor	Oxyde de fer et d'alumine
Fumier de cheval	713	245	5,8	2,8	5,2	1,0	2,1	1,4	0,7	17,7	0,4	1,1
Fumier de bovidés	775	203	3,4	1,6	4,0	1,4	3,1	1,1	0,6	8,5	1,0	0,5
Fumier de mouton	646	318	8.3	2,3	6,7	2,2	3,3	1,8	1,5	14,7	1,7	2,4
Fumier de porc	724	250	4,5	1,9	6,0	2,0	0,8	0,9	0,8	10,8	1,7	0,7
Fumier d'étable à l'état frais	750	212	3,9	1,8	4,5	1,3	4,9	1,2	1,0	10,8	1,3	»
Fumier d'étable moyennement décomposé	750	192	5,0	2,6	6,3	1,9	7,0	1,8	1,6	16,8	1,9	»
Fumier d'étable bien décomposé	790	145	5,8	3,0	5,0	1.3	8,8	1,8	1,3	17,0	1,6	»
Purin	982	7	1,5	0.1	4.9	1,0	0,3	0,4	0,7	0,2	1,2	»
Déjections humaines à l'état frais	772	198	10,0	10,9	2.5	1,6	6,2	3,6	0,8	1,9	0,4	»
Urine humaine fraîche	963	24	6,0	1,7	2,0	4,6	0,2	0,2	0,4	»	5,0	»
Mélange d'excréments humains, solides et liquides frais	935	51	7.0	2,6	2,1	3,8	0,9	0,6	0,5	0,2	4,0	»
Fiente de pigeons, fraîche	519	308	17,6	17.8	10.0	0,7	16,0	5,0	3,3	20,2	»	»
Fiente de poules, fraîche	560	255	16,3	15,4	8.5	1,0	240	7,4	4,5	35,2	»	»
Fiente d'oies, fraîche	771	134	5,5	5,4	9,5	1,3	8,	2,0	1,4	14,0	»	»

CHAPITRE IV

LES AMENDEMENTS

Les amendements ont pour but d'améliorer l'état physique du sol et de n'augmenter que d'une manière accessoire la réserve de matières nutritives des plantes. Les principaux amendements sont : la chaux, le plâtre, la marne, le sel de cuisine, et certains produits d'origine maritime.

LA CHAUX.

On sait que le carbonate de chaux joue un rôle très important dans la constitution et les propriétés du sol. Au point de vue physique comme au point de vue chimique, sa présence est indispensable pour assurer une bonne végétation et obtenir le maximum de fertilité.

Il n'existe aucun végétal qui puisse se passer de cet élément pour édifier ses tissus.

Voici les quantités de chaux enlevées au sol par les cultures les plus communes :

Blé : pour une récolte de 30 hectolitres, 15 kilogr.6 de chaux ; orge : par 15 hect., 10 kilogr. de chaux ; avoine : 25 hect., 8 kilogr. 8 ; seigle : 20 hect., 13 kilogr. 7 ; sarrasin : 25 hect., 39 kilogr. 7 ; trèfle : pour une récolte de 8.000 kilogr., 153 kilogr. de chaux ; luzerne : par 10.000 kilogr., 288 kilogr. de chaux.

La chaux n'est pas seulement un des éléments nécessaires à la nutrition des plantes ; mais elle est encore fort utile pour favoriser l'assimilation des autres principes fertilisants. Elle retient dans le sol ceux qui sont solubles, accélère la décomposition et la nitrification des matières organiques, met en liberté une partie de la potasse que renferme l'argile. Elle ameublit la terre arable si elle est trop compacte, elle augmente sa ténacité dans le cas contraire. Elle forme avec l'eau du sol chargée d'acide carbonique du carbonate de chaux et coagule l'argile gonflée d'eau. Elle favorise la nitrification des réserves azotées du sol qui font partie de l'humus. Enfin, elle réagit sur les phosphates qu'elle rend solubles dans l'eau chargée d'acide carbonique. Cette réaction lente et progressive joue un rôle important dans la dissémination de l'acide phosphorique dans la couche arable et de son assimilation par les racines des plantes.

Enfin, en ce qui concerne les propriétés physiologiques, elle aide à la destruction des plantes adventices qui sont calcifuges pour la plupart, et elle gêne le développement des larves d'insectes nuisibles.

Partout où cet élément fait défaut, ou est en proportion insuffisante, comme dans les terres siliceuses, argileuses, granitiques, schisteuses, tourbeuses, le chaulage ou le marnage sont de pratique courante et doivent être renouvelés à intervalles réguliers après un certain nombre d'années. Ils donnent des résultats remarquables dans les prairies récemment défrichées, dans les luzernières que l'on veut remettre en culture et, en général, dans tous les terrains où une longue végétation foliacée ou arbustive a accumulé une grande quantité de débris organiques. Quand l'agriculteur voit se développer dans ses terres les plantes caractéristiques de l'acidité, par suite de l'absence de calcaire, il est temps d'en effectuer un nouvel apport.

Le principal effet de la chaux étant, comme nous venons de le dire, d'activer la décomposition des matières nutritives du sol, elle ne pourra par conséquent produire d'effets remarquables que dans les terres riches en principes fertilisants, mais pauvres en calcaire, ou encore dans les terres qu'on vient de fumer au fumier de ferme. Si les matières fertilisantes manquent dans le sol, la chaux restera sans effet, en vertu de la loi du minimum. C'est pourquoi, dans les terres tourbeuses assainies par le drainage, il faut employer en outre 400 à 600 kilogr. de scories Thomas et de sels potassiques.

On emploie la chaux soit sous forme de carbonate, soit sous forme de chaux calcinée, caustique.

Pour les terres sablonneuses, on emploie le carbonate de chaux. La chaux caustique y serait trop échauffante, donnerait à la végétation une impulsion trop rapide, ce qui nuirait notamment à la formation des grains. En outre, dans les terres sablonneuses légères, la chaux caustique aurait pour effet de solubiliser trop rapidement les combinaisons azotées peu solubles, d'où résulteraient des pertes d'azote par entraînement dans le sous-sol.

C'est pourquoi dans ces sortes de terres il est préférable de remplacer le chaulage par le marnage ; à défaut de marne, on emploiera du carbonate de chaux terreux ou finement moulu. Mais l'emploi régulier des scories Thomas, qui contiennent 50 o/o de chaux, dispense de chauler ces terres par un apport spécial de calcaire.

Les cendres des fours à chaux contenant environ 60 o/o de chaux caustique peuvent être employées en place de la chaux caustique. Mais elles doivent être bien aérées avant leur emploi, de même que la chaux sodée des fabriques, la chaux d'épuration du gaz, la

chaux de tannerie et la chaux résiduelle de l'acéty-
lène.

On admet, en culture intensive, que le sol perd tous
les ans 400 à 500 kilogr. de chaux par hectare, soit
par les récoltes, soit par entraînement avec l'eau. La
perte est encore plus grande pour les terres qui
reçoivent régulièrement de la kaïnite : on a remarqué, en effet, que 100 kilogr. de kaïnite donnés à la
terre entraînent la perte d'une égale quantité de chaux.
Il est donc facile de calculer les quantités de chaux à
donner au sol, et la durée de l'efficacité d'une quantité de chaux une fois appliquée.

D'une manière générale, il est bon de chauler légèrement les terres tous les 4 ans avec 1.000 à 2.000
kilogr. de chaux à l'hectare (poids de l'hectolitre 102
à 110 kilogr.). Si le but qu'on se propose est de
modifier l'état physique du sol, ou s'il s'agit de terres
argilo-siliceuses, on emploie par hectare 5.000 à 8.000
kilogr. de chaux caustique tous les 6 à 8 ans. L'automne est l'époque la plus favorable pour le chaulage pour blé d'hiver, pommes de terre, betteraves,
légumineuses, prairies acides.

Toutes les sortes de chaux ne sont pas également
bonnes pour le chaulage des terres. La chaux pure
(grasse) est préférable à la chaux maigre (dolomi-
que) et à la chaux marneuse. Plus rapidement la
chaux calcinée s'éteint, c'est-à-dire se transforme en

hydrate de chaux, plus elle est propre aux usages de l'agriculture. On emploie avantageusement aussi les écumes de carbonatation de sucrerie, dont il sera question plus loin.

La chaux doit être répandue uniformément, de préférence en poudre, et enterrée aussitôt à la charrue ou mieux avec l'extirpateur.

Les écumes de carbonatation (1). — Dans le nord de la France, dans le bassin de Paris, dans le Centre et dans toutes les régions où se rencontrent les fabriques de sucre, l'agriculteur peut avoir intérêt à faire usage d'un résidu de sucrerie qu'il peut se procurer à bon compte, et qui constitue un amendement calcaire de premier ordre. Il s'agit des *écumes de défécation* ou de carbonatation.

Les écumes sont vendues, prises à l'usine, de 1 fr. à 1 fr. 50 la tonne, lorsqu'elles ne sont pas livrées gratuitement, ce qui les fait ressortir, à pied d'œuvre, à 2 ou 3 fr. la tonne selon que l'exploitation est plus ou moins éloignée, et nécessite un charroi allant jusqu'à 7 ou 8 kilomètres, ou un transport par chemin de fer de 20 à 30 kilomètres quand on est dans le voisinage d'une gare. Au delà de ces distances, l'emploi des écumes n'est plus économique, mais il est rare qu'il en soit ainsi dans les régions sucrières. Ce taux de 2 ou 3 fr. la tonne est d'autant plus avan-

(1) D'après M. Alf. Graux. *Journ. d'agr. prat.*

tageux que les écumes renferment, outre le calcaire, des quantités appréciables d'éléments fertilisants, sous une forme immédiatement assimilable. On y trouve en moyenne :

Azote...	2 à 2,5	0/00
Acide phosphorique..	2 à 5	—
Potasse.....	1 à 5	—

On le voit, la richesse des écumes de défécation est à peu près moitié de celle du bon fumier de ferme. Leur application vaut une demi-fumure à la dose du fumier, c'est-à-dire à raison de 20.000 kilogr. environ à l'hectare. C'est cette quantité que l'on adopte habituellement.

Les écumes sont donc à la fois un engrais et un amendement. Elles contiennent en effet une certaine proportion de chaux libre, et 40 à 50 o/o de calcaire pulvérulent qui constitue la majeure partie de la matière sèche, l'humidité étant de 30 à 40 o/o. Nous disons calcaire *pulvérulent*, car il s'y trouve, non en bloc compact comme dans la marne, mais sous forme de grains très fins qui entrent bien plus facilement en contact intime avec le sol. Aussi, elles produisent un effet très rapide, à l'encontre de la marne, dont l'action est fort lente par suite de la faible solubilité de son calcaire.

Les tourteaux d'écumes représentent à peu près 10 o/o du poids des betteraves entrées à la fabrique.

C'est dire les quantités considérables disponibles à la fin de chaque campagne sucrière, pour les cultivateurs voisins. Généralement, ceux-ci préfèrent attendre un peu plus tard pour aller les prendre. Les écumes ont ainsi le temps de se ressuyer. De plus, étant laissées en gros tas, elles entrent toujours plus ou moins en fermentation à cause de la présence des sucres qui s'y trouvent encore malgré les lavages pratiqués pour leur récupération. Cette fermentation, en échauffant la masse, évapore une partie de l'humidité, ce qui augmente d'autant le taux des matières utiles, sauf une petite diminution de substance organique et d'azote, par suite d'un certain dégagement de l'ammoniaque sous l'influence de l'élévation de température.

Dans ces conditions, l'épandage et l'enfouissement n'ont lieu qu'à la saison chaude, après l'enlèvement des récoltes; le produit est plus sec et plus friable, c'est-à-dire plus facile à manipuler.

La dose à employer dépend de la nature du sol; elle doit être plus forte dans les sols argileux que dans les sols siliceux. Ordinairement, elle est, comme nous le disions tout à l'heure, de 15 à 20 tonnes par hectare, à renouveler tous les dix ou douze ans. On peut sans inconvénient augmenter la dose pour une première application par exemple; de même qu'on peut en mettre un peu moins et rapprocher les époques d'épandage. Il est clair que le sol qui reçoit un tel amendement calcaire a besoin d'être fortement fumé et travaillé pour bien produire. C'est à ce prix seulement que les récoltes se ressentiront largement de ces améliorations.

Les cultures qui s'en trouvent le mieux sont les plantes sarclées mises en tête de la rotation, betteraves, pommes de terre, ou bien une céréale de printemps dans laquelle on a semé une légumineuse, trèfle ou luzerne. Dans tous les cas, l'emploi des écumes, partout où il est possible, augmente la qualité et la fertilité des terres.

LE PLATRE.

Le plâtre ou sulfate de chaux hydraté ($CaSO_4 + 2H_2O$) n'a qu'une faible valeur fertilisante directe; son action est plutôt indirecte en ce sens qu'il opère la solubilisation des substances minérales du sol et active l'absorption d'eau par les plantes. Le plâtre atteint son plus grand effet utile, surtout pour certaines plantes comme les pois, les vesces, les haricots, le trèfle, etc., dans les terres argilo-calcaires fraîches, profondes, riches en matières fertilisantes et sous un climat modérément humide. Il ne produit aucun effet dans les terres maigres, humides, et sous un climat sec. On le répand à la main ou au semoir à l'état de poudre fine, non calciné, à raison de 200 à 600 kilogr. par hectare. L'épandage doit se faire de préférence le matin sur les plantes couvertes de rosée, ou encore lorsqu'on prévoit de la pluie du jour au lendemain.

Le plâtrage des champs de trèfle doit se faire au printemps, un peu après le réveil de la végétation, ou en automne après la coupe des céréales dans lesquelles on a semé du trèfle. De cette manière, on peut encore obtenir une coupe de trèfle vers la fin de l'automne. Les prairies, surtout lorsque le trèfle y abonde, doivent être plâtrées au printemps.

LA MARNE.

Le marnage a pour effet de fournir au sol certaines quantités de silicates de chaux et de sable, et de modifier ainsi dans un sens favorable les proportions de ses éléments mécaniques. Employée en quantité importante, la marne permet d'augmenter la couche arable.

Mais la marne produit également une action directe. Grâce à sa teneur en carbonate de chaux, elle agit de la même manière que la chaux. Enfin, la marne argileuse apporte encore à la terre de petites quantités d'acide phosphorique et d'alcalis.

Comme le chaulage, le marnage ne produit tout son effet que s'il est précédé d'une fumure au fumier de ferme, sinon il épuise le sol. Mais, eu égard aux frais qu'entraîne le transport des énormes quantités de marne à employer (100 à 200 m³ par hectare), on ne peut songer au marnage que lorsqu'on se trouve à proximité d'un gisement de marne.

Le marnage doit se faire de préférence en été, ou en automne si l'on ne peut faire autrement. On dispose la marne en tas sur le champ préalablement fumé au fumier de ferme, et lorsqu'elle se réduit en poudre on la répand par un temps sec, en ayant soin d'écraser les grumeaux par un roulage, puis on l'incorpore au sol par un labour suivi d'un hersage.

LE SEL DE CUISINE (chlorure de sodium).

Le sel de cuisine (NaCl) a pour effet de mobiliser la potasse du sol ; il exerce, en outre, une action dissolvante sur la réserve des matières fertilisantes. Cette action dissolvante se manifeste toujours dans les terres alcalines et pour la potasse ; elle paraît dépendre de conditions encore inconnues en ce qui concerne l'acide phosphorique. Le sel de cuisine rend la terre plus compacte, et augmente son pouvoir de retenir l'humidité ; on lui attribue aussi, comme au plâtre, le pouvoir de diminuer l'évaporation par les feuilles.

Le sel de cuisine ne convient donc qu'aux terres riches qui se trouvent dans un bon état de fertilité. Il détruit la mousse des prairies humiques. Il semble convenir tout spécialement pour la fumure profonde du lin et d'un grand nombre de plantes fourragères ; son action est faible sur les céréales, défavorable aux pommes de terre et aux betteraves à sucre, car elle diminue la teneur en fécule des unes et la richesse saccharine des autres.

Le moment le plus favorable pour son emploi est l'automne. On le répand avant les semailles à raison de 300 à 500 kilogr. par hectare.

AMENDEMENTS D'ORIGINE MARITIME.

On peut classer dans cette catégorie les vases de mer et de marais salants, les sables calcaires, la tangue, les débris de coquillages et de polypiers, le merl et les goëmons.

Toutes ces substances que l'Océan et surtout la Manche rejettent à profusion sur leurs plages constituent d'excellents amendements d'un emploi général dans l'agriculture de l'Ouest de la France.

Le Merl.

Le merl (mearl, marl, marne maritime, *sea mearl* des Anglais, sable de mer vermiculaire) a été employé de temps immémorial à la fertilisation du sol, soit en Angleterre, soit en France sur les côtes de la Manche. Le merl se présente sous la forme d'une substance concrète, dure, irrégulière, mamelonnée, à ramifications vermiculaires; il est tantôt d'un gris verdàtre (merl blanc), tantôt d'un blanc rosé (merl rose), d'autres fois enfin d'un gris sale ou jaunâtre selon qu'il est sec ou humide. Sa grosseur varie depuis celle d'un grain d'orge jusqu'à celle d'une noisette. Cette substance, toujours mélangée de coquillages, est le produit excrété par des polypiers dont les cadavres sont encore apparents. On la trouve abondamment en Angleterre, sur les plages des comtés du Cornwall et du Devonshire; en France, à l'embouchure de la rivière de Quimper, sur les côtes de Belle-Isle, de Plouénour, dans la rade de Brest d'où on l'extrait pour l'employer à Landerneau, et enfin près Morlaix, où elle est l'objet d'une exploitation assez importante.

On récolte le merl par marée basse, de mai à octobre, à l'aide d'embarcations munies de dragues : un filet à mailles très serrées entoure chaque instrument, retient le merl et laisse écouler la vase. Le bateau une fois chargé rentre au port et dépose sur les quais sa cargaison qu'on dispose en tas de 7000 kilogr. environ.

Les agriculteurs viennent enlever ces engrais au moyen de leurs charrettes et les transportent jusqu'à 18 ou 20 kilom. dans l'intérieur des terres. Rarement ils emploient les polypiers seuls, ils les mélangent plus généralement avec des fumiers ou des matières animalisées. Les uns en emploient 14.000 kilogr. par hectare, d'autres portent la dose jusqu'à 24.000 kilogr. toujours en raison directe de l'épaisseur de la couche de terre arable, car il est bien reconnu de tous que le sol est promptement épuisé par l'action du merl, si la couche de terre est peu épaisse. Pour son emploi, comme pour celui de tous les engrais, il faut tenir compte de la composition du terrain à cultiver, car il est évident que le merl, corps éminemment calcaire, serait sans une grande utilité répandu sur des terres riches déjà en carbonate de chaux, tandis que l'inverse arriverait sur des sols tourbeux, schisteux, granitiques ou pyriteux. Les transitions du chaud au froid, les neiges, les pluies, les gelées et enfin le contact des matières animales ou même végétales aident beaucoup à la prompte décomposition du merl. Certains agriculteurs merlent légèrement, mais répètent l'opération tous les trois ans, tandis qu'il en est qui répandent de 16 à 20.000 kilogr. à l'hectare, et ne répètent cette opération que de dix années en dix années, ainsi qu'on le fait soit pour les marnes, soit pour la chaux.

Le mode d'emploi le plus usité consiste à répandre le merl à la main avec la semence, ou bien à le disposer çà et là par petits tas, et à herser ensuite. Pour l'utilisation rationnelle de cet engrais, un profond labour est toujours nécessaire ; d'autre part, comme il ne peut suppléer aux engrais proprement dits puisqu'il n'agit, quoiqu'un peu azoté, qu'à la manière des calcaires, il est toujours utile de l'additionner de fumier : alors il se désagrège plus facilement, se dissout en quelque sorte avec les substances végétales et animales, donne lieu à l'assimilation par la plante des sels ammoniacaux, absorbe les acides nuisibles à la végétation, et fournit aux grains la chaux et la magnésie indispensables à leur constitution. L'expérience a prouvé que du merl encore imprégné d'eau de mer était nuisible à la végétation, de même que celui qui avait été trop longtemps exposé à l'air.

L'emploi du merl est surtout avantageux pour la culture des céréales, des légumineuses et des plantes fourragères.

Un banc de merl détruit ne peut se reproduire que tous les 5o ou 6o ans.

La composition des différentes sortes de merls est la suivante, d'après Moride et Bobierre (1) :

(1) Technologie des engrais.

DÉSIGNATION de la SUBSTANCE	Matières organiques	Sels solubles dans l'eau	Oxyde de fer et alumine	Carbonate de chaux	Silice	Magnésie et perte
Merl blanc de Morlaix...	4,40	1,35	3,60	55,65	33,00	2,00
Merl rose de Morlaix ...	1,20	0,20	1,90	71,60	18,25	6,85
Merl rose de Belle-Isle...	7,75	2,15	3,60	76,00	3,60	6,90

Azote pour 100.............. 0,52 (Payen et Boussingault).

Le trèz.

Le trèz (treaz en breton, tangu, tangue, trèz-vif, trèz-mort) est un sable de mer très fin, le plus souvent d'une couleur grise, quelquefois blanchâtre et micacé, rugueux quand il est sec, et presque plastique quand il est humide. Il est plus ou moins mélangé de coquilles brisées, il est d'autant plus estimé qu'il en contient davantage. Il est plus dense que le merl et il se décompose plus facilement que ce dernier. On le trouve en assez grande abondance aux environs de Morlaix, de la baie d'Audierne, du Mont-Saint-Michel, d'Avranches et de Pontorson.

On extrait le trèz soit au moyen d'une bêche, soit au moyen d'un rable ; de là la distinction faite par les cultivateurs de la *tangue béchée* et de la *tangue roulée*. Cette dernière, prise à la surface des bancs, est préférée ; cela tient sans doute à ce qu'elle a été dépouillée en partie des sels dont l'eau de mer l'avait imprégnée, car on a reconnu que la tangue employée humide produisait un mauvais effet sur les récoltes.

Le trèz qui a été exposé trop longtemps à l'action de l'air et de la pluie a perdu la plus grande partie de sa chaux ; aussi est-il peu estimé et lui applique-t-on la dénomination de *trèz mort*, par opposition avec celle de *trèz vif*, qui a conservé toutes ses propriétés fertilisantes. Le trèz-mort ne peut guère servir que comme divisant dans les terres fortes et argileuses. Plus le trèz est pris à proximité de la mer, meilleur il est. Le trèz-vif, comme le merl, passe pour posséder la propriété de détruire les mauvaises herbes, surtout quand il est encore humide. On en emploie 30 à 40.000 kilogr. à l'hectare.

L'analyse des diverses tangues a donné les chiffres suivants (Moride et Bobierre) (1) ;

DÉSIGNATION de la SUBSTANCE	Matières organiques	Sels solubles dans l'eau	Alumine et oxyde de fer	Carbonate de chaux	Sable micacé	Magnésie et perte
Trèz du Mont-St-Michel.	1,00	0,02	1,60	32,90	54,40	9,08
Trèz de Pontorson......	1,40	0,06	2,60	42,60	53,10	1,19

(1) *Op. cit.*)

Analyses de diverses tangues.

DÉSIGNATION de la SUBSTANCE	Matières organiques	Sels solubles dans l'eau	Carbonate de chaux	Oxyde de fer	Argile	Sable micacé	Eau
Tangue vive de Morlaix...............	3,10	»	66,00	0,60	4,00	20,30	6,00
Tangue morte de Morlaix.........	4,40	»	47,50	0,10	3,50	40,00	3,50
Tangue d'Avranches............	2,00	0,47	42,33	»	»	55,19	»

D'après Payen et Boussingault, le trèz sec provenant de la rade de Roscoff contient 0,14 o/o d'azote.

Sur toutes les côtes où le trèz est en usage, on a l'habitude de le mêler avec du fumier ou avec des goëmons. Ce mode de fertilisation est le seul employé par les jardiniers, et tout le monde sait combien sont beaux les légumes qu'ils fournissent. Pour les terres fortes où le trèz est si utile, après avoir répandu une première fois la dose de sable que nous avons indiquée plus haut, les cultivateurs se bornent à en répandre une très faible quantité tous les ans, mélangée avec du fumier, des débris organiques animaux ou végétaux, et principalement des varechs, puis ils hersent par-dessus. Avant d'être employé, le trèz doit être exposé à l'air et à une légère humidité pour se dépouiller des sels dont il est imprégné ; on atteint ce but au bout de six mois.

Un produit analogue au trèz, mais plus riche en calcaire, est le sable fin et jaune de Belle-Isle connu sous le nom de sable de Dinant, dont la composition est la suivante :

Matières organiques.	0,5
Sels solubles	5,0
Oxydes de fer et alumine	2,5
Carbonate de chaux	} 72,8
Traces de magnésie	
Silice	19,2
	100,0

On trouve encore sur la plage de Belle-Isle un autre sable très riche en calcaire, dont les habitants se servent pour l'agriculture. Il est composé presque en entier de coquilles brisées de toutes sortes. La composition est la suivante :

Matières organiques	7,3
Sels solubles	1,0
Oxyde de fer et alumine	} 4,7
Phosphate de chaux	
Carbonate de chaux	} 63,0
Traces de magnésie	
Silice	24,0
	100,0

Les cultivateurs de Belle-Isle, ainsi qu'ils le font du reste avec le merl rose, forment des couches alternées de fumier, de varechs, d'herbages, de terre végétale et de sable, et constituent de cette manière des masses de trois à quatre mètres de large sur six mètres de long, qu'ils recouvrent du sable le plus fin et le plus estimé. Après quelques mois de contact, et lorsque la décomposition des matières organiques est presque accomplie, on répand le compost sur les terres où on l'enfouit.

Les coquilles fossiles

Les coquilles fossiles (falun, marne coquillière, calcaire coquillier, crag ou cragg des Anglais) forment des bancs qu'on rencontre sur les bords de la mer et dans l'intérieur des terres. Ces bancs, dont l'épaisseur varie depuis 1 mètre jusqu'à 6 mètres, sont presque toujours recouverts d'une certaine quantité de terre. On rencontre le falun dans les départements de la Gironde, des Landes, d'Indre-et-Loire, de Maine-et-Loire, de la Vendée et de la Loire-Inférieure.

L'analyse suivante donne une idée de sa composition :

Matières organiques.....................	05,4
Sels solubles...........................	05,3
Carbonate de chaux.....................	74,2
Albumine et oxyde de fer...............	00,7
Silice...,..............................	14,0
Magnésie et perte......................	0,4
	100,0

Les coquilles fossiles ont avec les coquilles roulées

qu'on rencontre sur les bords de la mer la plus grande analogie ; elles se composent principalement de carbonate de chaux et de magnésie, et c'est à ces deux substances qu'il faut attribuer l'effet qu'elles produisent sur la végétation.

En France, on répand généralement 30 à 60 charretées de falun par hectare et on renouvelle le falunage tous les 8 ou 10 ans : tandis qu'en Angleterre, où cette dose est quelquefois doublée, on ne renouvelle que tous les 15 à 20 ans. Le falunage s'opère en petits tas, on les laisse quelque temps exposés à l'air, puis on les divise sur la terre et on les recouvre par le hersage.

On emploie également ces matières fossiles pour la confection des composts, surtout quand on les associe à des herbes aquatiques, des goëmons, des débris de végétaux et d'animaux.

Les coquilles fossiles peuvent être employées à l'amélioration de presque toutes les terres, sauf les terres calcaires. Dans les sols argileux, elles agissent comme amendement, les divisent et les rendent perméables à l'eau ; dans les terres arables, riches en détritus d'origine animale ou végétale, elles hâtent la décomposition de ces derniers. Bref, leur action est en tout analogue à celle de la chaux.

Les goëmons.

La végétation du fond des mers est luxuriante et variée ; les plantes les plus diverses y vivent des sels de la mer et des gaz qu'elles y absorbent. Ce sont ces productions à l'aspect gélatineux que l'agriculteur recueille sur les côtes et applique à l'amélioration de la terre sous la dénomination collective de goëmons.

La récolte des goëmons ne se fait pas en tous pays de la même manière. Sur les côtes de l'Océan, en Bretagne, on ne peut recueillir que le goëmon rejeté par la mer pendant les tempêtes ou les fortes marées ; quant à celui qu'on arrache aux rochers, il ne peut l'être qu'à certaines époques fixées par les autorités.

Les instruments dont on se sert pour recueillir les varechs se composent d'outils tranchants et d'espèces de rateaux emmanchés à l'extrémité de longues perches, avec lesquels on coupe et réunit les plantes.

Le goëmon déposé sur le rivage est ensuite chargé sur des charrettes et transporté dans l'intérieur des terres. Là il est employé de plusieurs manières : les uns l'utilisent tout vert et l'enfouissent dans cet état le plus vite possible ; d'autres en font des composts soit avec du fumier, des coquilles, des débris végétaux ou animaux ; des vases de mer, de la chaux, du merl ou du trèz ; quelques-uns enfin ne l'emploient que sec, lavé par les pluies et à demi-consommé. Un semblable goëmon, prélevé sur le champ même qu'il devait fertiliser, avait la composition suivante (Moride et Bobierre) :

Matières organiques	74,24
Sels solubles	9,16
Oxyde de fer et d'alumine	5,10
Carbonate de chaux et traces de magnésie	3,30
Silice	8,20
Total	100,00

A Saint-Pol et à Roscoff, la plupart des légumes sont encore obtenus au moyen du goëmon. Pour le jardinage, on dispose cette substance par couches avec du fumier de ferme et du trèz, on les laisse se consommer et on obtient ainsi un excellent engrais.

Les varechs agissent de diverses manières sur le sol : ils divisent les terres argileuses tenaces, ils donnent de la cohésion aux sols sablonneux et les enrichissent de matière organique ; en outre, ils introduisent dans le sol des sels alcalins, et notamment du carbonate de chaux. Enfin, ils contiennent des insectes, des débris d'animaux, des madrépores et autres productions marines qui produisent de l'ammoniaque.

CHAPITRE V

LES ENGRAIS VERTS

Comment les engrais verts enrichissent le sol.

On sait que toutes les plantes culturales exigent de grandes quantités d'azote. Ainsi, une récolte de céréales contient 100 kilogr. d'azote, une récolte de légumineuses 200 kilogr., une récolte de plantes-racines 150 à 200 kilogr., une récolte de luzerne 200 à 300 kilogr. Il s'ensuit que, pour obtenir des récoltes abondantes, il faut fournir à ces plantes de grandes quantités d'engrais azoté. Or, l'expérience montre que les céréales, les pommes de terre, les betteraves, etc., dont les récoltes contiennent moins d'azote, exigent beaucoup d'azote, tandis que les pois, vesces, trèfles et autres légumineuses qui absorbent de plus grandes quantités d'azote, n'exigent que peu d'engrais azoté, tellement peu que l'azote soluble contenu dans le sol leur suffit généralement. L'expérience suivante, faite par le Dr P. Wagner et que chacun peut faire à son tour, démontre clairement ce fait.

L'auteur s'est servi de deux vases en fer-blanc qu'il a remplis de 6 kilogr. de terre chacun. La terre était tellement pauvre en azote que les 6 kilogr. n'en contenaient que 1 gramme, alors que les autres principes fertilisants (acide phosphorique, potasse, chaux, etc.) y étaient tellement abondants qu'ils pouvaient suffire aux besoins des plantes les plus exigeantes. On a semé de l'orge dans un vase, des pois dans l'autre, et on a laissé la végétation se développer en se contentant de restituer journellement l'eau qui s'était évaporée. Qu'arriva-t-il? L'orge leva ; les plantules, d'abord fraîches et d'un beau vert, végétèrent pendant quelque temps, mais ne tardèrent pas à s'arrêter dans leur croissance. Bientôt les feuilles se mirent à jaunir ; les plantes s'étiolèrent par suite du manque d'aliments ; elles développèrent encore quelques brins menus, de nuance vert pâle, s'efforcèrent de produire une tige courte et maigre et finirent par donner quelques grains dégénérés. Arrivées à la maturité, les plantes furent coupées et pesées. La récolte totale ne pesa que 6 gr., et ces 6 gr. ne contenaient que 1 décigramme d'azote. Par conséquent, les plants d'orge n'avaient absorbé que 1/10 de l'azote contenu dans le sol et, comme elles souffraient du manque d'azote, leur production a été presque nulle.

Voyons maintenant le résultat fourni par les pois.

Les pois levèrent; ils avaient une couleur vert foncé et se développèrent normalement aussi longtemps que la semence alimentait la tige. Ensuite la croissance s'arrêta; la couleur des feuilles prit une nuance plus pâle et il sembla que les plantes dussent subir le même sort que l'orge, et ne donner que de maigres produits.

Mais, au bout de huit jours, on constata un changement subit : les feuilles reprirent leur couleur vert foncé et la végétation redevint très active. Les tiges produisirent de nouvelles feuilles et quelques jours plus tard les plantes avaient repris un aspect sain, un épanouissement tel que si elles avaient végété dans la terre la plus fertile, la plus riche en azote. Elles fleurirent, fructifièrent et amenèrent les graines à maturité. On coupa les tiges, on les pesa : la masse totale de la récolte s'éleva à 200 gr. et ne contenait pas moins de 4 gr. d'azote.

On peut se demander maintenant d'où viennent ces 4 gr. d'azote? Ils n'étaient pas contenus dans le sol puisqu'il n'en renfermait que 1 gr. et sous une forme tellement peu soluble que l'orge n'a pu en absorber qu'un dixième. Ils n'ont pas été non plus fournis par l'eau dont on s'est servi pour l'arrosage, car cette eau était pure et surtout ne contenait pas d'azote. Donc, si les 4 gr. d'azote qu'on a trouvés dans la récolte des pois n'étaient contenus ni dans le sol ni dans l'eau d'arrosage, on est forcé d'admettre que les plantes les ont puisés dans l'air atmosphérique.

Il en est ainsi, en effet, et si les recherches scientifiques peuvent prouver quelque chose, elles prouvent d'une manière irréfutable que les pois, vesces, lupins, trèfles, bref toutes les papilionnacées et toutes les légumineuses possèdent la propriété de vivre aux dépens de l'azote de l'air atmosphérique, tandis que les céréales, les betteraves, les pommes de terre, le colza, le lin, le chanvre, le maïs, le tabac, etc., sont dépourvues de cette propriété et ne peuvent absorber que l'azote que leur offre le sol sous forme de sel soluble.

On peut donc diviser les plantes culturales en deux grandes catégories, à l'exemple de Schultz-Lupitz : la première comprend les plantes collectrices d'azote, c'est-à-dire les plantes qui possèdent la propriété de puiser dans l'air atmosphérique l'azote qui leur est nécessaire et d'augmenter ainsi le capital-azote du sol où elles végètent; la seconde comprend les plantes qui dévorent l'azote, c'est-à-dire les plantes qui ne possèdent pas la propriété d'utiliser l'azote de l'air et sont, par conséquent, obligées de puiser dans le sol ou dans la fumure tout l'azote qui est nécessaire à leur développement.

Cette découverte, due à Helbriegel, a une grande importance pratique ; car, s'il est des plantes qui n'ont pas besoin d'engrais azotés, dont le prix est très élevé, et qui peuvent puiser l'azote dans l'air atmosphérique, l'agriculteur a le plus grand intérêt à tirer parti de cette propriété.

Voici comment les savants expliquent la fixation de l'azote atmosphérique par les légumineuses. Lorsque ces plantes ne trouvent pas dans le sol les quantités d'azote qui leur sont nécessaires, certains organismes microscopiques du sol (bactéries) viennent se fixer sur leurs racines et y produisent de petites excroissances ou nodules, et celles-ci, une fois formées, les plantes commencent à absorber dans l'air atmosphérique l'azote qui leur est nécessaire. Dans les terres où ces bactéries manquent, les légumineuses meurent du manque d'azote aussi bien que les autres plantes. Mais, ce cas est relativement rare, et lorsque les légumineuses ne réussissent pas dans une terre, il suffit de l'inoculer par l'apport d'un peu de terre (100 kilogr.) prélevée sur un champ où ces plantes végètent bien.

En Allemagne on prépare, d'après les indications de Nobbe, un produit qui sert également à inoculer les terres où ne réussissent pas les légumineuses. Ce produit, appelé *nitragine*, n'est autre chose qu'une culture pure sur gélatine des bactéries de légumineuses. Mais, dans les essais comparatifs qu'on a faits avec la terre d'inoculation et la nitragine, celle-ci a donné des résultats moins bons que celle-là. Comme la nitragine est vendue à un prix élevé, il vaut mieux y renoncer et se contenter, le cas échéant, d'inoculer le sol avec de la terre prélevée sur un champ de légumineuses.

QUELS SONT LES ENGRAIS A DONNER AUX LÉGUMINEUSES.

Comme les légumineuses puisent dans l'atmosphère la majeure partie de l'azote qui leur est nécessaire, il est inutile de leur donner des engrais azotés. Cependant, lorsque la terre est très pauvre en azote soluble, il peut être avantageux de répandre un peu de nitrate de soude (env. 5 à 10 kilogr. par hectare) qui permet aux jeunes plantes de prendre un développement suffisant pour franchir la phase critique où elles passent de l'alimentation par le sol à l'alimentation par l'azote de l'air.

Mais, dans les conditions normales, les engrais phosphatés et potassiques sont seuls importants pour les légumineuses. Ces engrais agissent ici non seulement pour leur propre compte, mais encore pour le compte de l'azote. Lorsque les légumineuses manquent d'acide phosphorique, de potasse et de chaux, elles ne peuvent assimiler l'azote atmosphérique, c'est comme il n'existait pas ; mais dès qu'on leur donne des engrais phosphatés et, au besoin de la chaux, elles prennent un développement vigoureux et fixent l'azote. On obtiendra généralement de bons résultats en leur donnant, suivant la nature des terres, 400-600 kilogr. de scories de déphosphoration ou 300 à 450 kilogr. de superphosphate par hectare. Pour la luzerne seule on peut encore augmenter la dose d'engrais phosphatés : l'emploi de 1.000 à 1.500 kilogr. de scories a souvent donné d'excellents résultats.

MODE DE CULTURE DES ENGRAIS VERTS.

Les plantes pour engrais vert sont cultivées soit en culture principale (pois, vesces, lupins, etc.), soit en mélange dans une céréale (trèfle, serradelle, lupins) ; le plus souvent, cependant, on les sème en culture dérobée sur chaume retourné (lupins mélangés de pois et de fèves, 200 kilogr. par hectare). Le trèfle incarnat semé en juillet-août est enfoui comme engrais vert pour pommes de terre, betteraves au mois d'avril ou de mai suivant. Pour obtenir un rendement aussi élevé que possible en plantes vertes (20.000 à 55.000 kilogr. ; 100 à 300 kilogr. d'azote par hectare), on emploie des quantités de semence beaucoup plus grandes que dans la culture ordinaire.

Lorsque les plantes sont sur le point de fleurir, on les enfouit à la charrue à une profondeur de 15-20. cm ;

ce travail doit se faire en automne pour les terres lourdes, en hiver ou au printemps pour les terres sablonneuses. Pour faciliter le labourage, on fait précéder ce travail d'un roulage qui couche et tasse les plantes contre le sol, puis la charrue suit la même direction que le rouleau. On peut encore faucher les plantes et les ramener dans la raie creusée par la charrue.

La culture des engrais verts a plus d'importance pour les terres sablonneuses que pour les bonnes terres, voici pourquoi :

1° Les engrais verts fixent plus d'azote dans les terres sablonneuses pauvres que dans les terres de bonne qualité. Les légumineuses puisent d'autant plus d'azote dans l'atmosphère qu'elles trouvent moins d'azote assimilable dans le sol où elles végètent, et inversement ;

2° Les terres sablonneuses, pour donner de bonnes récoltes, ont un besoin plus urgent d'emmagasiner de la matière organique que les terres riches en humus ;

3° Dans les terres légères, la récolte de l'année est généralement enlevée de bonne heure, de sorte que les légumineuses qu'on y sème ensuite ont plus de temps pour bien se développer.

Mais, il y a un facteur essentiel qu'il ne faut pas oublier : c'est l'humidité ; si elle fait défaut, les légumineuses ne réussiront pas mieux dans les terres sableuses que dans les bonnes terres. C'est pourquoi la culture des légumineuses dépend essentiellement des quantités de pluie qui tombent habituellement de juillet à septembre dans la région où l'on se trouve.

Mais les légumineuses donneront également de bons résultats dans les bonnes terres si elles y trouvent assez d'humidité; comme celles-ci seront en grande partie dépouillées de leur azote assimilable par la récolte de l'année, les légumineuses puiseront l'azote dans l'atmosphère et le fixeront dans le sol.

Utilisation de l'engrais vert par le sol. — Dans les terres sablonneuses, très aérées, l'azote des engrais verts se nitrifie beaucoup plus rapidement que dans les terres lourdes; il s'ensuit qu'il est en partie entraîné dans le sous-sol par les pluies de l'hiver.

Dans les bonnes terres, l'azote des engrais verts est solubilisé plus lentement, et il peut arriver qu'ils agiront ici moins sur la première récolte que sur celles qui suivent.

Les engrais verts dans les bonnes terres. — Après l'enlèvement des récoltes (seigle, orge d'hiver, orge de printemps), on déchaume et on sème un mélange composé pour une moitié de fèves de marais, et pour une moitié de pois et de vesces. L'engrais vert doit être enfoui de préférence en automne.

On sème également dans les céréales de printemps

du trèfle jaune (Medicago lupulina) (16 à 24 kilogr. par hectare).

La moutarde ne vaut rien comme engrais vert; elle donne moins de résultats qu'aucune autre plante.

L'emploi des engrais verts dans les bonnes terres a été l'objet d'expériences faites par Schneidewind (D. landw. Presse, 1905, 45). Ces expériences ont été poursuivies pendant 7 ans. La quantité moyenne d'azote qu'on a réussi à emmagasiner par hectare s'est élevée à 118 kilogr. par an et par hectare. Appliqués à la culture des betteraves à sucre, les engrais verts ont donné à peu près les mêmes résultats que 400 kilogr. de nitrate de soude.

Schüler (Mitt. d. d. landw. Ges. 1904, n° 12) a également obtenu de bons résultats par l'emploi des engrais verts. Dans les bonnes terres, ces engrais ont donné d'excellents résultats pour les betteraves à sucre et de mauvais résultats pour les pommes de terre. (5. Bericht von Lauchstät 34).

Bæssler s'est livré à des essais analogues en terre sablonneuse (Mitt d. d. landw. Ges. 1904, 206). L'enfouissement des engrais verts à une faible profondeur a présenté de grands avantages; en outre, les plantes vertes à grosse tige, telles que les fèves de marais et les lupins, ont donné de meilleurs résultats que les plantes vertes à petites feuilles, telles que la serradelle.

Quelles sont les plantes qui utilisent le mieux les engrais verts? — Dans les bonnes terres ce sont: la betterave à sucre, la betterave fourragère, la pomme de terre et l'avoine.

Quels sont les engrais à ajouter pour compléter la fumure par les engrais verts? Ces engrais sont l'azote, l'acide phosphorique et la potasse.

a) L'azote. — Lorsque les engrais verts ont pris un beau développement, il est inutile de les compléter par de l'azote pour la culture de l'avoine et des pommes de terre; lorsque, au contraire, ils n'ont pas acquis le développement désirable, on y remédie par un apport de 5o-1oo kilogr. de nitrate de soude.

Les betteraves exigent beaucoup d'azote; elles ne sauraient donc se contenter uniquement des engrais verts pour couvrir leurs besoins. La quantité de nitrate à leur donner sera de 2oo kilogr. à 3oo kilogr. par hectare, suivant le degré de réussite de l'engrais vert.

b) L'acide phosphorique. — L'acide phosphorique, sous forme de superphosphate, doit toujours compléter la fumure par l'engrais vert. Pour betteraves et pommes de terre, on ajoute 5o-6o kilogr. d'acide phosphorique par hectare; pour l'avoine, 3o kilogr. par hectare.

c) La potasse. — Elle doit également compléter la fumure par l'engrais vert; les betteraves et les pommes de terre en ont grand besoin ; l'avoine seule peut s'en passer. On emploie pour les betteraves 300 kilogr. de sel potassique à 40 o/o par hectare, et autant pour les pommes de terre.

Les engrais verts sont généralement utilisés dans les proportions de 20 à 40 o/o par la première récolte : le reste profite aux récoltes suivantes.

V. Seelhorst a fait des recherches sur les pertes d'azote qui se produisent avec les engrais verts ; il a trouvé que ces pertes résultent principalement de l'entraînement de l'azote nitrique dans le sous-sol (1). Ces faits sont confirmés par A. Koch à Gœttingen (2). La culture dérobée des plantes à engrais verts mérite de fixer toute l'attention du cultivateur. Elle offre un moyen très économique de fournir des engrais azotés aux céréales, aux pommes de terre, aux betteraves, au colza, etc., qui sont par elles-mêmes incapables de fixer l'azote atmosphérique. Les légumineuses fixent l'azote, et le transforment en combinaisons assimilables par les plantes ; elles offrent le moyen le plus économique de puiser l'azote à sa source, qui est inépuisable.

LES RÉSIDUS LAISSÉS PAR LES RÉCOLTES.

Aux engrais verts se rattachent également certains

(1) Mitteil. d. d. landw. Ges. 1906, p. 289.
(2) *Ibid.*, 1906, p. 113.

débris des plantes, tels que le chaume et les racines qui restent dans le sol après l'enlèvement des récoltes. Celles qui lui en laissent les plus grandes quantités sont le trèfle et les légumineuses ; viennent ensuite les céréales et les plantes oléagineuses et, en dernier lieu, les pommes de terre et les betteraves.

Les résidus des plantes enrichissent le sol en matière organique, c'est-à-dire en carbone, que les plantes ont emprunté à l'atmosphère. Ils fournissent également à la terre une certaine quantité d'azote et de sels minéraux aux dépens de la réserve insoluble du sous-sol. Les plantes à racines profondes surtout puisent dans le sous-sol l'azote et les sels minéraux que les pluies y ont entraînés et les abandonnent à la couche arable avec les racines et le chaume.

Voici, d'après les recherches de Werner et Weiske, les quantités de substance sèche laissées au sol par les racines et le chaume, la couche de terre fertile ayant une profondeur de 26 cm. 15 et se trouvant, par sa nature, la fumure et l'assolement, dans les conditions les plus favorables pour produire les plantes auxquelles se rapporte l'essai :

Orge...............................	2.226 kilogr.
Sarrazin...........................	2.455 —
Pois...............................	3.603 —
Blé...............................	3.888 —
Lupins.............................	3.942 —
Avoine.............................	4.725 —

Colza....................................	4.986	kilogr.
Trèfle incarnat......................	5.596	—
Seigle...................................	5.887	—
Esparcette de trois ans..........	6.632	—
Trèfle rouge d'un an..............	9.976	—
Luzerne de 4 ans...................	10.810	—

Pour se faire une idée de la valeur de ces débris, il suffit de se rappeler qu'ils laissent au sol les quantités suivantes de principes fertilisants par hectare :

	Azote	Acide phosphorique	Potasse
	kg.	kg.	kg.
Blé.........................	7,56	6,80	10,60
Seigle.....................	37.56	14,60	18,00
Orge.......................	13,20	6,90	5,60
Avoine....................	15,36	17,30	14,30
Sarrazin..................	25,48	6,30	5,30
Pois........................	32,52	8,60	6,50
Lupins....................	35,76	8,00	9,80
Trèfle rouge...........	110,40	43,50	46,90
Luzerne..................	78,24	22,60	21,10
Trèfle blanc...........	58,68	13,90	14,90

CHAPITRE VI

L'EXPLOITATION DU SOL SOUS LE RÉGIME DU FUMIER DE FERME

LE FUMIER DE FERME SUFFIT-IL POUR RESTITUER AU SOL LES MATIÈRES FERTILISANTES EXPORTÉES PAR LES RÉCOLTES ?

Nous supposons, ce qui est rarement le cas, que les éléments fertilisants du fumier sont conservés soigneusement, sans aucune perte, et qu'ils retournent intégralement aux champs. Ceci étant, voyons si le fumier de ferme permet de restituer intégralement à la terre les matières fertilisantes qui lui sont enlevées, soit par les récoltes, soit par les fourrages destinés à l'alimentation du bétail.

Nous avons vu plus haut que l'animal adulte, dont le corps a atteint un poids à peu près constant, le bœuf de travail, le cheval de trait, éliminent dans leurs déjections la majeure partie des matières minérales et de l'azote contenus dans leurs aliments. Ces matières se retrouvent donc dans le fumier et, avec lui, sont restituées à la terre. La vache pleine, ou laitière, la truie pleine, le bœuf à l'engrais et le jeune bétail élimineront moins d'azote et de matières minérales que n'en contenaient leurs aliments, parce qu'une partie en est employée à la formation des petits, à la production du lait, de la viande, et à l'augmentation du cadavre. Par conséquent, la vente des veaux, des jeunes porcs, du lait, du bétail engraissé a pour effet de diminuer la réserve des matières minérales et azotées de l'exploitation. Il s'ensuit qu'il faudra les lui restituer autrement que par le fumier de ferme.

Pour obtenir une forte production de fumier, il est nécessaire de restreindre la culture des céréales et de les remplacer en partie par des fourrages. Or, comme dans le fumier de ferme ce sont les matières minérales qui servent principalement à entretenir la fertilité du sol, et comme ces matières minérales proviennent du sol qui a produit les fourrages, la fumure n'a d'autre effet, en définitive, que de transporter les éléments fertilisants d'un champ sur un autre. Mais cet échange n'enrichit ni l'un ni l'autre en matières minérales, parce qu'il ne restitue ni celles exportées par la vente des céréales, ni celles enlevées par la vente du lait, de la laine et du bétail. La vente périodique des produits du sol et de l'élevage permet donc de prévoir avec une certitude mathématique le moment, plus ou moins rapproché, où le sol sera réduit à un état d'épuisement tel qu'il sera impossible d'en obtenir des rendements rémunérateurs. Comme l'a fait remarquer Liebig, une exploitation de ce genre mange à la fois le capital et les intérêts, parce qu'elle ne s'occupe que du présent et ne tient aucun compte de l'avenir. Dans les conditions de la **vie** moderne, l'agriculteur doit s'efforcer d'obtenir les rendements culturaux les plus élevés. La chimie agricole nous fait connaître les voies et moyens d'atteindre ce but sans ruiner la terre. La question est bien simple et peut se résumer en deux lignes : on ne peut obtenir des rendements rémunérateurs d'une manière durable qu'en maintenant le sol dans un état de fertilité constante, ce qui n'est possible que si on lui restitue par les engrais les matières fertilisantes exportées par les récoltes.

Cette restitution peut se faire de différentes manières. Le cas le plus simple est celui où les terres sont situées sur un cours d'eau limoneux. En débordant, ces eaux déposent le limon fertile dont elles sont chargées sur les prairies qu'elles traversent et les fécondent au point qu'elles donnent régulièrement de fortes récoltes de foin. Comme la restitution au sol est faite ici par les eaux fluviales, le fumier produit par le foin peut être employé à fumer les terres consacrées à la culture du blé. Dans certains cas très favorables, le foin de prairie contient plus de matières minérales que les denrées agricoles vendues sur le marché. Dans ce cas, l'exploitation sous le régime exclusif du fumier de ferme sera rationnelle et n'appauvrira pas le sol.

Si l'on ne se trouve pas dans le cas de faire la restitution au moyen des prairies ainsi fertilisées par les agents naturels, on peut souvent se procurer à bon compte de grandes masses de matière fertilisante en creusant ou exploitant des étangs. Les étangs sont des collecteurs de limon. Les eaux de pluie qui viennent s'y réunir véhiculent la terre végétale fertile qu'elles ont détachée des montagnes et des terres labourées. Les bancs de curage des étangs constituent un véritable trésor dont l'utilisation agricole permet souvent d'économiser de grosses sommes sur l'achat des engrais. Les eaux d'étang sont parfois tellement chargées de matières fertilisantes que rien ne peut les remplacer pour féconder les prairies.

D'autres moyens de restitution au sol nous sont fournis par l'exploitation des industries agricoles (sucrerie, distillerie, féculerie), et par l'achat d'aliments concentrés, tels que les tourteaux oléagineux, les drèches de brasserie, etc., qui apportent à la ferme l'équivalent des matières exportées par les grains et le bétail.

Mais, dans tous les cas que nous venons de mentionner, la restitution et l'enrichissement des terres se font uniquement aux dépens du voisin. L'agriculteur qui vend ses pommes de terre, ses betteraves, ses tourteaux de lin ou de colza, vend une partie de ses terres, de son capital.

Le seul moyen efficace de restitution au sol, en dehors des cas ci-dessus, est l'emploi des engrais chimiques offerts par le commerce. Avant d'aborder leur étude, voyons d'abord quelle est l'importance des matières minérales exportées par les récoltes.

EXPORTATION DE MATIÈRES MINÉRALES PAR LES RÉCOLTES.

Pour calculer les exportations de matières minérales par les récoltes, on a dressé des tableaux plus ou moins compliqués en ce sens qu'on y fait figurer toutes les matières minérales contenues dans les plantes. Or, comme la potasse, l'azote et l'acide phosphorique sont les seuls éléments fertilisants qui intéressent l'agriculteur, nous les faisons figurer seuls dans le tableau ci-dessous. Les engrais chimiques n'y figurent pas ; ils feront l'objet de tableaux spéciaux qu'on trouvera dans les chapitres consacrés à leur description.

1 MÈTRE CUBE = 1000 LITRES D'ENGRAIS LIQUIDE	CONTIENT		
	Potasse	Acide phosphorique	Azote
	kilog.	kilog.	kilog.
Purin....................	5,25	0,1	1,6
Vinasse de mélasse.........	16,75	0,015	4,2
Eau d'élution..............	24,05	»	5,05

100 KILOS DE RÉCOLTE	ENLÈVEMENT AU SOL		
	Potasse	Acide phosphorique	Azote
	kilog.	kilog.	kilog.
Chicorée, racine...........	0,26	0,08	0,25
— feuilles...........	0,43	0,10	0,35
Betterave à sucre, racine....	0,39	0,08	0,16
— feuilles...	0,65	0,13	0,30
Betteraves fourragères, racine......................	0,41	0,06	0,18
Betteraves fourragères, feuilles......................	0,41	0,08	0,30
Foin de prairie............	1,32	0,41	1,42
Herbe de prairie...........	0,46	0,15	0,50
Trèfle rouge, desséché......	1,83	0,56	2,13
— vert..........	0,44	0,14	0,55
Luzerne, séchée...........	1,53	0,55	2,30
— verte...........	0,46	0,16	0,72
Seigle-fourrage. vert........	0,63	0,24	0,43
Avoine verte..............	0,75	0,17	0,48
Maïs vert.................	0,43	0,13	0,32
Feuilles de tabac. sèches....	4,09	0,66	»

DÉSIGNATION DES ENGRAIS	100 KG. CONTIENNENT			100 KILOS DE RÉCOLTE	ENLÈVEMENT AU SOL		
	Potasse	Acide phosphorique	Azote		Potasse	Acide phosphorique	Azote
	kilog.	kilog.	kilog.		kilog.	kilog.	kilog.
Fumier de cheval (1)	0,52	0,28	0,58	Blé, grains	0,53	0,79	2,08
Fumier de bovidés (1)	0,40	0,16	0,34	Blé, paille	0,63	0,22	0,32
Fumier de mouton (1)	0,40	0,23	0,83	Seigle, grains	0,56	0,84	1,76
Fumier de porc (1)	0,67	0,19	0,45	— paille	0,78	0,21	0,24
Fumier de ferme ordinaire, à l'état frais	0,45	0,18	0,45	Orge, grains	0,45	0,77	1.52
				Orge, paille	0.94	0,19	0,48
Fumier moyennement décomposé	0,63	0,26	0,50	Avoine, grains	0,44	0,62	1,92
				— paille	0,89	0,19	0,40
Fumier fortement décomposé	0,50	0,30	0,58	Maïs, grains	0,37	0,59	1,60
Purin	0,49	0,01	0,75	Maïs, paille	0,96	0,53	0,48
Excréments humains	0,25	0,26	0,70	Pois, graines	0,98	0,86	3,58
Ecumes de sucrerie	0,02	0,15	0,12	Pois, paille	1,01	0,35	1,04
Vinasses de distillerie	1,61	0,0013	0,404	Colza, graines	0,96	1,65	3,10
Eaux d'élution	2,29	»	0,48	— paille	1,11	0,24	0,30
Urine fraîche de cheval	1,50	»	1,55	Lin, graines	1,00	1.35	3,20
Urine de bovidés	0,49	»	0,58	Lin, tiges brutes	0,94	0,40	»
Urine de mouton	2,26	0,01	1,95	Pommes de terre, tubercules	0,57	0,16	0,32
Urine de porc	0,83	0,07	0,43	— tiges	0,43	0,16	0,49

(1) Avec la litière.

BILAN DES MATIÈRES FERTILISANTES DANS UNE EXPLOITATION.

Ce qui précède nous permet d'établir en quelque sorte le bilan des matières fertilisantes et de voir, par suite, quelle est l'importance relative des divers engrais.

L'élevage des animaux, suivi de leur vente hors la ferme, est évidemment une cause d'exportation de principes utiles, principes tirés du sol par l'intermédiaire des aliments qu'il a produits. Or :

Un bœuf de 500 kilogr. renferme :
    0 kg. 85 de potasse.
    9 kg. 30 d'acide phosphorique.
    10 kg. 40 de chaux.

Il y a dans un porc de 150 kilogr. :
    0 kg. 27 de potasse.
    1 kg. 32 d'ocide phosphorique.
    1 kg. 38 de chaux.

Un veau de 100 kilogr. contient :
    0 kg. 24 de potasse.
    1 kg. 38 d'acide phosphorique.
    1 kg. 63 de chaux.

Dans un mouton de 50 kilogr. on trouve :
    0 kg. 07 de potasse.
    0 kg. 61 d'acide phosphorique.
    0 kg. 66 de chaux.

Chaque fois que l'on vend une tête de bétail, on retire de la ferme dix fois plus d'acide phosphorique et dix fois plus de chaux que de potasse. Il en résulte que l'élevage dépend essentiellement de l'apport d'acide phosphorique et de chaux par la fumure minérale des fourrages.

La culture des céréales fournit deux produits : le grain en général vendu, et dont les constituants sont par suite perdus par l'exploitation ; la paille qui reste à la ferme et est utilisée pour la confection du fumier. Voyons leur composition respective :

		100 kilogr. de grain renferment kg.	100 kilogr. de paille renferment. kg.
Blé	Potasse	5,2	11,0
	Acide phosphorique.	8,0	2,0
	Chaux	0,5	2,6
Seigle	Potasse	5,8	11,7
	Acide phosphorique.	8,5	2,8
	Chaux	0,5	4,0
Avoine	Potasse	5,0	16,3
	Acide phosphorique.	7,0	2,8
	Chaux	1,0	4,3
Orge	Potasse	6,6	10,7
	Acide phosphorique..	8,0	1,9
	Chaux	0,6	3,3

Ce qui est vendu exporte donc plus d'acide phosphorique que de potasse ; ce qui reste à la ferme fait retour au sol, surtout de la potasse.

Les fourrages ne sont vendus par le fermier qu'en petite quantité. Or, ils renferment :

Pour 1.000 kilogr.	Potasse	Acide phosphorique	Chaux.
Foin de prairie..	16 kg. 0	4 kg. 3	9 kg. 5
Trèfle..........	18 — 6	5 — 6	20 — 0
Luzerne........	14 — 6	5 — 3	25 — 2

c'est-à-dire qu'ils sont riches en potasse et en chaux, mais pauvres en acide phosphorique. Le bétail cependant a besoin de beaucoup d'acide phosphorique et de chaux, mais de peu de potasse. Il en résulte que l'excédent de potasse contenu dans les fourrages reste pour la plus grande partie dans la ferme où il est rendu au sol sous la forme de fumier et de purin, pendant que la chaux et l'acide phosphorique servent à la constitution des os et sont exportés de la ferme par la vente du bétail.

Le même raisonnement s'applique aux plantes sarclées :

Pour 1.000 kilogr.	Potasse kg.	Acide phosphorique kg.	Chaux. kg.
Pommes de terre.............	5,8	1,6	0,3
Betteraves fourragères.......	4,8	0,8	0,3
Carottes fourragères.........	3,0	0,1	0,2

Si nous considérons maintenant les résidus fournis par les animaux et utilisés pour la fumure des terres, nous y trouvons :

Dans 1.000 kg. de fumier :
      6 kg. 3 de potasse.
      2 kg. 5 d'acide phosphorique.
      7 kg. 0 de chaux.

Dans 1.000 litres de purin :

    4 kg. 6 de potasse.
    0 kg. 1 d'acide phosphorique.
    0 kg. 2 de chaux.

Le fumier et le purin sont donc riches en potasse et pauvres en acide phosphorique, alors que les terres qu'ils doivent fertiliser sont presque toujours très pauvres en acide phosphorique, et souvent suffisamment pourvues de potasse.

En tenant compte de tous ces faits, on voit donc que la ferme s'appauvrit surtout en l'élément qu'elle renferme en moindre quantité et qui y est le plus utile : l'acide phosphorique. Les fumures phosphatées doivent donc y être considérées au premier rang bien avant la fumure potassique.

CHAPITRE VII

LES ENGRAIS CHIMIQUES

DU ROLE DES ENGRAIS CHIMIQUES DANS L'AGRICULTURE
MODERNE.

Comme nous l'avons vu plus haut, la fumure par
le fumier de ferme, les matières fécales ou les engrais
concentrés qu'elles servent à fabriquer, permet de
restituer au sol toutes les matières fertilisantes qui sont
nécessaires à la vie des plantes ; mais ces matières
sont insuffisantes pour une restitution complète des
éléments exportés par les récoltes et par la vente du
bétail. On y supplée par l'emploi des engrais chimiques du commerce.

Il n'est pas nécessaire de restituer au sol, tous les
ans, la totalité des matières qui lui sont enlevées par
la vente des céréales, du bétail, etc., car la plupart de
ces matières y sont contenues en quantités illimitées.
comme, par exemple, l'acide silicique, ou ne lui sont
enlevées qu'en faible quantité, comme la soude. Les

matières fertilisantes qu'il faut sans cesse restituer au sol, sous peine de le condamner à la stérilité, sont celles que les plantes absorbent en plus grande quantité et qui sont les moins abondantes dans la terre : ce sont l'*acide phosphorique*, la *potasse* et l'*azote*. Ces matières sont aussi celles que les fabricants d'engrais chimiques offrent à l'agriculture sous forme de produits plus ou moins purs. Ils garantissent pour ces engrais une teneur déterminée en azote, en acide phosphorique et en potasse, et le cours des engrais du commerce se règle ordinairement d'après leur teneur en ces trois éléments. Dans l'appréciation des engrais du commerce, on ne tient pas compte des substances accessoires contenues dans ces engrais, tels que la chaux, l'acide sulfurique, le chlore, la soude, la magnésie et l'oxyde de fer, bien qu'ils ne soient pas toujours dépourvus d'importance au point de vue de la fumure et rendent service à l'agriculteur en lui ôtant le souci de la restitution au sol des substances de moindre importance (magnésie, acide sulfurique, oxyde de fer).

Pour obtenir des rendements élevés, on devra employer l'engrais complet (acide phosphorique, potasse et azote) dans la grande majorité des cas ; ce n'est que dans certains cas très rares qu'on pourra supprimer l'un ou l'autre de ces éléments, mais seulement d'une manière passagère. Ce serait une grave erreur, en effet, que de se borner à l'emploi exclusif des phosphates, ou de la potasse ou de l'azote ; car on irait alors à l'encontre de la loi du minimum dont nous avons reconnu la haute importance dans la nutrition des végétaux.

Mais les engrais chimiques ne pourront produire les excellents effets qu'on est en droit d'en attendre qu'autant que le sol réunisse toutes les conditions nécessaires à la végétation. Ce n'est pas toujours le manque d'aliments qui est cause du faible développement des plantes : c'est tantôt la sécheresse, tantôt l'imperméabilité du sol et la présence d'eau stagnante avec tous ses inconvénients ; tantôt l'insuffisance de l'ameublissement qui entrave le développement des racines, tantôt la formation d'une croûte superficielle qui ferme la terre aux agents atmosphériques, tantôt enfin l'insuffisance de chaux, d'humus, etc. Bref, ce sont souvent les conditions physiques ou chimiques du sol, ou encore les mauvaises conditions climatériques qui empêchent les plantes de prendre un développement sain et normal.

La première chose en pareil cas est d'améliorer l'état physique du sol par l'irrigation ou le drainage, par des labours soignés, le hersage, les binages, le chaulage, l'apport de matières organiques, etc. L'emploi de ces moyens permet de réaliser les conditions requises pour donner aux plantes un développement tel que la réserve du sol en principes fertilisants devient insuffisant pour les alimenter convenablement.

Les terres profondes, bien travaillées, riches en humus, se trouvant en bon état de culture et sous un climat favorable, sont celles qui présentent la meilleure garantie d'efficacité des engrais chimiques. Plus les conditions de la vie végétale seront favorables (en dehors de la question engrais), mieux les plantes se développeront et plus elles seront à même de mettre en œuvre les principes fertilisants qui sont à leur disposition ; il arrivera un moment où elles seront affamées et on pourra leur donner une plus grande quantité de matières nutritives que celles dont elles ont réellement besoin ; on pourra les engraisser.

Dans l'alimentation intensive des animaux domestiques, en effet, on dépasse toujours les limites de leurs besoins réels. S'il ne s'agissait que de calmer leur faim, on pourrait réaliser de sérieuses économies sur les aliments. Mais on vise plus loin, on veut réaliser dans l'organisme animal une transformation intensive des aliments en lait, viande et graisse, et on ne peut atteindre ce résultat qu'en suralimentant les bêtes et en surexcitant leur appétit au moyen d'aliments concentrés, très sapides et facilement digestibles.

Il en est absolument de même pour la production végétale. Dans les conditions favorables de sol et de climat, on cultivera des variétés de plantes sélectionnées à grands rendements, supportant bien l'engraissement. En mettant à leur disposition des engrais abondants, très solubles et à action rapide, on cherche à surexciter leurs besoins d'aliments, à activer l'assimilation de manière à les amener à un développement beaucoup plus considérable que celui qu'elles atteindraient normalement.

Mais ce serait une erreur de croire que les engrais chimiques ne puissent être employés que dans les bonnes terres. On peut obtenir des rendements tout aussi élevés dans les terres médiocres, négligées ou ruinées par une mauvaise exploitation. Il est vrai que dans ces sortes de cas les engrais chimiques doivent être employés avec prudence en tenant compte des conditions particulières où l'on se trouve.

Dans les terres très perméables, l'azote risque d'être entraîné dans le sous-sol ; dans les terres très lourdes et compactes, au contraire, il est exposé à être privé de l'influence des agents atmosphériques. Dans les terres très légères, les plantes souffrent de la chaleur en été, et sont alors incapables d'assimiler de grandes quantités d'azote ; c'est pourquoi, dans ces sortes de terres on applique les engrais chimiques de préférence aux plantes d'hiver ; quant aux plantes de printemps, on s'efforce d'activer leur développement avant l'arrivée de la chaleur.

Si le sol se trouve dans de mauvaises conditions physiques, des engrais chimiques fournissent aux plantes le moyen de réagir. Leur nutrition intensive dès les premières phases de la végétation a pour effet de pousser au développement des racines qui pourront dès lors chercher l'humidité à une grande profondeur et protégeront la plante contre la sécheresse; en outre, elles ombrageront le sol et l'empêcheront de s'encroûter; grâce à leur développement rapide, elles résisteront mieux à l'attaque des insectes, aux intempéries, aux maladies cryptogamiques, qui présentent toujours plus de danger dans les mauvaises terres que dans les bonnes terres.

Associés au fumier de ferme, les engrais chimiques permettent de remettre les terres épuisées rapidement en état de produire des rendements élevés, en y rétablissant l'équilibre de fertilité que leur a enlevé une exploitation inintelligente.

Ces quelques remarques nous font voir que les engrais chimiques peuvent être appliqués avec profit non seulement aux bonnes terres, mais encore aux terres médiocres, et qu'ils peuvent rendre à l'agriculteur prudent et éclairé, les services les plus précieux, quelle que soit la nature de ses terres.

En résumé, les engrais concentrés du commerce présentent les avantages suivants:

1° Ils donnent à l'agriculteur désireux de se livrer

à la culture intensive, le moyen de donner aux plantes le plus grand développement dont elles sont susceptibles et d'en obtenir des rendements beaucoup plus élevés qu'avec le fumier de ferme seul. Ils lui permettent, en outre, de faire revenir dans le même sol, à des intervalles relativement rapprochés, des plantes même très épuisantes, sans pour cela diminuer les rendements et sans épuiser le sol;

2° Ils permettent de régler la nutrition des plantes cultivées d'après les conditions particulières de sol, de climat et de température, et de mettre à profit toutes les influences favorables à la culture, d'affaiblir ou de neutraliser complètement les influences défavorables;

3° Ils mettent l'agriculteur à même de recueillir en abondance l'azote atmosphérique. Les phosphates et les sels de potasse appliqués aux légumineuses (trèfle, vesces, pois, haricots, etc.) leur donnent la possibilité de puiser dans l'air atmosphérique de grandes quantités d'azote, qui est l'engrais le plus précieux de tous, d'en enrichir le sol et d'augmenter ainsi son capital engrais, de transformer la production extensive en production intensive, qui a pour résultat d'augmenter la valeur du sol et de ses revenus.

Nous allons donc décrire les principaux engrais phosphatés, potassiques et azotés du commerce, et nous étudierons ensuite leur application pratique aux différentes cultures (1).

I. — Les engrais phosphatés.

Les principaux engrais phosphatés sont : les scories Thomas, les superphosphates et les poudres d'os.

LES SCORIES THOMAS.

Les scories de déphosphoration ou scories Thomas proviennent, ainsi que l'indique leur nom, de la déphosphoration des fontes obtenues avec des minerais de fer riches en phosphore. Autrefois, ces sortes de minerais étaient impropres à la fabrication de l'acier, le métal qu'ils donnaient était cassant et manquait d'homogénéité. En ajoutant à la fonte en fusion de la chaux et d'autres matières appropriées, on arrive à la débarrasser du phosphore ; celui-ci se réunit alors dans les impuretés ou scories qu'on élimine du convertisseur et forme un phosphate de chaux tétrabasique (contenant 1 d'acide phosphorique et 4 de chaux). Les scories sont refroidies et soumises au broyage dans des appareils à boulets d'une grande puissance et la poudre ainsi obtenue, soigneusement blutée, est employée comme engrais sous le nom de

(1) Pour plus amples détails sur ces engrais, voir notre ouvrage : *Fabrication des engrais chimiques*, qui paraîtra incessamment.

scories Thomas, du nom de l'inventeur du procédé de déphosphoration.

L'élément le plus précieux des scories en poudre est l'acide phosphorique, de 12 à 20 o/o. Elles contiennent, en outre, environ 50 o/o de chaux, de l'acide silicique, du fer et du manganèse. Contrairement aux superphosphates, que nous décrirons plus loin, les scories ne sont pas acides ; elles peuvent donc être employées sans inconvénient dans tous les terrains ; bien plus, la chaux libre qu'elles contiennent présente plus d'efficacité que le sulfate de chaux des superphosphates et est très propre à neutraliser l'acidité des terres humiques ou tourbeuses.

Les scories Thomas, avons-nous dit, sont mises dans le commerce à l'état de poudre très fine. Elles sont vendues par les *Sociétés réunies des phosphates Thomas* (marque Etoile), avec la garantie d'une finesse de 75 o/o au tamis n° 100, c'est-à-dire que 75 o/o au moins de la poudre passent au travers d'un tamis dont les mailles sont distantes de 0 mm.17.

Voici, à titre d'exemple, une analyse de scories Thomas qui montre la composition de cet engrais :

Acide phosphorique............	18,08
Chaux totale................	48,96
Magnésie....................	6,68
Oxyde de fer...............	15,33
Oxyde de manganèse..........	3,87

Silice...................... 8,41
Soufre...................... 0,26

Comme on le voit, en dehors de l'acide phosphorique et de la chaux, les scories renferment des matières fort utiles pour la végétation, notamment la magnésie et le manganèse. Or, ces matières, n'étant pas comprises dans l'établissement des prix de vente des scories, sont livrées gratuitement aux cultivateurs qui en bénéficient.

Ce qui caractérise également les scories Thomas, c'est qu'elles sont solubles dans les acides très faibles comme, par exemple, l'acide carbonique du sol, les acides humiques et les acides excrétés par les racines des plantes. La force de ces acides correspond à peu près à celle d'une solution d'acide citrique à 2 o/o ; c'est donc cette solution qui, sous le nom de réactif Wagner, a été adoptée pour doser la quantité d'acide phosphorique soluble et assimilable des scories. Celles-ci sont vendues avec garantie d'un minimum de 75 o/o de soluble dans le réactif de Wagner ; en réalité leur solubilité dans ce réactif est comprise entre 80 et 90 o/o.

Ce fait a une grande importance, car plus une scorie est soluble dans le réactif de Wagner, plus elle est assimilable par les plantes.

En outre, il donne à l'acheteur toute garantie contre les falsifications des scories par le mélange de phosphates bruts qui sont riches en acide phosphorique, mais ne contiennent cet acide que sous une forme inerte, insoluble.

L'acide phosphorique des scories conserve indéfiniment sa forme initiale dans le sol; il reste donc à la disposition des plantes qui peuvent l'absorber dès qu'elles viennent en contact avec lui.

Les scories Thomas peuvent être répandues sur le sol à toute époque, en automne, en hiver et au printemps, même comme engrais de couverture. On les enfouit par un labour ou un hersage. Elles conviennent non seulement pour les terres sablonneuses ou humiques, mais encore pour les bonnes terres, pourvu qu'on leur en donne des quantités suffisantes.

Les scories agissent progressivement et d'une manière soutenue. Ce qui n'est pas absorbé par la culture à laquelle on les fournit reste dans le sol, sans aucune perte, à la disposition des plantes; après une première récolte, la terre contient donc encore de l'acide phosphorique pour la récolte suivante. Si, malgré cela, on fait tous les ans un nouvel apport de scories, c'est afin de constituer dans le sol une abondante réserve d'acide phosphorique soluble qui, avec le concours des engrais azotés et potassiques, augmente sa fertilité d'une manière durable et permet d'obtenir d'abondantes récoltes.

D'une manière générale, on donne aux plantes

annuelles environ 5oo à 6oo kilogr. de scories Thomas par hectare, 8oo à 1ooo kilogr. aux prairies, aux
vignes et aux vergers. Lorsque le sol est suffisamment enrichi d'acide phosphorique, ce que l'on constate lorsqu'un nouvel apport d'acide phosphorique en
excès sur celui enlevé par les récoltes ne donne plus
de nouvelle augmentation de rendement, on se contentera de restituer simplement tous les ans l'acide
phosphorique exporté par les récoltes.

En résumé, les scories Thomas constituent un
engrais d'une grande efficacité. Grâce à leur immo-
bilité dans le sol, elles constituent par excellence un
engrais de réserve qui ne peut être remplacé économiquement par aucun autre engrais phosphaté.

LES SUPERPHOSPHATES.

On obtient les superphosphates en faisant agir de
l'acide sulfurique sur les divers phosphates minéraux,
le noir animal, les cendres d'os et les phospho-gua-
nos. L'acide phosphorique des superphosphates est
soluble dans l'eau. Mais, la plupart des superphosphates fabriqués avec les phosphates minéraux contiennent également environ 1 o/o d'acide phosphorique rétrogradé, insoluble dans l'eau, mais soluble
dans le sol. Ces produits contiennent généralement
16 à 18 o/o d'acide phosphorique soluble dans l'eau

et 1 o/o au maximum d'acide phosphorique brut non solubilisé.

Les superphosphates doubles ne sont plus fabriqués que rarement. On les obtient en traitant les phosphorites par de l'acide phosphorique libre ; ils contiennent jusqu'à 40 o/o d'acide phosphorique soluble dans l'eau. Ils sont d'un prix plus élevé que les superphosphates.

Les superphosphates ordinaires contiennent, en outre, 20 à 22 o/o de sulfate de chaux, tandis que les superphosphates doubles en sont dépourvus.

Le phosphate de chaux précipité est préparé dans les fabriques de colles ; il contient 30-40 o/o d'acide phosphorique sous forme de phosphate de chaux bibasique ; cet acide phosphorique devient soluble dans le sol et est presque aussi actif que celui des superphosphates. Toutefois, le phosphate de chaux précipité n'a que peu d'importance par rapport aux scories et aux superphosphates.

L'épandage des superphosphates doit se faire de préférence au printemps, quelque temps avant les semailles. On les enfouit à la charrue ou par un hersage. Il est indispensable de les répartir uniformément dans le sol, attendu que leur acide phosphorique se combine rapidement avec le fer et l'alumine et se meut dès lors difficilement dans le sol.

LE SUPERPHOSPHATE D'AMMONIAQUE.

Sous le nom de superphosphates d'ammoniaque on désigne des mélanges de sel d'ammoniaque et de superphosphate. La fabrication de ces engrais est très simple : elle consiste essentiellement à opérer le mélange intime des deux éléments par tamisage et pelletage, ou mieux encore en les faisant passer ensemble par le broyeur Carr.

La teneur de ces engrais en azote et acide phosphorique varie considérablement. Les prix courants en distinguent trois sortes, savoir :

	Azote	Acide phosphorique soluble.
N° 1 à............	9-10 0/0	9-10 0/0
— 2 à.............	5-6 —	12-13 —
— 3 à...	3-4 —	14-15 —

Ces trois sortes sont assez typiques et il serait à désirer, pour la facilité des transactions, qu'elles fussent adoptées uniformément. Mais, comme elles ne peuvent être fabriquées qu'avec des superphosphates de titre élevé, et comme les fabricants ont intérêt à pouvoir écouler également les phosphates de titre plus faible sous forme de superphosphates d'ammoniaque, on établit parfois encore d'autres catégories.

Dans l'achat du superphosphate d'ammoniaque, il

faut tenir compte de ses propriétés tout comme s'il s'agissait des éléments qui le composent, c'est-à-dire que le sel d'ammoniaque employé pour la fabrication ne doit pas contenir de substances toxiques pour les plantes, et que le superphosphate ne doit pas rétrograder. Il faut veiller aussi, surtout pour ces sortes d'engrais, à ce que leur mélange soit fait soigneusement. On trouve souvent dans le commerce des produits contenant de gros cristaux de sel d'ammoniaque ou des grumeaux de ce sel. Or, il est impossible de prélever sur des produits de ce genre des échantillons moyens, par conséquent l'acheteur ne peut les contrôler avec assez d'exactitude, et enfin il sera dans l'impossibilité de répartir l'azote uniformément sur ses terres.

On a souvent essayé aussi d'écouler dans le commerce des mélanges de nitrate de soude et de superphosphates, ou même de sels de potasse et de superphosphates. Nous conseillons à l'agriculteur de renoncer à ces sortes de produits. Pour les superphosphates potassiques, en effet, il n'est pas indifférent que le fabricant ait employé pour ses mélanges telle sorte de sels potassiques ou telle autre, de sorte que l'agriculteur peut être exposé à s'engager dans une mauvaise voie. En outre, les nitrates-superphosphates présentent des difficultés d'analyse telles qu'il est presque impossible de les contrôler sérieusement;

enfin, on a remarqué que l'azote de ces engrais est très instable et qu'il s'évapore en partie pendant leur conservation.

II. — Engrais phosphatés-azotés.

LE GUANO DU PÉROU.

Le guano du Pérou, formé par les excréments et les cadavres d'oiseaux de mer, a joué un rôle très important en agriculture. Il y a 50 ans, il dominait complètement le marché des engrais ; aucun autre engrais artificiel n'aurait pu, à cette époque, couvrir les besoins sans cesse croissants de l'agriculture. Le nitrate de soude était d'un prix trop élevé, la fabrication du sulfate d'ammoniaque était encore dans l'enfance ; celle des superphosphates était à ses débuts et ne pouvait se maintenir que péniblement en présence du guano ; d'autre part, la préparation des engrais d'os, bien que déjà avancée à l'époque, était limitée dans son développement par la pénurie de matière première. Dans ces conditions, le guano du Pérou était le seul régulateur des prix de l'azote et de l'acide phosphorique sur le marché international.

Aujourd'hui la situation n'est plus la même : l'amélioration des conditions de fabrication dans les districts des nitrates permet aux concessionnaires d'alimenter les marchés à des prix très abordables : la production des sels d'ammoniaque dans les usines à gaz suit une progression sans cesse croissante ; d'énormes gisements de phosphates viennent alimenter l'industrie des superphosphates ; la fonderie fournit à l'agriculture de grandes quantités d'acide phosphorique dans les scories de déphosphoration ; enfin, les 2 ou 3 o/o de potasse contenus dans le guano du Pérou sont largement remplacés par les sels de Stassfurt.

Cette abondance d'engrais est très rassurante pour l'avenir et l'épuisement prochain des gisements de guanos phosphatés peut être envisagé sans appréhension.

Les guanos du Pérou ne contiennent plus guère actuellement que 4 à 10 o/o d'azote et 12 à 20 o/o d'acide phosphorique.

Autrefois, les guanos étaient vendus avec la seule garantie d'origine ; maintenant on ne les paie plus que sur la base de leur teneur en azote et acide phosphorique.

Comme l'acide phosphorique s'y trouve à l'état de phosphate de chaux peu soluble, on traite les guanos bruts par l'acide sulfurique afin de les rendre solubles dans le sol. Le guano solubilisé présente sur le guano brut un avantage considérable, qui est d'agir avec une certitude absolue.

Il est vrai que l'acide phosphorique du guano brut devient également soluble dans le sol lorsque les conditions de températures'y prêtent; mais c'est précisément cette subordination aux conditions atmosphériques qui diminue leur valeur. Il s'ensuit que l'emploi du guano brut n'est pas recommandable.

Il se présente sous forme d'une poudre humide sans être collante, d'un emploi facile; il ne contient ni grumeaux qui exigent un broyage, ni poussière sèche qui, répandue par un temps venteux, allait se perdre dans le champ du voisin.

GUANO DE POISSON.

Le guano de poisson est fabriqué avec les déchets de poisson principalement à Terre-Neuve et aux îles de la côte norvégienne. Celui qu'on fabrique en Norvège se rapproche sensiblement de la poudre d'os dégraissés par la vapeur, quoiqu'il ne se trouve pas dans le même état pulvérulent que cette dernière. Le procédé généralement employé est le même que pour la fabrication de la poudre d'os : les déchets de poisson sont cuits à la vapeur, puis séchés et moulus. Depuis quelques années on applique également au guano de poisson le traitement par l'acide sulfurique. Cet engrais contient en moyenne 7 à 9 o/o d'azote et 16 o/o d'acide phosphorique. Voici d'ailleurs les chiffres d'analyse de quelques guanos de Norvège :

Eau...........................	12,30	18,44	13,02	10,54
Matières organiques.........	53,70	70,30	49,40	50,92
Azote.......................	8,15	8,15	10,38	6,39
Phosphate alcalino-terreux .	30,50	4,61	30,26	34,44

On prépare aussi du guano avec les déchets de baleine ; ce produit est semblable au précédent. La chair de baleine contient à l'état frais environ 5 o/o d'azote, à l'état dégraissé et desséché 14 o/o d'azote. Les os de la baleine contiennent 3,5 o/o d'azote et 23 o/o d'acide phosphorique.

MM. Jules Loreau et Cie, à Kernevel, près Lorient, fabriquent du guano avec les déchets de sardines. Ce produit est vendu sous le nom d'*engrais breton*. Il contient :

Eau...........................	5,50	0/0
Matières organiques............	50,50	—
Azote.........................	6,50	—
Phosphate de chaux.............	28,00	—
Carbonate de chaux et sels divers.	5,50	—
Silice........................	4,50	—

Ce produit, qui est en grande partie livré en nature à l'agriculture, sert aussi à fabriquer un phospho-guano soluble. A cet effet, on le traite par l'acide sulfurique à 50° B, puis on le fait sécher et on le réduit en poudre.

Les poudres de poisson solubilisées par l'acide sulfurique possèdent, à égale teneur en azote et acide phosphorique, la même valeur et produisent le même effet que le superphosphate d'os.

La consommation du guano de poisson prend tous les ans de l'extension ; les meilleures sortes sont données au bétail, aux poules, aux poissons ; les sortes ordinaires servent comme engrais.

Les cours pratiqués étaient les suivants à fin décembre 1907 par 100 kilogr.

Guano de poisson de Norvège 8×12 0/0 $= 22$ fr. 80 à 23 fr. 50.

Guano de poisson d'Angleterre 8×9 — $= 21$ fr. 55 à 21 fr. 85.

Guano de requin d'Angleterre 7×11 — $= 17$ fr. 80 à 18 fr.

Il nous resterait encore à décrire un grand nombre de déchets d'origine animale ou végétale. Dans l'impossibilité de les décrire ici nous prions le lecteur de se reporter à un volume qui leur est consacré spécialement dans cette collection (1).

LA POUDRE D'OS.

La poudre d'os contient des proportions variables d'acide phosphorique et d'azote. Mais, dans ces engrais, l'azote agit lentement, comme l'azote du sang

(1) J. Fritsch. *Utilisation à la ferme des déchets et résidus industriels* (l'Agriculture au XXe siècle). **Paris L. Laveur,** éditeur.

desséché, tandis que l'acide phosphorique agit différemment suivant le mode de préparation. Dans la poudre d'os verts, l'acide phosphorique est par lui-même insoluble, malgré la finesse du broyage des os, mais il devient soluble dans le sol à la faveur de la décomposition de la matière azotée. Dans la poudre d'os dégélatinés et solubilisés par l'acide sulfurique, c'est-à-dire transformés en superphosphates, l'acide phosphorique se trouve sous une forme soluble et assimilable. C'est dans les terres pauvres en calcaire, bien meubles et dans les terres riches en humus que la poudre d'os produira les meilleurs effets, tandis que dans une terre récemment chaulée ou naturellement riche en calcaire, il vaut mieux la remplacer par les superphosphates.

La poudre d'os doit être répandue de préférence en automne ; on l'enfouit par un labour superficiel ou par un bon hersage.

L'emploi de la poudre d'os comme engrais remonte à une époque assez éloignée ; il prit une grande extension à partir de 1840, où Liebig conseilla de la solubiliser par l'acide sulfurique afin d'en obtenir des effets plus rapides et plus sûrs.

Les os bruts, non broyés, n'ont aucune valeur pour l'agriculture, car ils sont insolubles dans le sol ou ne deviennent solubles qu'au bout d'un temps très long. Les os dégraissés, non dégélatinés, sont réduits en poudre passant au tamis n° 50 et livrés à la culture, souvent sans autre traitement. Si, au contraire, les os ont été dépouillés de leur gélatine (matière azotée), ils se décomposent difficilement dans le sol et il vaut mieux les solubiliser par l'acide sulfurique, c'est-à-dire les transformer en superphosphates.

Le mode d'action dans le sol de la poudre d'os dégraissés, non dégélatinés, est basé en première ligne sur la solubilité du phosphate de chaux dans la gélatine en voie de putréfaction. Plus la poudre est fine, plus facilement elle se décompose. La poudre grossière n'agit que faiblement, mais son action se fait sentir pendant plusieurs années ; la poudre fine se décompose rapidement dans le sol et énergiquement dès la première année.

La poudre préparée avec les os dégraissés a la composition suivante :

Azote	4,14 0/0
Acide phosphorique	21,68 —
Eau	6,51 —
Mat. organique	36,29 —
Acide carbonique	2,30 —
Acide sulfurique	0,41 —
Chaux	27,83 —
Magnésie	0,68 —
Oxyde de fer	0,36 —
Fluor	0,50 —
Sable	3,60 —

La poudre d'os dégraissées au moyen des dissolvants ne contient plus de graisse, celle préparée avec des os dégraissés par la vapeur ou par simple ébullition n'en contient plus que 2 à 3 o/o. On sait que la graisse est un obstacle à la décomposition des os dans le sol.

L'efficacité de la poudre d'os comme engrais a donné lieu à des discussions. P. Wagner et Mœrcker semblent avoir méconnu sa valeur fertilisante, alors que d'autres expérimentateurs en ont obtenu d'excellents résultats. Des essais faits en dernier lieu ont montré que l'efficacité de la poudre d'os peut être sensiblement augmentée par une addition d'agents dissolvants ; les bactéries nitrifiantes interviennent également dans sa décomposition. Il suffit d'ailleurs d'une faible quantité de dissolvant (acide sulfurique) pour donner à la poudre d'os une activité remarquable, ainsi que le prouvent les expériences faites à ce sujet. Cet agent a pour effet de la désagréger et de la rendre soluble dans le citrate.

Les facteurs qui influent sur l'action de l'acide phosphorique fourni par la poudre d'os ont été exposés par G. Sœderbaum (1). Cet auteur a constaté que l'acide phosphorique des os ne produit tout son effet que dans les terres pauvres en calcaire et, ce qui est nouveau, que son action est considérablement renfor-

(1) Landw. Versuchsstationen 1906, t. 63, p. 247.

cée par une addition de sulfate d'ammoniaque, mais non par le nitrate de soude. On peut expliquer ces faits en ce sens que l'acide phosphorique est dissous par les bactéries du sol qui possèdent la propriété de mieux utiliser l'azote ammoniacal que l'acide nitrique.

Classification des poudres d'os. — J. König a proposé la classification suivante pour les différentes poudres d'os :

1° On désigne comme *poudres d'os normales* ou poudres d'os n° O celles qui sont préparées avec des os, et contenant 4 à 5, 3 o/o d'azote et 19 à 22 o/o d'acide phosphorique ; dans lesquelles, en outre, après soustraction de la matière extractible par le chloroforme, le rapport de l'azote à l'acide phosphorique va de 1, 4 à 5,5 ;

2° On appelle *poudres d'os*, sans autre désignation, celles qui contiennent 3 à 4 o/o d'azote et 21 à 25 o/o d'acide phosphorique, et dans lesquelles, après soustraction de la matière extractible par le chloroforme, le rapport de l'azote à l'acide phosphorique est de 1 : 5,5 à 8,5 ;

3° On désigne sous le nom de *poudres d'os dégélatinés* celles qui contiennent 1 à 3 o/o d'azote et 24 à 30 o/o d'acide phosphorique et dans lesquelles, après soustraction de la matière extractible par le chloroforme, le rapport de l'azote à l'acide phosphorique est de 1 : 8, 5 à 30 ;

4° A ces sortes de poudres d'os il faut encore ajouter la *poudre d'os bruts* qu'on prépare dans certaines contrées par le broyage de ces os verts. Cependant on vend parfois aussi comme poudre d'os bruts les déchets provenant de la fabrication du noir d'os dégraissés à la benzine, mais c'est là une tromperie sur la nature de la marchandise vendue. On ne doit désigner comme poudre d'os bruts que celle qui a été réellement préparée avec des os verts;

5° Les poudres d'engrais qui, après soustraction de la matière extractible par le chloroforme, contiennent moins de 1 o/o d'azote sous forme d'osséine et dans lesquelles le rapport de l'azote à l'acide phosphorique est de 1 : 30, ne doivent pas être désignées comme poudres d'os, mais sous le nom de *poudres d'engrais mélangés.*

Fait exception à cette règle la poudre d'engrais préparée dans la fabrication d'extrait de viande et qui doit être désignée sous le nom de poudre de viande, ce qui la distingue suffisamment des poudres d'os ci-dessus.

Ainsi établie, la différenciation des diverses qualités de poudres d'os est très nette et on ne les confondra plus avec les mélanges de poudres de cornes, poils, etc.

Falsifications. — La poudre d'os est l'objet de nombreuses falsifications. On y trouve souvent du plâtre finement broyé ou de la poudre de corozo, matières qu'il est impossible de reconnaître à l'œil nu. Dans ce cas, l'analyse du produit montre que sa teneur en azote et acide phosphorique est inférieure à la normale, car le corozo ne contient que 2,44 o/o d'acide phosphorique et o, 96 o/o d'azote, et le plâtre ne contient ni l'un ni l'autre de ces éléments.

Mais, la falsification la plus fréquente consiste à y ajouter des phosphorites et de la chaux phosphatée des fabriques de colles, ou un mélange de chaux phosphatée et de marcs de colle. Comme ces matières sont riches en acide phosphorique, elles ont pour effet d'augmenter la teneur en acide phosphorique de la poudre d'os et de diminuer considérablement sa teneur en azote. Pour voiler autant que possible la disproportion entre les deux éléments, qui serait révélée par l'analyse, les fraudeurs ont recours au sulfate d'ammoniaque. Mais, comme nous l'avons dit plus haut, l'élément essentiel de la poudre d'os, en dehors de l'acide phosphorique, est l'osséine ou gélatine qui ne peut être remplacée par les débris d'origine animale et encore moins par le sulfate d'ammoniaque. Ces sortes de falsifications sont donc très préjudiciables à l'agriculture, même si elle reçoit de la sorte plus d'azote et d'acide phosphorique que ne lui en fournirait la poudre d'os normale.

Le mélange de phospharite ou de phosphate de

chaux et de sel d'ammoniaque, ou de déchets d'origine animale, ne saurait remplacer la poudre d'os ; le mélange de phosphate de chaux et de marc de colle ne peut pas davantage la remplacer, car les éléments azotés de ce mélange ne contiennent pas d'osséine, mais plutôt des substances analogues à la corne.

En ce qui concerne les impuretés (sable, etc.) et le degré d'humidité, ils ne doivent pas dépasser certaines limites. Comme toutes les matières pulvérulentes, la poudre d'os absorbe toujours un peu d'humidité de l'air, et le fabricant ne peut en être responsable ; la teneur normale en humidité est de 4 à 7 0/0. La teneur en sable est de 2 à 4 0/0.

III. — Engrais azotés.

NITRATE DE SOUDE.

Le nitrate de soude du Chili, tel qu'on l'expédie des lieux de production, a la composition suivante :

Nitrate de soude.	94,34 0/0 (contenant 15,3 0/0 d'azote).		
Sel de cuisine...	1,52 —	—	—
Chlorure de potassium	0,64 —	—	—
Sulfate de soude.	0,92 —	—	—
Iodure de sodium	0,29 —	—	—

Chlorure de ma-
  gnésium . . . . .   0,93 0 0 (contenant 15,3 0/0 d'azote).
Acide borique. . . (traces) —   —   —
Eau . . . .   1,36 —   —   —

Cette composition correspond à une teneur mini-mum de 15,50 o/o d'azote à l'état nitrique.

Cet engrais est mis dans le commerce en sacs d'origine, *non réglés*, pesant 120 à 140 kilogr., il forme un mélange de cristaux de diverses grosseurs. Il attire l'humidité de l'air ; aussi, quand on le con-serve en sacs, il les détériore au bout de quelque temps et ils sont alors exposés à se déchirer sous le moindre effort. Quand on vide les sacs, une partie de la matière, toujours humide, reste adhérente au tissu, d'où résulte non seulement une perte de matière, mais encore la perte des sacs ; ceux-ci deviennent dès lors inutilisables et sont exposés au danger d'incendie.

Le nitrate se présente sous forme d'un sel gris ou blanchâtre, suivant son degré de pureté ; il cristal-lise en rhomboèdres se rapprochant du cube. Il est souvent coloré en jaune par la présence de chromate de potasse, ou en violet par celle de nitrate de man-ganèse. La présence de nitrate de potasse ou de chlo-rure de magnésium le rend déliquescent, d'où peu-vent résulter des pertes par égouttage de nitrate dis-sous ; c'est pourquoi on loge les sacs sur des lits de plâtre ou d'argile qui absorbent le liquide. Mais, le mieux est d'étendre le nitrate dans un endroit pas trop chaud. On lave les sacs à l'eau chaude et on emploie cette eau pour l'arrosage. Un sac retient environ 750 grammes de nitrate.

Le nitrate doit être employé seul. Par suite du danger d'incendie que présente cet engrais, le bâtiment affecté à sa conservation doit être isolé autant que possible et construit en fer.

Comme tous les autres engrais chimiques, le nitrate de soude doit être vendu avec garantie de pureté minimum et au titre d'au moins 15,50 o/o d'azote. Ce produit présente généralement de bonnes garanties de pureté pour le cultivateur, étant fourni par d'importantes sociétés qui fonctionnent sous le contrôle du gouvernement du Chili.

AZOTE TIRÉ DE L'ATMOSPHÈRE (chaux azotée et nitrate de chaux).

L'air atmosphérique est une source inépuisable d'azote. On calcule que la colonne d'air qui recouvre un hectare de terre contient environ 79 millions de kilogrammes d'azote, équivalant à environ 500 millions de kilogrammes de nitrate de soude. Mais l'azote se trouve dans l'air à l'état libre et, pour le rendre assimilable par les plantes, il est nécessaire de le transformer en combinaisons appropriées. On sait que cette transformation peut être effectuée par certaines bactéries du sol (bactéries des légumineuses, etc.) de même que par certains phénomènes qui s'accomplissent dans la nature, tels que les décharges électriques, celle de la foudre notamment. Mais, la quantité d'azote amenée dans le sol par ces moyens est loin d'être suffisante pour couvrir les exigences des plantes, et l'on s'efforce maintenant de capter l'azote atmosphérique sous une forme assimilable. Les expériences faites permettent d'affirmer que cela est possible.

Mais, toutes les tentatives faites dans cette voie montrent que la captation industrielle de l'azote atmosphérique exige l'emploi de grandes quantités d'énergie électrique. Il existe actuellement deux procédés principaux de fabrication : l'un de Frank et Caro, l'autre de Birkeland et Eyde. Le premier consiste à combiner l'azote atmosphérique avec le carbure de calcium obtenu par fusion au four électrique d'égales quantités de charbon et de chaux: le produit ainsi obtenu est appelé chaux-azote. Le second procédé consiste à oxyder l'azote atmosphérique par voie électrique et à le transformer en acide nitrique, qui est mis dans le commerce sous forme de nitrate de chaux.

La chaux-azote est fabriquée en Italie par la *Societa generale per la Cianamide*, dont le siège social est à

Rome, avec participation de la *Berliner Zyanid Gesellschaft*. Cette société a fait l'acquisition de tous les brevets et procédés relatifs à la fabrication de la cyanamide de calcium et de ses dérivés ; elle a ensuite cédé ses brevets pour l'Italie et l'Autriche-Hongrie à *la Societa italiana per la fabricazione di Prodotti azotati*, qui a installé à Piano d'Orte une usine pouvant en produire 10.000 t. par an. Elle vient d'acquérir à Almissa de nouvelles chutes d'eau d'une force de 50.000 HP, ce qui lui permettra de fabriquer 1.000.000 de tonnes par an. Des licences de fabrication ont été accordées en France à la *Société française des produits azotés* à N.-D. de Briançon. à la *Société Suisse* près de Martigny et à la *Northwestern Cyanamide Co*, près de Odde, en Norvège, dont le siège social est à Londres. Une usine disposant d'une chute d'eau de 40.000 HP est en construction en Amérique, et deux autres, respectivement de 2.000 et 10.000 HP, sont en construction en Allemagne.

La fabrication de la chaux-azote d'après le premier de ces deux procédés vient d'être modifiée par Polzénius, dont le procédé consiste à ajouter au carbure de calcium 10 o/o de chlorure de calcium, ce qui permet de fixer l'azote à une température beaucoup moins élevée (700 à 800° C.) que par l'ancien procédé (2.000° C.). Le produit ainsi obtenu est appelé azote-chaux, par opposition au produit chaux-azote obtenu par l'ancien procédé. Mais, cette distinction est de pure forme, car les deux produits ont sensiblement la même composition. L'azote dans ces produits coûte 1 fr. 40 le kilogr. L'usine qui applique ce procédé est située à Westerregeln, en Allemagne ; son installation a une puissance de production de 4.000 t. d'azote-chaux par an.

Fabrication du nitrate de chaux. — Comme nous venons de le dire, ce procédé consiste à oxyder l'azote atmosphérique par voie électrique. En 1903, le prof. Birkeland, à Christiania, remarqua que les décharges électriques du courant alternatif à une tension moyenne se dispersent dans le champ magnétique, ce qui entraîne la combustion de l'azote de l'air. Ce procédé présenterait sur ceux du même genre l'avantage d'exiger une tension électrique beaucoup moindre, soit 5.000 volts au lieu de 15.000, et de fournir des rendements beaucoup plus élevés en acide nitrique. La combustion de l'air s'effectue dans un four électrique ayant la forme d'un tambour ; ce four a été modifié et perfectionné par Samuel Eyde. Dans ce tambour, l'air est soumis à une température de 3.000° C. Par un refroidissement rapide, l'oxyde d'azote (NO) formé dans la flamme électrique serait retenu presque intégralement, alors que dans les procédés antérieurs il se perdait de nouveau en grande partie. L'oxyde

d'azote sortant du four à une température de 600-700°
se combine avec l'oxygène pour former du bioxyde
NO^2, que l'on fait passer par une série de tours;
ensuite il donne finalement de l'acide nitrique à
50 o/o que l'on sature avec de la chaux. La masse est
ensuite chauffée dans des chaudières à la température de 450°, qui est son point de fusion, puis versée
dans des cylindres en tôle, où elle se solidifie
lentement.

Au début, on fabriquait du nitrate de chaux cristallisé, qui était d'un emploi difficile par suite de ses
propriétés hygrométriques : ce produit fondait entre
les doigts et, par suite, ne pouvait être employé
qu'en mélange avec de la poudre de tourbe. C'est
pourquoi on se mit alors à fabriquer du nitrate de
chaux basique; mais ce produit ne contenait que
11,77 o/o d'azote, ce qui rendait son transport onéreux
et constituait un obstacle à son écoulement. En dernier lieu, le sel, partiellement déshydraté, dosait
13 o/o d'azote.

La première fabrique un peu importante de ce
produit a été construite à Notodden en Norvège. L'expérience acquise dans cette fabrication a incité la direction de la société à augmenter l'installation pour
une fabrication de 8 à 10.000 tonnes par an. Cette
affaire est soutenue par la *Badische Anilin und
Sodafabrik*.

L'azote du nitrate de chaux est vendu au même taux que l'azote du nitrate de soude.

SULFATE D'AMMONIAQUE.

Les combinaisons ammoniacales sont très répandues dans la nature, mais toujours en faibles quantités. On a constaté leur présence dans l'air atmosphérique (source initiale de l'azote) et dans l'eau de pluie ; on les trouve également dans le suc de presque toutes les plantes. On trouve du chlorure d'ammonium dans les salines, dans les émanations volcaniques, du carbonate d'ammoniaque dans les gisements de guanos du Pérou, de la Bolivie, du Chili et de la côte de Patagonie.

Les principales sources d'ammoniaque pour l'industrie et l'agriculture sont des substances d'origine animale (os, sang, viande) ou végétale (houille, tourbe) qui, soumises à la distillation, dégagent la majeure partie de leur azote sous forme de combinaisons ammoniacales. On obtient également de l'ammoniaque par la distillation des matières fécales en présence de chaux caustique.

La source la plus abondante d'ammoniaque est actuellement la houille employée pour la fabrication du gaz d'éclairage. Quand on distille la houille, l'azote qu'elle contient passe en partie dans le goudron sous forme de produits complexes (aniline et produits analogues) et en partie sous forme d'ammoniaque dans le gaz d'éclairage. On élimine l'ammoniaque de ce dernier par lavage à l'eau, et l'eau de lavage, soumise à la distillation, fournit l'ammoniaque que l'on recueille dans un récipient d'acide sulfurique. On obtient ainsi du sulfate d'ammoniaque, qu'on évapore et fait cristalliser.

D'après Roscoe, on obtient de la houille 14,5 o/o de son azote sous forme d'ammoniaque, 35,26 o/o se perdent sous forme d'azote à l'état libre, tandis que le coke en retient 48,68 o/o. Ce faible rendement en ammoniaque résulte de la facilité avec laquelle ce gaz se décompose aux températures élevées.

Le sulfate d'ammoniaque du commerce contient, en chiffres ronds, 20 o/o d'azote; on garantit ordinairement 24,5 o/o d'ammoniaque. Il doit être neutre et sa teneur en eau ne doit pas dépasser 2 o/o. Il contient parfois du rhodanate d'ammonium, qui est un poison pour les plantes.

Les sacs ayant contenu du sulfate d'ammoniaque doivent être, comme les sacs à nitrate, séchés et nettoyés par battages ou par lavage à l'eau.

La richesse du sulfate d'ammoniaque peut être exprimée de deux manières. En France, il est d'usage d'indiquer sa richesse en azote; dans d'autres pays, notamment en Angleterre, on l'indique en ammoniaque, de telle sorte que le même sulfate a un titre de 21-22 0/0, ou de 25,75 0/0 suivant la désignation adoptée. Pour éviter toute confusion, rappelons qu'il suffit de multiplier le titre d'ammoniaque par le nombre 0,8235 pour obtenir le taux d'azote correspondant. Inversement, en multipliant le titre en azote par le nombre 1,214 on obtient le taux correspondant d'ammoniaque.

DÉCHETS D'ORIGINE ANIMALE.

L'utilisation en agriculture des déchets d'origine animale a la même importance économique que l'utilisation des déjections humaines. Comme ces dernières, ils dérivent indirectement des produits du sol et ont été pris dans les engrais. Malheureusement, on ne recueille pas ces déchets avec assez de soin, malgré la grande facilité de leur utilisation. De grandes quantités de sang sont perdues annuellement dans les abattoirs des grandes et surtout des petites villes, où l'air est souvent empesté par les produits de sa décomposition.

Les matières animales riches en azote qui peuvent être employées comme engrais sont : le sang, la viande, la corne et les déchets de cuir.

Le sang. — Le sang contient principalement de l'azote et, en outre, de petites quantités de matières minérales, comme le montrent les analyses suivantes de Wolff :

	Sang de bœuf 0/0	Sang de veau 0/0	Sang de mouton 0/0	Sang de porc 0/0
Eau..................	79	80	79	80
Matières solides.........	21	20	21	20
	100	100	100	100
Dont azote..............	3,2	2,9	3,2	2,9
— acide phosphorique...	0,04	0,06	0,04	0,09
— potasse.............	0,06	0,08	0,05	0,15

Le sang est desséché dans des usines spéciales et vendu à l'état de poudre fine titrant 13 o/o d'eau et 13 o/o d'azote. L'usine d'Aubervilliers en produit annuellement 155.000 kilogr.

Dans ces derniers temps, on a préconisé un procédé très simple pour dessécher le sang et le réduire en poudre. Ce procédé consiste à y ajouter 3 o/o de chaux vive qui le transforme en une galette solide; celle-ci peut ensuite être séchée à l'air sans entrer en putréfaction, et donne finalement une poudre inodore.

Ce procédé a l'avantage de n'exiger aucune installation et de ne donner lieu à aucune perte d'azote. Il peut être appliqué à la campagne par les agriculteurs, qui possèdent ainsi le moyen de fabriquer eux-mêmes économiquement un excellent engrais azoté.

Le sang est un engrais recherché tant pour les

cultures indigènes que pour les cultures coloniales. En Europe, on l'emploie avantageusement pour toutes les cultures, auxquelles il fournit l'azote organique à un état finement divisé. Il vaut environ 24 fr. les 100 kilogr. Il est surtout recommandable pour les terres qui renferment du calcaire et ne sont pas arides. Mais, comme les autres engrais organiques, il se décompose lentement dans le sol.

La poudre de viande. — Les nivets, les débris de boucherie de toutes sortes, les animaux dépouillés et coupés en morceaux sont cuits à la vapeur, dégraissés, puis soumis à la pression, qui en élimine environ 15 o/o d'eau, et enfin soumis à la dessiccation. Les produits sortant du séchoir sont portés dans un tamiseur-trieur qui débite d'un côté les os, de l'autre la viande en poudre fine. Celle-ci est ensachée et livrée au commerce.

La viande en poudre est vendue suivant son degré d'azote. Son titrage habituel est le suivant :

Eau	8
Suif	3
Azote	4,6
Acide phosphorique	15

L'usine d'Aubervilliers met en œuvre, par mois, 805.000 kilogr. de viandes et de nivets, qui donnent 150.000 kilogr. de viande sèche et 50.000 kilogr. d'os.

La poudre de viande préparée avec les déchets de

la fabrication d'extrait de viande dans l'Amérique du Sud, les viandes d'équarrissage, etc., est mise dans le commerce sous le nom de guano de Fray-Bentos ; elle contient 6,5 à 7,5 o/o d'azote et 11 à 17 o/o d'acide phosphorique. En dernier lieu, la poudre de viande est également solubilisée au moyen de l'acide sulfurique.

La corne. — On la trouve sous différentes formes dans le commerce. La corne des bovidés est généralement très pure et contient, sèche et exempte d'os, 13 à 14 o/o d'azote.

Les déchets de baleine, quand ils ne sont pas en fragments trop petits, ont à peu près la même valeur.

La tournure et les copeaux de corne et de baleine inspirent moins de confiance, car ils sont généralement mélangés de copeaux de bois et autres débris de balayure des ateliers ; leur teneur en azote n'atteint souvent que 7 à 8 o/o.

Les ongles sont plus riches en azote que la corne en fragments. Ils se composent généralement de corne pure ; par contre, ils sont souvent humides ou souillés de déjections.

Les poils, la laine, les chiffons de laine, le vieux feutre et les plumes ont à peu près la même valeur que la corne. Mais il faut apporter une grande circonspection dans les achats, parce qu'il est difficile de déterminer les impuretés de toutes sortes qui peuvent s'y trouver mélangées. A l'état pur, ils contiennent 11 à 13 o/o d'azote ; tels qu'on les livre parfois, ils n'en contiennent que 5 ou 6 o/o.

Les poussières de laine (tontisses) des peignages et des filatures sont de nature à ne pas inspirer grande confiance. Elles contiennent rarement plus de 6 o/o d'azote, souvent on n'y trouve que 3 à 4 o/o de cet élément.

Pour pouvoir servir comme engrais, toutes ces matières doivent être finement broyées. A cet effet, on les fait griller sur une plaque de tôle chauffée, ou bien on les traite par la vapeur sous pression. Ce dernier traitement a pour effet de les solubiliser et de les rendre plus assimilables.

La poudre de corne solubilisée possède un grand pouvoir absorbant pour l'eau, indispensable pour la putréfaction dans le sol ; tandis qu'à l'état brut elle repousse l'eau et ne s'en laisse pas pénétrer. Il s'ensuit que, dans les conditions actuelles, il y a lieu de renoncer à l'emploi de la poudre de corne brute en agriculture, à moins qu'on ne puisse l'avoir à vil prix.

Déchets de cuir. — Les déchets de cuir tanné et chamoisé peuvent être obtenus à bon compte lorsqu'ils sont impropres à la fabrication de la colle.

Leur teneur en azote est très variable, même lorsqu'elle n'est pas influencée par l'humidité ou la présence de sable. Ainsi, le cuir usé des semelles de chaussures, à l'état pur et parfaitement sec, ne contient souvent que 4 o/o d'azote. Les déchets et rognures de cuir neuf provenant des ateliers de sellerie et de cordonnerie ont une valeur plus élevée. On y trouve 7 à 11 o/o d'azote, défalcation faite de l'humidité.

On les traite de la même manière que la corne.

IV. — Engrais potassiques.

ROLE DE LA POTASSE EN AGRICULTURE.

La potasse est indispensable aux plantes au même titre que l'azote et l'acide phosphorique. On estime qu'un hectare de terre exige environ 5o kilogr. de potasse par an, quelles que soient les plantes cultivées; mais, quand on cultive des plantes avides de potasse, les betteraves, par exemple, il faut donner au sol des quantités de potasse beaucoup plus grandes, comme nous le montrerons dans la suite.

Il convient de faire remarquer, cependant, que la potasse manque moins souvent dans le sol que l'acide phosphorique ; d'autre part, le fumier de ferme soigneusement recueilli et convenablement traité en contient également une proportion notable, parce que les aliments consommés par les animaux de la ferme sont ceux qui enlèvent au sol le plus de potasse et que celle-ci fait retour, par les déjections, au fumier.

Cependant, les engrais potassiques, employés judicieusement, rémunèrent largement les sommes consacrées à leur acquisition. On peut poser en principe que tous les sols exigent des engrais potassiques, même lorsque l'analyse y décèle la présence d'importantes quantités de potasse, car celle-ci s'y trouve le plus souvent à l'état insoluble, non assimilable.

Les terres naturellement riches en potasse assimilable se distinguent par le grand développement qu'y prennent le trèfle et des betteraves. L'origine géologique des terres permet encore, jusqu'à un certain point, de prévoir leur richesse en potasse. Les terrains crayeux calcaires, siliceux et sableux sont naturellement dépourvus de potasse, tandis que les terres argileuses et granitiques en contiennent toujours ; mais, même dans ces dernières, il est nécessaire de faire l'analyse du sol par les plantes afin de se rendre compte si la potasse s'y trouve sous l'état soluble, assimilable, ou à l'état insoluble.

Quoi qu'on ne connaisse pas encore exactement le rôle physiologique de la potasse, il est démontré que la végétation est absolument impossible en l'absence de potasse. Celle-ci paraît influer tout spécialement sur la formation des réserves d'amidon dans les céréales et les pommes de terre, de sucre dans les betteraves à sucre et dans les fruits ; cette influence a donc une grande importance au point de vue agricole, puisque le but de la culture est de produire par unité de surface la plus grande quantité possible de matières amylacées (céréales et pommes de terre) et de matières sucrées (betteraves à sucre, fruits, etc.).

Il résulte des études de M. Risler sur la géologie agricole de la France que certaines régions, telles que la Champagne, la Sologne, les Vosges, les landes de Gascogne, etc., sont dépourvues de potasse, ainsi que les terres tourbeuses, calcaires et siliceuses. Les autres régions françaises, formées en partie de terres argileuses, semblent à première vue pouvoir se passer des engrais potassiques, mais l'expérience démontre qu'il n'en est pas ainsi, car les beaux résultats fournis par la fumure potassique soit dans les terres argilo-siliceuses, soit dans les terres argileuses, soit enfin dans les cultures avancées, prouvent que l'emploi des sels de potasse est rémunérateur.

LES SELS DE STASSFURT (sels bruts).

Jusqu'à une époque relativement récente, les plantes étaient l'unique source d'où l'on pût tirer la potasse et, comme la consommation industrielle de ce produit était autrefois plus grande qu'aujourd'hui (on ignorait que la soude pouvait remplacer la potasse dans la plupart de ses applications) la production a toujours été insuffisante pour couvrir les demandes de l'industrie.

Actuellement, et depuis une cinquantaine d'années, la potasse est fabriquée en quantités considérables. La matière première employée (carnallite, kaïnite) est fournie par les mines de Stassfurt. Dans ces mines on trouve les sels de potasse sous forme de combinaisons très solubles et en quantités telles qu'elles suffiront à couvrir la consommation de l'industrie pour un temps illimité. Loin de recourir désormais à l'agriculture pour lui emprunter la potasse, l'industrie est à même de lui restituer à bon compte les énormes quantités qu'elle lui avait enlevées au cours des siècles.

Les mines de Stassfurt fournissent à l'agriculture des sels bruts et des sels raffinés, ainsi que le montre le tableau ci-dessous. Lesquels faut-il employer de préférence ? Cette question à une grande importance pratique dont les agriculteurs sont loin de se douter en lisant les réclames ampoulées des marchands de kaïnite et autres sociétés dites d'encouragement pour la diffusion des engrais. Depuis une trentaine d'années, la consommation des engrais potassiques a pris un développement considérable, mais, au lieu d'employer des sels de potasse purs, l'agriculture s'est adressée principalement aux sels bruts, tels que la kaïnite et la carnallite.

| DÉSIGNATION DES SELS (1 | TENEUR EN | | Sur 100 parties de potasse on a chlore, parties : |
	Potasse $K^2 O$ %	Chlore %	
Kieserite......................	7,44	34,67	46,60
Carnallite	9,78	37,03	37,86
Sel d'engrais ordinaire...........	12,22	30,53	25.00
Kaïnite.........................	12,76	31,21	24,45
Sylvinite....	23,04	44,39	19,27
Sel d'engrais de bonne qualité....	31,55	52,33	16,59
Chlorure de potassium (80 %).....	52.05	48,68	9,35
» (90 %).....	58,37	47,67	8,16
» (98 %).....	61,84	46,95	7,59
Sulfate double de potassium et de magnésium....................	27,22	1,52	5,5
Sulfate de potassium (90 %)......	49,93	2,23	4,5
» (96 %).....	52,68	0,56	1,0
Carbonate de magnésium et de potassium	17,18	?	»

(1) Avec 2,50 % de poudre de tourbe.

Comme on le verra par les analyses que nous donnons dans les tableaux ci-contre, les sels de potasse bruts contiennent, en dehors de la potasse, du chlorure de sodium, du chlorure de magnésium, etc. ; en réalité, ils contiennent beaucoup plus de chlore que de potasse. Or, on connaît l'influence désastreuse du chlore sur la constitution physique du sol. En outre, on ne saurait nier que les sels secondaires qui accompagnent la potasse attaquent fortement les réserves

Composition complète des sels potassiques de Stassfurt (1)

DÉNOMINATION DES SELS — 100 parties contiennent	Sulfate de potasse K²SO⁴	Chlorure de potassium K Cl.	Sulfate de magnésie Mg SO⁴	Chlorure de magnésie Mg Cl²	Chlorure de sodium Na Cl	Sulfate de chaux (gypse) Ca SO⁴	Insoluble dans l'eau	Eau	Teneur en potasse pure Moyenne	Teneur en potasse pure Garantie
A. — Sels bruts *(Produits naturels des mines)*										
Kaïnite	21,3	2,0	14,5	12,4	34,6	1,7	0.8	20,9	12,8	12,4
Carnallite	»	15,5	12,1	21,5	22,4	1,9	0,5	26,1	9,8	9,0
Sylvinite	1,5	26.3	3,4	2,6	56,7	2,8	3,2	4,5	17,4	12,4
Bergkieserite	»	11,8	21,5	17,2	26,7	0,8	1,3	20,7	7,5	»
Sur demande, les sels bruts sont livrés en mélange avec la poudre de tourbe.										
B. — Sels concentrés *(Produits de la fabrication)*										
Sulfate de potasse } 96 %	97,2	0,3	0,7	0,4	0,2	0,3	0,2	0,7	52,7	51,8
90 %	90,6	1,6	2,7	1,0	1,2	0,4	0.3	2,2	49,9	48,6
Sulfate d¹⁰ de potasse et de magnésie	50,4	»	34,0	»	2,5	0,9	0,6	11,6	27,2	25,9
Chlorure de potassium } 90-95 %	»	91,7	0,2	0,2	7,1	»	0,2	0,6	57,9	56,8
80-85 %	»	83,5	0,4	0,3	14,5	»	0,2	1,1	52,7	50,5
70-75 %	1,7	72,5	0,8	0,6	21,2	0,3	0,5	2,5	46,6	44,1
Sel potassique pour engrais :										
Au minimum 20 % de potasse	2,0	31,6	10,6	5,3	40,2	2,1	4,0	4,2	21,0	20,0
id. 30 % de potasse	1,2	47,6	9,4	4,8	26,2	2,2	3,5	5,1	30,6	30,0
id. 40 % de potasse	1,9	62,5	4,2	2,1	20,2	2,4	3,1	3,6	40,4	40,0
Silicate de potasse (martelline)	»	»	»	»	»	»	»		22,30	»

(1) D'après les moyennes de nombreuses analyses du Syndicat de vente des potasses de Stassfurt.

de matières fertilisantes du sol. La potasse est avidement absorbée par le sol. Si on la lui fournit sous forme de chlorure ou de sulfate de potassium, ce dernier se combine avec l'acide silicique des silicates de chaux, de soude, de magnésie, etc., tandis que les sels secondaires, comme le chlore dans le chlorure de potassium, l'acide sulfurique dans le sulfate de potassium, etc., se combinent avec la chaux, la soude, la magnésie : dans le premier cas, il se forme du chlorure de calcium, dans le second du sulfate. Mais, comme le chlorure de calcium est très soluble dans l'eau, il est entraîné par elle dans les profondeurs du sol, et par conséquent il disparaît.

Ce fait concorde parfaitement avec cet autre fait qu'on a constaté, à savoir que les engrais potassiques (surtout les engrais chlorés) dépouillent le sol de son calcaire; ainsi, 100 kilogr. de kaïnite, contenant 31 kilogr. de chlore, font perdre au sol 100 kilogr. de chaux. Il s'ensuit que l'emploi des engrais potassiques bruts entraîne l'emploi d'amendements calcaires; Mœrcker conseille de donner au sol autant de chaux calcinée qu'on lui donne de sels de potasse. Il s'ensuit aussi que le bon marché relatif des sels de potasse bruts, tels que la kaïnite et la sylvinite, n'est qu'un leurre, parce que, à tout prendre, le prix d'achat de ces sels doit être majoré du prix afférent à la chaux dont ils entraînent la perte.

Dans les terres marécageuses, l'apport simultané de la chaux s'impose d'une manière toute particulière. Dans ces sortes de terres, en effet, les sels de potasse sont rapidement dépouillés de leur acide, de sorte que, en l'absence de chaux, le chlore y formerait de l'acide chlorhydrique libre dont on connaît l'effet désastreux sur la végétation. La chaux, en outre, est un correctif indispensable aux effets secondaires que ne manqueraient pas de produire des sels de potasse bruts, et dont le plus important est d'entraver la nitrification dans le sol. Holdefleiss, dans des essais faits avec le fumier de ferme, a même réussi à la supprimer complètement au moyen des sels de potasse.

L'action dissolvante exercée par les sels secondaires des engrais potassiques ressort très nettement des expériences effectuées par Lawes et Gilbert; ceux-ci ont obtenu des augmentations de rendement avec les sels secondaires seuls, exempts de potasse.

Les parcelles soumises aux essais recevaient tous les ans, à partir de 1854, 4 kilogr. de sel d'ammoniaque et 350 kilogr. de superphosphate; on y ajouta les quantités suivantes de sels par hectare :

| | IMPORTANCE DES RÉCOLTES EN KILOGRAMMES PAR HECTARE | | | | | |
| | 1852-1870 | | 1870-1889 | | 1890 | |
	Grains	Paille	Grains	Paille	Grains	Paille
Pas de sel	1.868	3.404	1.417	2.543	2.036	3.737
400 kg. de sulfate de soude	2.295	4.114	1.789	3.190	2.500	4.585
225 kg. de sulfate de potasse	2.277	4.240	1.883	4.674	2.775	5.602
300 kg. de sulfate de magnésie	2.289	4.051	1.882	3.291	2.369	4.333

On voit par ces chiffres que les sels exempts de potasse ont fourni des rendements presque plus élevés que le sel de potasse pur ; ces sels ont donc dû mobiliser les réserves de matières fertilisantes du sol pour les mettre à la portée des plantes. On a donc dépouillé en quelque sorte le sol de sa réserve normale, et la preuve en est que les parcelles qui, dans la suite, ont reçu des sels de potasse ont donné des rendements beaucoup plus élevés que celles qui n'en ont pas reçu. Ce dépouillement du sol se serait affirmé d'une manière beaucoup plus grave si les expérimentateurs, au lieu d'employer des sulfates, avaient employé des chlorures, parce qu'alors il se serait compliqué d'une perte de chaux. Enfin, il n'est pas dit que, dans ce cas encore, les substances nutritives des plantes, y compris l'acide phosphorique, ne soient solubilisées et, par suite, entraînées dans les profondeurs du sol.

Le même phénomène doit certainement se produire avec la kaïnite, la sylvinite et la carnallite; la quantité relativement faible de potasse pure qu'elles contiennent fait que leur action est presque nulle comparativement à celle des sels secondaires qui les accompagnent dans ces produits.

Il y aurait là un sujet d'études fort intéressant pour les agronomes. Il serait utile notamment de rechercher si les eaux de draînage contiennent des substances fertilisantes dans les cas où l'on emploie des sels de potasse bruts. Parmi ces substances fertilisantes, on trouverait peut-être aussi de l'acide phosphorique, car on n'ignore pas que le phosphate de chaux est soluble dans un grand nombre de solutions salines; on trouverait peut-être encore dans les eaux de draînage autant de potasse qu'on en a répandu sur le sol, ce qui prouverait que l'emploi des sels de potasse bruts comme engrais serait absolument illusoire.

Il est probable qu'on ne tardera pas à renoncer à l'emploi des sels de potasse bruts pour s'en tenir uniquement aux sels de potasse purs, malgré leurs prix plus élevés, lorsqu'on se sera bien rendu compte de l'action dévastatrice des sels secondaires qui accompagnent la potasse dans les sels bruts.

SELS DE POTASSE CONCENTRÉS.

Les principales sortes commerciales de chlorure de potassium fournies par les usines de Stassfurt sont les suivantes :

a) *Chlorure de potassium* à 70-75 o/o, contenant en moyenne 45 o/o de potasse pure et 21 o o de chlorure de sodium, 2,5 d'eau, 1,7 de sulfate de potasse, 0,8 de sulfate de magnésie, etc. ;

b) *Chlorure de potassium* à 80-85 o/o, contenant en moyenne 50 o/o de potasse pure, 14 o/o de chlorure de sodium et 1,1 d'eau, etc. ;

c) *Chlorure de potassium* à 90-95 o/o, contenant 56,9 o/o de potasse pure, 7 o/o de chlorure de sodium et 0,6 o/o d'eau, etc. ;

d) *Chlorure de potassium* à 97-98 o/o. C'est le produit le plus concentré. Pour ce dernier, certaines fabriques garantissent en outre 0,5 o/o de chlorure de sodium, pour lequel on paie un supplément.

Les prix de vente pour toutes les sortes sont basés sur les 100 kilogr. à 80 o/o, sac compris, c'est-à-dire que les produits à une teneur plus élevée sont ramenés par le calcul à 80 o/o. Un exemple fera mieux comprendre cet usage. Supposons que le prix du chlorure de potassium à 80 o/o soit de 9 fr. 40, sac compris. Si le chlorure qu'on vous vend est à un titre plus élevé, soit 95 o/o, il coûtera 11 fr. 14, c'est-à-dire que 100 kilogr. de sel à 95 o/o correspondent à 118 kilogr. 750 de sel à 80 o/o. Il est clair que les prix augmentent proportionnellement à la pureté des produits.

Pour le *sulfate de potassium*, les prix sont calculés sur la base de 90 o/o. Par conséquent, 100 kilogr. de ce produit à 95 o/o équivalent à 110 kilogr. à 90 o/o. Le sulfate de potassium d'une teneur garantie de 96 o/o vaut environ o fr. 50 de plus par 10 kilogr. (prix établi sur le prix de base à 90 o/o) que le produit qui ne titre que 90 o/o.

Sulfate double de potassium et de magnésium. — Il se compose de quantités équivalentes de sulfate de potassium et de magnésium, et contient à l'état cristallisé 11,6 o/o d'eau. Ce produit est vendu avec une teneur maximum de 2.5 o/o de chlore. Sa teneur en sulfate de potassium est de 50,4, et sa teneur en sulfate de magnésium de 34.

Carbonate double de potassium et de magnésium. — Ce produit contient 17 à 18 o/o de potassium. Il se compose principalement, comme son nom l'indique, de carbonate de potassium et de magnésium, avec 2 à 3 o/o d'impuretés (chlorure et sulfate de potassium). Il ne contient donc que très peu de chlore et se prêterait peut-être à la fumure du tabac.

Mais le prix du potassium est presque deux fois plus
élevé que dans le sulfate de potassium.

La potasse n'agit pas seulement comme engrais,
mais elle conserve encore l'humidité du sol. Certains
sels de potasse absorbent de l'humidité et se prennent
en masse, la kaïnite notamment forme parfois des
blocs durs comme de la pierre; étendue en couche
épaisse, elle prend jusqu'à 2 o/o d'eau en 12 heures.
Les sels de potasse calcinés absorbent à l'air sec jusqu'à 6 o/o d'eau en 5 jours, 14 o/o à l'air humide et
jusqu'à 24 o/o en dix jours. Pour les empêcher de se
prendre en masse, on y ajoute 2,5 o/o de poudre de
tourbe; le mélange ainsi préparé se conserve pendant
deux mois sans altération.

ROLE DU MANGANÈSE ET DE LA MAGNÉSIE
DANS LA VÉGÉTATION.

Il est d'usage chez les savants et les agronomes de
ne prendre en considération, dans l'étude des substances fertilisantes, que trois éléments : l'azote, l'acide
phosphorique et la potasse, et parfois la chaux, parce
qu'ils supposent que les autres éléments nécessaires à
la végétation existent en quantité suffisante dans le
sol et qu'il n'y a pas lieu de s'occuper de leur restitution.

Dans ces derniers temps, on a attiré l'attention sur

quelques autres substances, telles que le *manganèse* et la *magnésie*, qui, comme on le verra ci-dessous, paraissent jouer un rôle nettement déterminé dans la végétation des plantes.

Le manganèse (1).

Les engrais manganés jouissent de la propriété d'agir à très faibles doses : ce ne sont pas des *aliments*, mais des *stimulants*. On conçoit que ce fait augmente beaucoup leur intérêt pratique ; le profit serait grand de remplacer les milliers de kilogrammes à l'hectare d'une fumure ordinaire par quelques vingt kilogrammes d'une matière ne coûtant guère plus. Aussi avons-nous cru intéressant d'examiner l'ensemble des essais faits récemment un peu partout avec le manganèse et ses différents sels.

Le manganèse est répandu à l'état de traces dans presque toutes les plantes ; il était naturel de supposer qu'il y jouait un certain rôle ; pourtant, on ne songea guère à l'utiliser comme engrais. C'est qu'en effet, comme le disent MM. Muntz et Girard dans leur ouvrage, « le manganèse est répandu dans le sol à un très grand état de diffusion ; il est rare qu'on n'en trouve pas quelques traces à l'aide de réactifs sensibles. Comme ce n'est aussi qu'à l'état de traces

(1) D'après M. Henri Rousset. *Cosmos,* juin 1908.

qu'il existe généralement dans les végétaux, il semble que le sol en contienne suffisamment pour qu'on n'ait pas besoin de penser à une restitution ». Conclusion évidemment logique, mais que devaient infirmer les récents travaux faits, d'une part par les agronomes américains sur la fertilisation, et, d'autre part, par M. G. Bertrand sur le rôle du manganèse dans les phénomènes de la vie.

On admettait jusque dans ces dernières années que les engrais agissaient, comme le définit Dehérain, par apport « d'éléments utiles à la plante et qui manquent au sol ».

Les agronomes américains, dont les travaux ont été récemment confirmés par les essais de Pouget et Chauchak, attribuent aux engrais un rôle différent : la destruction des excréments, des *toxines* laissées dans la terre par les récoltes précédentes. Les toxines étaient autrefois détruites par l'oxydation résultant d'un long repos (la jachère). Or, on sait maintenant que la plupart des oxydations vitales sont provoquées par des diastases spéciales : les *oxydases*. Et Gabriel Bertrand, dans ses magnifiques travaux sur l'une d'elles, la laccase, est arrivé à obtenir de véritables diastases synthétiques avec les combinaisons de manganèse et d'acides organiques. Comme les toxines et les diastases ont les propriétés les plus énergiques (certaines toxines peuvent tuer des millions de fois leur poids de matière vivante), ne pourrait-on pas, par l'apport de manganèse, aider à la destruction des toxines ? Voire même, par leur présence dans les végétaux, contribuer aux réactions chimiques cellulaires ?

Remarquons que la conclusion de M. Muntz sur la présence d'un excès de manganèse ne se justifie plus ici, car Bertrand a montré que les combinaisons du manganèse avaient un pouvoir diastasique d'autant plus élevé que formées par un acide de molécule plus complexe. Dès lors, même s'il y a un excès de manganèse, on conçoit qu'un apport supplémentaire d'une combinaison différente de ce même élément puisse produire un effet utile.

Action du manganèse sur les végétaux inférieurs. — Les moisissures, les levures sont des végétaux et, à ce titre, leur emploi industriel ou, comme on dit quelquefois leur « culture », relève de l'agronomie comprise dans son sens le plus large. Il est d'autant plus intéressant d'étudier comparativement l'action du manganèse sur les végétaux inférieurs et sur les plantes des champs que les infiniment petits se prêtent mieux à l'expérimentation. Ils sont très plastiques, s'accommodent vite au milieu, aux circonstances ; et, comme ils se multiplient rapidement, on peut facilement fixer les modifications par un grand nombre de générations successives. Enfin, on peut

les élever et les étudier au laboratoire, c'est-à-dire
dans des conditions précises, permettant l'évaluation
exacte de tous les facteurs mis en œuvre, ce qui est
toujours impossible dans les essais culturaux ordinaires.

MM. Kayser et Marchand (1) ont étudié le développement de la levure ensemencée dans des moûts
additionnés ou non d' « engrais manganés » ; la présence de 1 gramme à 1,5 gr. de sulfate de manganèse par litre suffit à modifier la végétation des cellules, qui transforment de façon plus complète le
sucre en alcool :

	Eau de touraillons (sucre, 24,5 %) ensemencée avec la levure de vin		
	Moût naturel	1 gramme de sulfate par litre	1,5 gr. de sulfate par litre
Sucre transformé, °/o...	16,88	21,99	22,16
Alcool, °/o...	8,1	10,8	11,3
Glycérine, °/o...	0,84	0,98	1,11

Le résultat obtenu est déjà très intéressant au point
de vue de la distillerie ; il peut y avoir ainsi augmentation de plus de 20 o/o sur le rendement alcool ;
mais, dans le cas de moûts devant être consommés

(1) *Comptes rendus* du 11 mars 1907.

directement (vin, bière), on conçoit que l'on ne puisse ajouter d'engrais, si faible que soit la proportion. Or, MM. Kayser et Marchand ont reconnu que, malgré les traces infinitésimales de manganèse que pouvaient contenir les cellules issues d'une levure cultivée en présence de sulfate de manganèse, *elles avaient hérité* de la faculté de faire parfaitement fermenter les moûts sucrés. Si bien qu'il suffit d'élever des levures en milieu mangané pour obtenir une variété qui, ensemencée dans un moût ordinaire, le fera plus complètement fermenter.

Les engrais manganés en grande culture. 1º — *Essais concluants.* — A la suite des travaux de Bertrand sur le rôle du manganèse dans les phénomènes biologiques, un grand nombre d'expérimentateurs essayèrent en grande culture l'influence des engrais manganés. Les premiers essais intéressants furent faits au collège impérial d'agriculture de Tokio. Lœw et Nagaoka constatèrent que l'apport du sulfate de manganèse provoquait une « croissance extraordinaire » dans la culture de l'orge, du blé, du haricot, des pois, radis et choux. Ils remarquèrent qu'il importe de n'employer que de petites doses d'engrais, au delà desquelles on risque d'altérer la plante dont les feuilles jaunissent. Enfin, ils constatèrent dans la sève des végétaux traités par le manganèse une plus forte proportion d'oxydases, ce qui justifiait pleinement les vues de Gabriel Bertrand.

Nagaoka fit, sur la culture du riz, des essais plus intéressants encore. Les semailles furent faites dans un champ ayant reçu par hectare 100 kilogrammes d'azote à l'état de sulfate d'ammoniaque, 100 kilogrammes d'acide phosphorique (superphosphate) et 100 kilogrammes de potasse (kaïnite) et des doses différentes de sulfate de manganèse. Voici les résultats obtenus, chaque chiffre étant la moyenne des quantités trouvées dans trois parcelles cultivées de la même façon :

QUANTITÉ D'ENGRAIS mangané par hectare	Poids des récoltes obtenues		
	Grains	Paille	Grains, paille et balles
Aucun engrais.........	150	185	338
Engrais complet (sans manganèse)..........	202	269	477
Manganèse, 10 kilogr. .	247	309	564
» 15 »	256	329	590
» 20 »	264	328	598
» 30 »	267	341	613
» 40 »	272	338	618
» 50 »	278	360	645

Ainsi en représentant par l'unité le poids de grains

obtenu dans la parcelle témoin, sous la seule influence du manganèse, la récolte passe de 1 à 1,26 — 1,30 — 1,34 — 1,37 ; une dose de 25 kilogrammes à l'hectare *accroît la récolte d'un tiers* et le bénéfice réalisé dépasse 250 francs par hectare ; on peut l'augmenter encore en substituant au sulfate de manganèse, comme l'a fait M. Aso, les boues résiduelles de chlorure de manganèse obtenues dans la fabrication du chlore ; l'effet produit est sensiblement égal.

En outre, l'année suivante, et sans nouvelle addition d'engrais, Nagaoka obtint, en cultivant du riz dans le même champ, un accroissement de récolte atteignant 17 o/o dans les parcelles qui, l'année précédente, avaient été fertilisées au manganèse.

En France, M. G. Bertrand, avec la collaboration de M. Thomassin, appliqua pratiquement ses vues théoriques dans la culture de l'avoine. Un terrain contenant 0,5 o/o de manganèse, c'est-à-dire une quantité bien supérieure à celle que l'on devait ajouter sous forme d'engrais, reçut une fumure habituelle et fut ensemencé avec de l'avoine. Une parcelle de 20 ares reçut 50 kilogrammes de sulfate de manganèse à l'hectare, une autre servit de témoin.

Fait singulier, tandis que la végétation ne paraissait présenter aucune différence entre les deux parcelles, après la récolte (commencement d'août), on constata que les poids différaient notablement.

DÉTAIL DES POIDS	Rendement à l'hectare		
	Avec manganèse	Sans manganèse	Différence en faveur du manganèse
Grains....	3.040	2.590	17 °/o
Paille et balles.........	4.840	3.840	26 »
Récolte totale..........	7.880	6.430	22 »

Cependant les grains obtenus de façon et d'autre contenaient la même quantité de manganèse, et en très faible proportion.

Van Steyn et Burgers firent en Hollande des essais sur le maïs; l'addition de sulfate de manganèse produisit des plantes beaucoup plus développées, l'excédent de récolte pouvant atteindre 100 o/o. M. Saulnier fit en Italie, dans la culture des arbres, des essais concluants, comme aussi M. Garola, en France, dans la culture des betteraves ; M. de Molinari, en Belgique, sur les céréales ; mais d'autres eurent moins de succès.

Les engrais manganés en grande culture. 2° — *Résultats négatifs.* — Car, parmi ceux-ci il en est qui, loin d'obtenir des résultats aussi favorables, n'eurent pas d'amélioration : parcelles témoins et parcelles ayant reçu des engrais manganés donnèrent les mêmes récoltes. Et l'on ne peut accuser leurs auteurs de négligence ou de parti pris, les chiffres que nous allons donner sont aussi sûrs que les précédents. Il importe d'exposer les essais négatifs comme les essais concluants ; peut-être pourra-t-on conclure définitivement, du moins expliquer — si possible — cette apparente contradiction.

M. Hjalmar de Feilitzen fit en Suède, dans les sols tourbeux de Flahut, des essais sur la culture de l'avoine ; après fumure habituelle, on ajouta, sous forme de solution à 1 o/o, une dose de sulfate de manganèse correspondant à 10 kilogrammes par hectare. Pour obvier aux différences accidentelles qui faussent très souvent les résultats des essais agronomiques, on cultiva simultanément douze parcelles, dont la moitié sans manganèse. Voici les moyennes des poids des récoltes obtenues :

PARCELLES	Poids de la récolte		
	Grains	Pailles et balles	Total
Sans manganèse.......	1.415	2.430	3.845
Avec —	1.345	2.422	3.767

De même que l'on n'avait constaté aucune différence d'aspect entre les récoltes, de même on ne constata aucune différence sensible de poids.

M. Malpeaux fit l'an dernier, à la ferme-école de Berthonval (Nord), de nouveaux essais sur l'avoine et sur l'orge ; les chiffres obtenus dans le premier cas (tableau ci-dessous) montrent que le manganèse ne produit aucune action utile. Pour l'orge, il semble y avoir un léger accroissement de récolte, mais il importe de remarquer que la différence est du même ordre que celle obtenue entre les deux essais témoins.

En Italie, M. Giglioli essaya l'influence du manganèse employé à l'état de bioxyde et dans la culture du blé, il n'obtint également aucun résultat. M. Grégoire, en Belgique, dans la culture de la betterave, obtint des différences attribuables à l'action du manganèse, mais le poids de sucre à l'hectare fut le même dans les parcelles témoins et dans les parcelles manganées.

Reste à expliquer les faits. Il était à prévoir que dans les tourbes Flahut, de milieu fortement acide, le manganèse ne produirait qu'un bien moindre effet, les sels manganeux formés pouvant ne pas avoir l'instabilité qui leur donne au plus haut degré le pouvoir d'oxydases. Quant aux autres essais, ils n'infirment en rien les résultats obtenus précédemment. La culture des plantes est, en effet, une chose si complexe que l'on ne peut connaître que très grossièrement les différents facteurs entrant en jeu ; partant, on ne peut attribuer sûrement le résultat obtenu à l'un d'eux. La composition de la terre, par exemple, a la plus grande influence sur le développement de la végétation ; or, il n'existe aucune méthode permettant d'analyser une terre au point de vue biologique. Dans la plupart des laboratoires, la première des opérations que subit la terre soumise à l'analyse est une attaque par l'acide chlorhydrique concentré et bouillant : on conçoit qu'un procédé si brutal ne permet d'obtenir que de grossiers renseignements sur cette terre arable, si complexe, grouillante de vie, où réagissent sans cesse une foule de combinaisons inconnues.

Essai de Berthonval (poids à l'hectare)

PLANTE cultivée	DÉTAIL des poids	PARCELLES témoins		Parcelles fumées				
				Sulfate de manganèse		Engrais magnésien		
		A	B	200 kilog.	300 kilog.	100 kilog.	200 kilog.	300 kilog.
Orge... {	Paille...	3.723	—	3.800	3.920	—	—	—
	Grains..	2.600	—	2.640	2.640	—	—	—
Avoine.. {	Paille...	3.450	3.560	—	3.470	3.530	3.470	3.500
	Grains..	2.530	2.550	—	2.600	2.530	2.510	2.650

Les choses ne nous paraissent ainsi singulières et

contradictoires que parce que nous ignorons le mécanisme de leur production.

Il n'importe : on employa longtemps les premiers engrais : noir animal, guano, sans savoir exactement à quels éléments était due leur influence bienfaisante ; des agronomes firent alors des essais d'où ils tiraient des conclusions. Peu à peu, de la foule confuse des faits, des vérités se sont dégagées qui ont amené des applications fécondes. On étudie, nous l'avons vu, de tous côtés et de toutes façons, l'action des engrais manganés. Il ne peut manquer d'en résulter bientôt des enseignements certains pour le plus grand profit des agriculteurs qui sauront les mettre en pratique.

La magnésie (1).

Toutes les plantes ont besoin de magnésie pour leur végétation.

L'absence de magnésie dans un sol compromet absolument le développement des plantes. C'est ce qui se produit en particulier, d'après G. Ville, pour le blé et le sarrasin. Cependant la première de ces plantes est peu exigeante, puisque dans la récolte moyenne d'un hectare grain et paille, il n'y a que 5 à 6 kilogr. de magnésie. Il doit en être de même pour les autres plantes cultivées dont les exigences sont au

(1) Cf. *Progrès agricole*, 24 avril 1904.

moins égales à celle du blé. Le tableau suivant, où sont indiquées, d'après MM. Müntz et Girard, pour les céréales seulement, la composition centésimale du grain et de la paille en magnésie, et la quantité de cet élément enlevée par la récolte d'un hectare, prouve la présence de la magnésie dans le sol :

| | Magnésie 0/0 | | Magnésie enlevée par hectare |
	Grain	Paille	kg.
Blé.........	0,22	0,11	5,7
Seigle	0,19	0,13	7,8
Orge	0,18	0,11	6,
Avoine.. ...	0,18	0,18	5,9
Maïs........	0,18	0,26	12,4
Sarrazin	0,29	0,89	22,1

D'après Wolff, les produits des plantes de la grande culture accusent les teneurs suivantes, en regard desquelles nous plaçons celles relatives à l'acide phosphorique :

	Magnésie	Acide phosphorique.
Foin de prairie........	6,3	5,6
— de trèfle ordinaire.	4,1	4,3
— de trèfle blanc....	5,8	7,8
— de trèfle hybride..	3,1	3,6
Graine de lupin jaune..	4,5	4,3
Graine de colza........	4,6	10,5
Paille de pois.........	3,5	3,5

D'une façon générale, ce sont les céréales qui sont les moins exigeantes ; les plantes industrielles le sont un peu plus, surtout le colza et le chanvre, qui enlèvent plus de 30 kilogr. de magnésie par hectare. Enfin, certaines plantes fourragères se montrent surtout exigeantes, telles que le maïs vert, le trèfle, dont une récolte moyenne renferme plus de 50 kilogr. de magnésie, et la betterave qui en prend 60 kilogr. environ. Les sols doivent être à même de fournir aux cultures ces quantités de magnésie, sinon les plantes ne peuvent atteindre leur complet développement. La chaux, si voisine de la magnésie dans son rapport avec le sol, ne se substitue pas du tout à elle. Si les sols en sont bien pourvus, ce n'est pas aussi général qu'on pourrait le croire. C'est ainsi que les terres de limon des plateaux en renferment 0,58 à 0,83 o/o, d'après les analyses de MM. Risler et Colomb-Pradel. Les analyses de Pétermann montrent de même que les terres belges sont assez fréquemment dépourvues de magnésie. Il arrive trop fréquemment que le sol ne renferme pas assez de cet élément et que la végétation souffre, sans que l'on sache pourquoi. Les expériences de Lawes et Gilbert, à Rothamstedt, ont prouvé que, même en bonnes terres, la magnésie agissait favorablement.

De ce que la magnésie joue un rôle important dans la production agricole, il ne s'ensuit pas pour cela qu'il soit nécessaire d'apporter à nos terres des engrais magnésiens. Il suffit de choisir parmi les engrais que l'on emploie d'ordinaire, ceux qui renferment de la magnésie en quantité suffisante pour enrichir le sol en cet élément.

A ce point de vue, on ne saurait mieux faire que d'avoir recours d'une part, pour la fumure phosphatée, aux Scories Thomas, qui renferment de 4 à 5 o/o de magnésie; d'autre part, à la kaïnite, qui en renferme de 10 à 11 o/o. Ces deux engrais étant vendus, le premier d'après son dosage en acide phosphorique, le second d'après celui en potasse, la magnésie est ainsi donnée gratuitement au cultivateur qui apporte sans bourse délier un principe très utile à ses terres.

Il est incontestable que, dans certains cas, la supériorité de la kaïnite par rapport aux autres engrais potassiques, à dose égale de potasse, doit être attribuée à la présence de la magnésie, et que, d'autre part, les Scories Thomas agissent non seulement par leur acide phosphorique et leur chaux, mais encore par la magnésie et, nous ajouterons même, par les autres corps qu'elles renferment, comme le manganèse, etc.

M. de Vilmorin a constaté que le sol de la ferme de Verrières ne renferme pas suffisamment de magnésie pour assurer la réussite du lin et que si l'on ajoute cet élément au fumier d'étable, la production est sensiblement améliorée.

Les nombres qui suivent représentent les résultats

comparés de quatre séries d'expériences sur l'avoine faites sur un are de terrain du jardin agricole. Les autres engrais étaient les mêmes dans chaque cas, sauf pour la magnésie, que l'on a appliquée à divers états.

	Produit.
Sans magnésie	100
Magnésie à l'état de carbonate	151
— — — — sulfate	160
— — — — nitrate	180

Bien que toutes les plantes agricoles aient besoin de magnésie pour leur végétation, on a remarqué que de fortes doses de carbonate de magnésie donnent de mauvais résultats pour certaines plantes (Meyer, Halle, Landw. Jahrb., 1904, 375).

FIN DU TOME PREMIER

TABLE DES MATIÈRES DU TOME PREMIER

—

CHAPITRE IV

Les amendements.

CHAPITRE V

Les engrais verts.

CHAPITRE VI

L'exploitation du sol sous le régime du fumier de ferme.

CHAPITRE VII
Les engrais chimiques.

(Voir la table des matières par ordre alphabétique de l'ouvrage complet, à la fin du tome II.)

LES ENGRAIS

TOME DEUXIÈME

L'AGRICULTURE AU XXᵉ SIÈCLE

ENCYCLOPÉDIE PUBLIÉE SOUS LA DIRECTION DE

H.-L.-A. BLANCHON & J. FRITSCH

Les Engrais

PAR

J. FRITSCH

Chimiste

Lauréat de la Société d'Encouragement

(Méd. d'argent ; méd. d'or)

TOME DEUXIÈME

EMPLOI DES ENGRAIS CHIMIQUES :

ENGRAIS PHOSPHATÉS. — ENGRAIS POTASSIQUES. — ENGRAIS AZOTÉS.

LÉGISLATION ET COMMERCE DES ENGRAIS

15 illustrations dans le texte.

PARIS

LUCIEN LAVEUR, ÉDITEUR

13, RUE DES SAINTS-PÈRES, VIᵉ

LES ENGRAIS

TOME II

CHAPITRE VIII

EMPLOI DES ENGRAIS CHIMIQUES

I. — Engrais phosphatés.

RÈGLES A SUIVRE POUR L'EMPLOI DES ENGRAIS PHOSPHATÉS.

Nous avons vu plus haut que la plupart des terres sont pauvres en acide phosphorique et qu'on doit leur en fournir des quantités d'autant plus grandes qu'on veut obtenir des rendements culturaux plus élevés. Cette question a été traitée à satiété par tous les agronomes qui se sont occupés de culture intensive. Voici ce qu'en dit le Dr P. Wagner (1) : « La quantité d'engrais à donner à une terre pauvre en acide

---

(1) *Anwendung Künstl. Düngemittel.*, 3ᵉ éd. Berlin, P. Parey.

phosphorique ne doit pas être mesurée exclusivement d'après les exigences de la plante que l'on veut y cultiver. Pour produire 1000 kilogr. de grains d'orge, par exemple, il faut, en chiffre rond, 12 kilogr. d'acide phosphorique. Mais si la terre est pauvre, la quantité d'engrais phosphaté doit être cinq fois, huit fois, et même dix fois plus considérable. L'acide phosphorique se meut difficilement dans la terre ; il ne va pas à la rencontre des racines, ne suit pas la marche de l'eau de pluie, ne circule pas à l'instar de l'humidité du sol, comme le fait l'azote nitrique. Les racines des plantes doivent aller à la recherche de l'acide phosphorique, venir en contact direct avec les phosphates ; leur suc acide doit dissoudre l'acide phosphorique, et il s'ensuit que les phosphates ne doivent pas se trouver à un état trop disséminé dans le sol. Celui-ci doit offrir aux plantes une réserve importante d'acide phosphorique facilement assimilable, si l'on veut obtenir les rendements les plus élevés possibles. Les plantes doivent avoir la possibilité d'assimiler en très peu de temps de grandes quantités d'acide phosphorique.

« Si l'on fait de la culture extensive, si l'on se contente de 2.000 kilogr. de grains à l'hectare, l'assimilation de l'acide phosphorique est lente ; mais, si l'on veut récolter 4.000 kilogr. de grains à l'hectare ou même davantage, les plantes n'ont pas de temps à perdre, elles doivent pouvoir utiliser rapidement les conditions de végétation particulièrement favorables, mais passagères, que les hasards météorologiques viennent leur offrir de temps en temps. Si l'on admet que les plantes puissent assimiler journellement environ 1 kilogr. de l'acide phosphorique contenu dans le sol, cette quantité paraît suffisante même en culture intensive, lorsque les plantes peuvent se développer d'une manière uniforme et progressive sous l'influence d'une température favorable pendant tout le cours de la végétation.

« Mais il n'en est pas toujours ainsi. Les plantes peuvent avoir à souffrir de la sécheresse une fois ou l'autre, et, pendant ce temps, elles n'assimilent pas d'acide phosphorique et ne produisent rien. Si la pluie survient, et si elle est suivie d'un temps chaud, les plantes doivent rattraper le temps perdu pour donner les rendements maxima ; elles doivent produire autant dans les huit jours suivants qu'elles auraient mis quinze jours à produire autrement. Mais, pour doubler ainsi leur production journalière, elles exigent deux fois plus d'acide phosphorique, et cette quantité ne peut leur être fournie que si la terre contient en réserve un excès correspondant d'acide phosphorique soluble.

« C'est pourquoi la réserve du sol en acide phosphorique doit être assez grande pour subvenir aux exigences des plantes non seulement en temps normal, mais encore dans les rares intervalles où elles en sont littéralement affamées. Il n'y a là rien qui doive étonner, si l'on songe à l'importance que peut atteindre la production de la matière végétale dans une terre riche, parfois dans l'espace de quelques jours, à la faveur d'une température chaude et humide, et aux grandes quantités d'acide phosphorique qui sont alors absorbées et mises en œuvre par les plantes.

« Par conséquent, une terre pauvre en acide phosphorique, dans laquelle des essais culturaux produisent des effets nettement caractérisés, doit recevoir de fortes doses d'engrais, et l'on ne sera pas longtemps à s'apercevoir que cette pratique est rémunératrice. »

ACTION DE DOSES CROISSANTES D'ACIDE PHOSPHORIQUE. QUANTITÉS D'ENGRAIS PHOSPHATÉS A EMPLOYER.

Les expériences pratiques d'Omer Benoist sur sa ferme de Moyencourt, près de Houdan, ont mis en évidence que, pour le blé on peut avoir des différences de végétation et surtout de hâtivité considérables en raison directe de la dose d'engrais phosphatés employée. Voici quelques résultats choisis dans des cultures de céréales qui font voir que, dans bien des cas, les bénéfices croissent en même temps que la dose d'acide phosphorique utilisée. On pourrait donner des résultats analogues sur toutes les cultures.

M. Beauguion, à Châteaulin (Finistère), a obtenu sur blé, par exemple, un bénéfice net de 93 francs à l'hectare par l'emploi de 500 kilogr. de scories Thomas Étoile et un bénéfice de 115 fr. 30 en utilisant 750 kilogr. de scories. Il n'y a d'ailleurs pas proportionnalité rigoureuse entre les doses d'acide phosphorique apportées et le bénéfice produit ; on peut même avoir quelquefois un bénéfice plus que doublé par l'apport d'une dose double d'acide phosphorique. Ceci s'explique par les multiples réactions, dont la plupart nous échappent, qui se produisent dans les sols arables.

M. Girardot, à Maizières-sur-Amance (Haute-Marne), avec 500 kilogr. de scories Thomas Étoile mis sur avoine, a obtenu un bénéfice net de 87 fr. 50 ; avec une dose double, soit 1.000 kilogr., son bénéfice a été presque triplé, atteignant presque 235 francs.

Des résultats fort instructifs concernant l'action de doses variables d'acide phosphorique ont été obtenus dans la ferme expérimentale de la Baronnie exploitée par M. Houel, à Cleuville par Ourville (Seine-Inférieure). Voici, entre autres, ceux fournis par deux cultures de blé :

Fumure phosphatée à l'hectare.	Bénéfice produit par rapport au témoin :
400 kilogr. de scories Thomas ETOILE...	197,50
600 — — — — ...	235,00
800 — — — — ...	231,50
1.000 — — — — ...	287,90
1.200 — — — — ...	318,05

Il ne faudrait pas déduire de ces résultats que, plus la dose d'engrais phosphaté est élevée, plus il en est forcément de même du bénéfice. Pour chaque nature de terrain et chaque culture qui y est faite, il y a une dose optima d'engrais phosphaté pour laquelle on obtient le maximum de bénéfice, passé cette dose, le rendement peut augmenter encore, mais le bénéfice diminue. Deux exemples, à ce sujet, feront bien comprendre ce qu'il en est :

M. Herven à Paule (Côtes-du-Nord) a obtenu sur sarrasin :

Dose d'engrais employé.	Bénéfice produit par rapport au témoin :
400 kilogr. de scories Thomas ETOILE...	100 fr.
600 — — — —	114 —
1.000 — — — —	102 —

M. Le Thiec, à Grâce (Côtes-du-Nord,) a obtenu de même sur sarrasin :

Dose d'engrais employé.	Bénéfice produit par rapport au témoin :
500 kilogr. de scories Thomas Étoile...	23 fr.
1.000 — — — — ...	4 30

On voit que, dans les deux cas considérés, la dose de scories la plus avantageuse oscille entre 5oo et 6oo kilogr. à l'hectare. C'est d'ailleurs la dose que la pratique a adoptée couramment pour la fumure des céréales : il n'en est pas moins vrai que, dans certaines terres très pauvres en acide phosphorique, dans les terres de défrichement notamment, il y a avantage, bien des fois, à porter, au début de l'exploitation, les doses de scories à 1.ooo et même 1.2oo kilogr. à l'hectare.

LES ENGRAIS PHOSPHATÉS DEVIENNENT-ILS INSOLUBLES DANS LE SOL ?

On a contesté parfois l'opportunité qu'il y a d'enrichir les terres en acide phosphorique sous prétexte que les engrais phosphatés deviennent insolubles dans le sol, et par conséquent inactifs dans un espace de temps variable d'un an à trois ans.

Cette objection a été réfutée par le Dr Wagner (1). « Si l'on enfouit du superphosphate ou des scories de déphosphoration, dit-il, et si l'on abandonne le sol à

(1) In *op. cit.*

lui-même sans le labourer, sans l'emblaver, qu'arrivera-t-il ? Il arrivera que l'eau de pluie filtrant à travers la couche arable dissoudra insensiblement l'acide phosphorique du superphosphate et des scories et l'entrainera toujours un peu plus dans le sous-sol où il viendra en contact avec l'oxyde de fer, l'alumine et la chaux : il se combinera avec ces sels en formant avec eux des combinaisons de moins en moins solubles, pour passer finalement, au bout de 50 ans ou de 100 ans peut-être — on ne sait pas exactement — à peu près au même état d'insolubilité que l'acide phosphorique contenu dans les minéraux du sol.

« Cette transformation exige un temps très considérable ; on n'a donc pas d'inquiétude à avoir à ce sujet. Il est certain également que, dans un sol cultivé, labouré, façonné, emblavé et fumé, le processus d'insolubilisation de l'acide phosphorique est contrarié sans cesse. A la tendance d'insolubilisation, la terre cultivée oppose l'effort contraire, celui de la solubilisation. L'acide humique, l'acide carbonique, le nitrate de soude, les sels de potasse, les racines des plantes, les champignons, les bactéries, la circulation de l'air et de l'humidité dans la couche arable, etc., sont des agents d'une activité constante qui ne permettent pas à l'acide phosphorique d'entrer en repos. Dès qu'il s'est formé dans le sol des phosphates précipités avec une partie de l'acide phosphorique soit

des superphosphates, soit des scories de déphosphoration, les agents du sol que nous venons d'énumérer
mettent en jeu leur influence dissolvante et ramènent
l'acide phosphorique précipité à l'état soluble : la
chaux, l'alumine et l'oxyde de fer le précipitent de
nouveau en partie, les agents du sol le ramènent sans
cesse à l'état soluble, et ainsi de suite.

« L'acide phosphorique n'est donc jamais en repos
dans le sol, il passe d'une combinaison en une autre,
il s'unit à un élément d'une union passagère, le quitte
pour s'unir à un autre élément d'une union tout
aussi éphémère ; car les agents de combinaison et de
dissolution contenus dans le sol sont en lutte incessante pour s'emparer de l'acide phosphorique : ce
sont tantôt les uns, tantôt les autres qui s'en empa-
rent d'une façon passagère. Mais l'acide phosphorique garde son instabilité : plus la culture est intensive, plus la terre est aérée, riche en humus ; plus la
fumure avec le nitrate, les sels d'ammoniaque et de
potasse est abondante, plus les labours sont profonds,
les rendements élevés, moins l'acide phosphorique
en excès confié au sol a de chance de passer à l'état
insoluble, du moins en quantité assez grande pour
qu'il y ait lieu d'avoir des craintes sur son action. »

A l'appui de ces arguments le même auteur relate
les résultats que lui ont fournis des expériences faites avec les scories Thomas sur une prairie pauvre en

acide phosphorique, qui ne rapportait que 1.500 kilogr. de foin par hectare (1).

Une série de parcelles reçurent par hectare 800 kilogr. de scories Thomas le 30 octobre 1889, une autre série resta sans engrais phosphaté. Comme engrais auxiliaire, on donna aux parcelles des deux séries 800 kilogr. de kaïnite; et cette dose fut renouvelée chaque année. L'engrais phosphaté ne fut pas renouvelé.

Les 800 kilogr. de phosphate Thomas par hectare une seule fois appliqués ont produit:

Années	Augmentation de rendement			
1890.........	750	kg. de foin par hectare		
1891.........	2.300 —	—	—	
1892.........	2.600 —	—	—	
1893 (2)......	1.440 —	—	—	
1894.........	2.930 —	—	—	
1895.........	1.310 —	—	—	
1896.........	1.060 —	—	—	
1897.........	920 —	—	—	
1898.........	570 —	—	—	
Ensemble :	13.880	kg. de foin.		

La fumure avec 800 kilogr. de scories Thomas, une seule fois appliquée, a donc continué à agir pendant neuf années consécutives et a produit pendant

(1) Dr P. Wagner. Dungungsfragen, IV, p. 58. Berlin, P. Parey, éditeur.
(2) Année de grande sécheresse.

ce laps de temps un rendement total de 13.880 kilogr. de foin.

Dans cette expérience, l'acide phosphorique des scories n'a pas été insolubilisé, et la réserve d'engrais qu'on a confiée à la terre n'a été rien moins que rémunératrice !

Il va de soi que cette expérience devait seulement renseigner sur la manière dont l'engrais phosphaté, une fois donné, se comporte dans son action rémanente, car confier à une terre une réserve d'engrais et laisser agir cet engrais pendant neuf ans sans restituer les quantités dépensées par la végétation serait tout à fait irrationnel ; aussi, les expériences ci-dessus, qui ont été variées d'ailleurs dans différentes directions, ont montré qu'un apport d'engrais renouvelé chaque année fournissait le moyen d'augmenter encore les rendements dans une forte proportion.

ACCROISSEMENT DE LA NITRIFICATION PAR L'EMPLOI DES SCORIES.

Les scories Thomas « ÉTOILE » non seulement augmentent la teneur du sol en acide phosphorique, mais encore favorisent la production d'un principe également fort important en agriculture : l'azote.

On sait que le sol de nos champs est un véritable laboratoire de chimie où se produisent sans cesse les réactions les plus nombreuses et les plus variées. Parmi celles-ci, la nitrification mettant à la disposition des cultures de l'azote sous forme assimilable, joue un rôle considérable. Or, M. Paturel, ayant étudié ce phénomène dans une même terre additionnée de doses variables de scories Thomas « Etoile » a trouvé :

Dans un kilogramme de terre :

	Azote nitrifié en 5 mois :
Pas de scories......................	0 gr. 040
0 gr. 5 de scories Thomas « Etoile »	0 — 198
1 — — — —	0 — 229
2 — — — —	0 — 268
5 — — — —	0 — 310

Il résulte de cette remarquable expérience que la nitrification se trouve considérablement activée par la présence des scories Thomas « Etoile ».

Le Dr P. Wagner avait déjà remarqué, il y a quelques années, que les terres argilo-calcaires riches en acide phosphorique exigent en moyenne moins d'engrais azotés que celles qui sont pauvres en acide phosphorique. Pour expliquer ce phénomène, l'auteur en a conclu que la fixation d'azote par les bactéries devait s'effectuer d'une manière plus intense dans les terres riches en acide phosphorique que dans celles qui en sont dépourvues.

L'expérience de M. Paturel vient confirmer cette manière de voir.

INFLUENCE DES ENGRAIS PHOSPHATÉS SUR LA FIXATION DE L'AZOTE ATMOSPHÉRIQUE PAR LES ENGRAIS VERTS.

Le Dr Wagner rapporte le fait suivant. Il a fait des expériences culturales sur une terre exceptionnellement affamée d'acide phosphorique. Cette terre fut plantée de betteraves fourragères en 1902. Elles ne prirent qu'un faible développement ; on leur donna du nitrate ; il resta inactif. Ce n'est qu'après avoir reçu de l'acide phosphorique qu'elles absorbèrent l'azote (600 kilogr. de nitrate de soude par hectare) et donnèrent un surplus de rendement de 5·500 kilogr. Une forte fumure phosphatée affame d'azote les plantes, et ce ne sont pas seulement les betteraves fourragères, les pommes de terre, les graminées, etc., qui sont dans ce cas, mais encore — et ceci est très important — le trèfle, la luzerne, les vesces, les pois, les lupins, la serradelle, etc. : ces plantes deviennent avides d'azote atmosphérique. Par conséquent, si l'on veut fixer des quantités élevées d'azote dans les fourrages, les racines, les engrais verts, et diminuer ainsi les dépenses pour l'acquisition des engrais azotés, il faut affamer d'azote les plantes qui végètent dans les champs en les saturant d'acide phosphorique. C'est ainsi qu'avec l'acide phosphorique on achète de l'azote à bon marché (1).

Ainsi, par exemple, pour fixer dans les tiges vertes des pois 100 kilogr. d'azote, d'une valeur de 100 fr., il faudra employer pour 20 fr. d'acide phosphorique. Mais si l'on économise l'acide phosphorique, si on laisse les pois affamés en ne leur fournissant que la moitié des scories nécessaires à la production de 100 kilogr. d'azote on économisera 10 fr., mais la perte qu'on subira par diminution de bénéfice sera de 50 fr. A tout prendre, l'acide phosphorique que l'on donne aux plantes pour engrais vert ne coûte absolument rien, car avec elles il retourne directement à la terre et est alors porté au compte de la récolte principale qui leur succède. Bien mieux, l'acide phosphorique donné aux plantes pour engrais verts est l'objet d'une double utilisation : il sert d'abord à fixer l'azote atmosphérique, ensuite à augmenter la production des betteraves, pommes de terre, graminées, etc.

En définitive, rien n'est aussi avantageux que de fournir autant d'acide phosphorique qu'elles peuvent utiliser aux plantes pour engrais verts, aux plantes fourragères, aux prairies, et rien n'est plus condamnable que de laisser ces plantes et en général toutes les légumineuses affamées d'acide phosphorique.

(1) D* P. Wagner. Dungungsfragen, IV, pp. 23, 59.

ACIDE PHOSPHORIQUE ET VARIÉTÉS SÉLECTIONNÉES.

Il ne faut pas perdre de vue que les variétés sélectionnées, tant recommandées de nos jours, ne sont capables de fournir le maximum de rendement qu'à condition d'avoir à leur disposition une fumure suffisante, et surtout une fumure phosphatée abondante. C'est ce qui ressort des chiffres ci-dessous :

M. Guévin au Chable (Haute-Savoie) a cultivé simultanément dans un même champ le blé ordinaire du pays et un blé carré sélectionné. Une parcelle ne recevait que du fumier additionné de 1.000 kilogr. de scories Thomas « Étoile » à l'hectare. Avec fumier seul, les deux blés se sont comportés à peu près de même, le blé sélectionné ne fournissant en plus à l'hectare que 30 kilogr. de grain et 300 kilogr. de paille. Ce n'est qu'avec l'adjonction des scories qu'il a montré toute sa supériorité, fournissant alors 743 kilogr. de grain et 661 kilogr. de paille à l'hectare en plus que le blé du pays ayant reçu la même fumure.

CHOIX DE L'ENGRAIS PHOSPHATÉ.

Pratiquement, le problème se pose ainsi pour le cultivateur : « Quel est, dans mon terrain, à dose égale d'acide phosphorique, l'engrais phosphaté le plus efficace, et en tenant compte également de leurs prix de vente différents, quel est celui auquel je dois m'adresser ? » Ce problème peut d'ailleurs être encore plus simplifié en le posant ainsi : « Pour une même dépense d'engrais phosphaté à l'hectare, quel est celui qui me produira le plus de bénéfice ? »

Au point de vue de l'efficacité des divers engrais phosphatés, il y a lieu, évidemment, de tenir compte de deux facteurs : le terrain et la plante. Certaines plantes ont plus développé ce que Schreiber a appelé « le pouvoir désagrégeant », c'est-à-dire la facilité d'absorber l'acide phosphorique fourni. D'autre part il est évident que les phosphates naturels ont une certaine action dans les terrains très acides, tandis que leur action est nulle en sol calcaire. De, même une plante occupant peu de temps la terre a besoin d'engrais plus rapidement et plus facilement assimilables.

De nombreuses recherches ont été entreprises dans ces vingt dernières années au sujet de l'efficacité relative des engrais phosphatés. Il y a lieu de signaler plus particulièrement — parce qu'ils ont fourni des chiffres qu'on peut considérer comme moyens — les essais effectués de 1887 à 1891 chez M. Ovide Benoist à Gas, sous la direction du Professeur Garola. La comparaison fut faite à égalité d'acide phosphorique, et l'efficacité relative trouvée fut la suivante :

Phosphates naturels................ 15,60
Scories de déphosphoration......... 99
Superphosphates minéraux......... 100

Dans un groupe de 13 autres essais, le même professeur arrivait au classement suivant :

Scories de déphosphoration......... 117
Superphosphates minéraux........ ... 100
Phosphates naturels................ 22

En présence de nombreux résultats analogues fournis par de nombreuses expériences, il y a lieu de considérer les phosphates naturels comme de très faible efficacité, ne pouvant être employés que dans des cas très spéciaux et ayant surtout pour rôle principal de servir de matière première à la fabrication des superphosphates. Aussi, en laissant de côté les allégations intéressées du commerce, il est bien prouvé actuellement qu'à quantité égale d'acide phosphorique les bonnes scories, fabriquées par le procédé Thomas, fournissent des rendements au moins égaux et souvent supérieurs à ceux du superphosphate minéral. Si l'on se place au point de vue économique, le superphosphate étant vendu plus cher que les scories, on voit qu'à dépense égale les bonnes scories Thomas fournissent toujours de meilleurs résultats que les superphosphates. Un argument que ne manquaient pas de fournir les superphosphatiers était le suivant :

une partie de l'acide phosphorique du superphosphate est soluble dans l'eau, et, comme tel, est plus facilement absorbable par les plantes que l'acide phosphorique insoluble dans l'eau. Or, les recherches les plus récentes de la physiologie ont montré qu'un aliment, pour être absorbable par les plantes, ne devait pas être forcément soluble dans l'eau, mais que, par contre, il devait être facilement assimilable par les sucs acides secrétés par les racines du végétal, ce qui est justement le cas pour l'acide phosphorique des scories Thomas « Etoile ». La chimie agricole a fait voir ensuite que l'acide phosphorique soluble à l'eau des superphosphates ne le restait pas longtemps lorsqu'il était mis dans la terre. En présence des oxydes de fer et d'alumine qui s'y trouvent, il subit en effet ce que l'on appelle la « rétrogradation », c'est-à-dire, devient insoluble dans l'eau. Recherchant l'action réciproque des engrais phosphatés dans la terre végétale, le Professeur Garola, en opérant avec des scories et du superphosphate mis en contact pendant 7 mois entiers avec une terre de limon, non seulement a vérifié que l'acide phosphorique soluble à l'eau du superphosphate devient insoluble en passant pour une faible partie à l'état de phosphate de chaux, et pour la majeure partie à l'état de phosphate gélatineux de fer et d'alumine ; mais que l'acide phosphorique des scories devient au contraire en grande partie soluble au citrate, et il concluait : « Ce résultat est bien fait pour expliquer l'avantage que trouve la pratique dans l'emploi des scories. »

On peut dire qu'actuellement l'adoption de l'un ou de l'autre des deux engrais phosphatés (superphosphates et scories) doit être exclusivement basée sur la question du prix de vente relatif de l'acide phosphorique dans l'un et l'autre cas.

ÉPOQUE ET MODE D'EMPLOI DES SCORIES (1).

Les scories Thomas présentent cette particularité importante de n'avoir besoin de subir dans le sol aucune transformation chimique pour être utilisées par les plantes. Le phosphate tétracalcique, d'où elles tirent leur valeur fertilisante, est directement et immédiatement assimilable par les végétaux. Le suc acide des radicelles de ces derniers dissout l'acide phosphorique au travers de la membrane qui les limite extérieurement. Le phosphate des scories, complètement insoluble dans l'eau, n'est exposé à aucun entraînement dans le sous-sol par l'action des pluies.

Au point de vue de leur mode d'application au sol, cette double propriété (insolubilité dans l'eau et solubilité immédiate dans le suc des racines) diffé-

(1) D'après M. Grandeau, *les Scories Thomas*.

rencie les scories de la plupart des autres engrais phosphatés, et notamment du superphosphate. L'état de très grande division sous lequel l'acide phosphorique du superphosphate se trouve disséminé dans la couche arable par voie de diffusion est, selon toute probabilité, la cause prépondérante de sa grande efficacité dans la plupart des sols; mais les praticiens s'accordent généralement à considérer l'action du superphosphate comme de durée relativement courte, un ou deux ans; aussi l'emploient-ils à doses moins élevées que celles que comporte l'usage des scories.

De l'assimilabilité immédiate du phosphate des scories, jointe à son insolubilité dans l'eau, découle la possibilité de l'employer à toutes les époques de l'année et l'avantage considérable que présente son introduction dans le sol en quantités considérables d'un seul coup.

Quand on a introduit pour la première fois les scories Thomas dans la fumure des terres, on ne connaissait pas leur véritable constitution : on pensait que, pour devenir assimilable par les plantes, leur acide phosphorique devait avoir été en contact pendant un certain temps avec le sol et y avoir subi des modifications chimiques qui le rendent soluble et assimilable. Les scories ne furent donc employées d'abord que pour les fumures d'automne. Mais l'expérience a démontré que les scories sont efficaces à toutes les époques de l'année. Il n'est donc plus besoin, pour les cultures de printemps, de les semer en automne; il suffit de les donner au sol au dernier labour qui précède les semailles de mars.

En *couverture* sur les prairies, de décembre à mars, les scories produisent les meilleurs effets. Il en est de même pour les plantes sarclées.

L'époque de l'emploi des scories est donc de peu d'importance. Grâce à leur assimilabilité directe, ne nécessitant aucune transformation dans le sol, elles peuvent être employées dans toutes les saisons. L'épandage des scories à l'automne, en vue des cultures du printemps, ne peut avoir d'autre avantage que d'assurer leur dissémination plus grande dans le sol, par les opérations culturales réitérées.

Les scories, étant complètement insolubles dans l'eau, ne peuvent agir sur la végétation de nos cultures qu'à la condition d'arriver au contact des racines superficielles; les pluies se chargent de cet entraînement mécanique du phosphate à raison de sa grande densité. Il y a donc avantage à semer les scories à l'époque des pluies, qui aideront à les faire arriver au contact des racines ou à donner un fort hersage, soit enfin, en cas de sécheresse, à les enfouir par le labour, suivant la nature des récoltes.

Si la terre est pauvre en acide phosphorique, il est

recommandable de ne pas enterrer profondément à la charrue une partie au moins de l'engrais phosphaté, mais de le répandre sur le sol nu, afin de le mettre mieux à la portée des jeunes plantes. C'est une erreur de croire que, pour bien agir, les phosphates doivent être enterrés profondément. Le Dr Wagner a même employé avec succès les scories comme engrais de couverture pour les céréales d'hiver. Inutile de dire que c'était à titre d'expérience : car, quoique l'on connaisse depuis longtemps l'action relativement rapide produite par les scories répandues en couverture sur les prairies naturelles et même sur les champs de luzerne, il n'en est pas moins très recommandable de fournir au sol une réserve d'acide phosphorique suffisante sous forme de scories que l'on enterre à la charrue avant les semailles.

D'une manière générale donc, l'époque de l'épandage et la profondeur de l'enfouissement des scories importent peu ; l'essentiel est d'enrichir une terre pauvre ou épuisée, par l'apport de doses massives d'engrais phosphatés de manière à lui donner une réserve suffisante sur laquelle les plantes puissent se développer.

Epandage des scories. — Il n'est pas inutile de donner quelques indications sur le mode d'épandage des scories. Voici ce qu'en dit M. Grandeau : « Lorsque l'épandage a lieu avec un bon semoir à engrais,

il ne présente aucune difficulté, mais il n'en est pas de
même lorsqu'on sème la scorie à la volée, ainsi que
cela se pratique généralement dans les petites exploitations. En raison de la ténuité de la poudre, celle-ci
est facilement entraînée par le vent ; la répartition
devient alors inégale et une partie de l'engrais peut
être emportée sur les champs des voisins. De plus,
l'épandage à la main de la scorie pure (non mélangée
à de la terre), abîme rapidement la peau du semeur.
Au parc des Princes, on a l'habitude de mélanger intimement la quantité d'engrais pulvérulent à deux ou
quatre fois environ son volume de terre fine de la parcelle : pour peu que cette terre soit légèrement humide, on évitera ainsi tout entraînement par l'action
du vent.

Quand on doit donner à un champ de la kaïnite en
même temps que des scories, on peut recourir au procédé suivant recommandé récemment par des cultivateurs qui l'ont employé. Sur l'aire de la grange on
étend la kaïnite sur une épaisseur de 5 à 8 centimètres par exemple. On nivelle la couche avec le dos
d'un rateau, puis on distribue à sa surface la quantité de scories à répandre en l'étalant sur une épaisseur de 2 à 4 centimètres. Suivant le degré d'humidité de la kaïnite, ou humecte alors la couche d'engrais en l'aspergeant à l'arrosoir avec 5 à 10 litres
d'eau, 100 kilogr. de scories. Le phosphate Thomas

absorbe rapidement l'eau ; on mélange alors intimement les deux engrais à la pelle. L'épandage à la volée se fait sans aucune difficulté ni danger pour le semeur. Le mélange doit être préparé et employé le jour même, pour éviter que la kaïnite ne fasse prise avec la scorie. »

L'EMPLOI DES SCORIES THOMAS EN TERRAINS CALCAIRES.

Les premières recherches relatives à l'emploi des scories en terrains calcaires furent entreprises en 1894 par le professeur Grandeau, qui obtint à Avenay, dans des terres renfermant 20 o/o de calcaire, d'excellents résultats, relatés par l'auteur dans le *Journal d'Agriculture pratique*. Puis, en 1898, ce fut le Dr Schreiber, agronome belge, qui étudia l'action comparée du phosphate minéral et des scories Thomas sur trèfle et moutarde, en ajoutant à la fumure des doses croissantes de carbonate de chaux. Il constata que le calcaire, à dose suffisante, avait pour effet de supprimer presque l'effet du phosphate minéral, tandis que le carbonate de chaux n'enrayait que peu ou point l'action du phosphate des scories.

De son côté, M. Guffroy, ingénieur agronome, a organisé des essais systématiques de fumure avec scories Thomas dans des sols calcaires de natures géologiques différentes et de teneurs très diverses en carbonate de chaux. Il a pu ainsi constater que, contrairement à une opinion très répandue, le calcaire n'est nullement un obstacle à l'efficacité des scories. Ainsi qu'on pourra le constater par les résultats obtenus, il ne semble pas qu'actuellement on puisse indiquer une limite supérieure de teneur en calcaire au-dessus de laquelle les scories Thomas cesseraient d'être efficaces. Dans les terres expérimentées, en effet, le carbonate de chaux dépassait 71 o/o, et il n'y a pas de raison pour que de nouvelles expériences ne promettent de bons résultats dans des terres encore plus calcaires.

Il est d'ailleurs à remarquer que ces résultats ont été obtenus dans des cultures de printemps et des cultures d'automne. On ne saurait donc, en présence de tels chiffres douter de l'efficacité des scories sur toutes les cultures en terrains calcaires, quelle que soit l'époque d'épandage. Cependant, il est toujours plus avantageux, dans le cas de sols riches en carbonate de chaux, d'effectuer l'épandage à l'automne ou en hiver. Il résulte, en effet, des recherches faites à ce sujet que le carbonate de chaux, s'il n'entrave pas l'action des scories, favorise beaucoup la sécheresse, car la caractéristique des terrains calcaires est d'être secs. Or, la sécheresse est un obstacle à l'efficacité des matières fertilisantes en général et des scories en particulier. L'épandage devra donc être d'autant plus hâtif que la teneur en calcaire sera plus forte ; à teneur égale, il faudra épandre plus tôt en plateau qu'en vallée.

Nous donnons, dans le tableau ci-après, les principaux chiffres se rapportant à ces expériences :

NOM ET ADRESSE de L'EXPÉRIMENTATEUR	Teneur du sol en calcaire	CULTURE EXPÉRIMENTÉE	Quantité de scories Thomas « Étoile »	EXCÉDENT PRODUIT		Bénéfice obtenu	
	o/o		kg,				
Vialaret, à Gaillac (Aveyron).........	71,20	Avoine..........	500	Grain.	240 kg.	129	10
				Paille.	2.245 kg.		
Cabireau, à Badefols-d'Ans (Dordogne).	66,40	Pommes de terre .	1.000		3.285 kg.	114	25
Vialaret, à Bertholène (Aveyron).......	63,20	Luzerne....... ..	1.000		3.580 kg.	190	60
Legrand, à Bonneville (Charente)......	52 »	Prairie naturelle..	800		1.660 kg	49	20
Sauvage, à Clinchamp (Haute-Marne) .	49,60	Pommes de terre..	1.000		2.100 kg.	55	»
Jean, à Saint-Félix-de-Sorgues (Aveyron)	48 »	Vigne..........	1.000		22 hl. 50	245	20
Capitaine, à Ardilleux (Deux-Sèvres)...	46,40	Prairie naturelle..	1.000		1.400 kg.	34	»
Poudevigne, à Montfrin (Gard)	43,70	Vigne...........	1.000		45 hl.	400	»
D'Arzac, à Concorès (Lot).............	42,40	Prairie naturelle..	1.000		8.500 kg.	460	.
Saint-Michel , à Domèvres-sous-Montfort (Vosges)...................	42,40	Pommes de terre..	1.000		1.890 kg.	16	15
Audoui, à Milhars (Tarn).............	41 »	Prairie naturelle..	600		1.050 kg.	33	»
id. id.	41 »	Prairie naturelle..	1.000		1.900 kg.	64	»
Bourgeois, à Dommartin-Lettrée (Marne).	40 »	Betteraves	1.000		14.900 kg.	322	50
id. id. id.	40 »	Pommes de terre..	1.000		1.800 kg.	40	»
Castanié, à Monteils (Hérault)	37,20	Vigne	500		5 hl 50	41	»
Vialaret, à Cruéjouls (Aveyron)........	36,80	Pommes de terre..	500		3.500 kg.	150	»
id. id	36,80	Betteraves	500		12.000 kg.	215	»
Juziany, à Lambesc (Bouches-du-Rhône).	36,40	Blé.	650		5 hl. 35	47	75
Vernier, à Picarreau (Jura)	32,40	Betteraves	500		22.300 kg.	532	50

NOM ET ADRESSE de L'EXPÉRIMENTATEUR	Teneur du sol en calcaire	CULTURE EXPÉRIMENTÉE	Quantité de scories Thomas « Étoile »	EXCÉDENT PRODUIT		Bénéfice obtenu	
	o/o		kg.				
Quintin, à Saint-Saturnin (Lozère)....	32 »	Pommes de terre..	5oc		900 kg.	20	»
Tichit, à Mende (Lozère).............	30,60	Sainfoin........	5oo		3.833 kg.	243	45
Dorat, à Cellule (Puy-de-Dôme).......	27 »	Vigne...........	1.ooc		69 hl.	640	»
Legrand, à Bonneville (Charente)......	24 »	Avoine..........	5oo	Grain.	260 kg.		
				Paille.	770 kg.	34	5o
id.　　　　id.　　　......	24 »	Orge...........	5oo	Grain.	54o kg.		
				Paille.	34o kg.	71	6o
Masson, à Grèzes (Lozère)........	23,20	Prairie naturelle..	5oo		1.65o kg.	74	»
id.　　　　id　　　...	22 »	Avoine..........	5oo	Grain.	4oo kg.		
				Paille.	4oo kg.	53	»
Baudoin, à Beaugency (Loiret)	21,4o	Rutabagas.......	75o		3.4oo kg.	64	5o
Cottard, à Clerval (Doubs)...........	21,20	Vigne...........	1.ooo		24 hl.	190	»
Legrand, à Bonneville (Charente).......	20 »	Luzerne	6oo		2.24o kg.	119	»
Bonnard, à Varnéville (Meuse).........	19,20	Prairie naturelle..	8oo		3.68o kg.	18o	5o
Quintin, à Saint-Saturnin (Lozère)....	19,20	Avoine	5oo	Grain.	54o kg.		
				Paille.	6o kg	67	55
Méchin, à Escurolles (Allier)..........	19 »	Betteraves	1.ooo		4.12o kg.	53	»
Capitaine, à Ardilleux (Deux-Sèvres)...	18,4o	Luzerne	1.ooo		1.4oo kg.	48	»
Auricoste, à Saint-Chamarand (Lot)....	16,4o	Prairie naturelle..	1.ooc		2.35o kg.	91	»
Bertanche, à Courceaux (Yonne).......	16 »	Avoine	6oc	Grain.	290 kg.		
				Paille.	5oo kg.	32	85

NOM ET ADRESSE de L'EXPÉRIMENTATEUR	Teneur du sol en calcaire	CULTURE EXPÉRIMENTÉE	Quantité de scories Thomas « Étoile »	EXCÉDENT PRODUIT		Bénéfice obtenu	
	o/o		kg.				
Bertauche, à Courceaux (Yonne)........	16 »	Pommes de terre..	1.200		6.960 kg.	288	»
Riomet, à Passy-sur-Marne (Aisne)....	16 »	Pommes de terre..	600		4.550 kg.	197	50
id. id.	16 »	Avoine..........	600	Grain. Paille.	300 kg. 300 kg.	28	50
Quintin, à Saint-Saturnin (Lozère)... .	16 »	Prairie naturelle..	500		2.000 kg.	95	»
Possoz, à Bassens (Savoie)...........	15,20	Prairie naturelle..	1.000		3.000 kg.	130	»
Berlioz, à Belmont (Ain)............	14 »	Pommes de terre..	600		3.400 kg.	140	»
Latapie, à Salles-Argelès (Hautes-Pyré-nées)	12,60	Orge............	500	Grain. Paille.	296 kg. 320 kg.	41	»
Varnerot, à Bonnet (Meuse)..........	12,40	Pommes de terre..	500		1.800 kg.	65	»
id. id.	12,40	Betteraves......	500		8.850 kg.	152	»
Lafourcade, à Ouzous (Hautes-Pyré-nées).............................	12,15	Luzerne	500		1.150 kg.	55	60
Faure, à Salles-Argelès (Hautes-Pyré-nées)..............................	11,65	Prairie naturelle..	500		2.280 kg.	111	80
Abadie, à Ouzous (Hautes Pyrénées)....	11,35	Seigle..........	500	Grain. Paille.	262 kg. 960 kg.	52	70
Astier, à Chassaradès (Lozère)........	11,20	Prairie naturelle..	500		1.200 kg.	47	»
Arbey, à Picarreau (Jura)............	10,80	Prairie naturelle..	1.000		1.850 kg	42	50
Majesté, à Ouzous (Hautes-Pyrénées)...	10,55	Blé.............	500	Grain.	744 kg.	114	50

Chose des plus intéressantes à constater, certains essais en terrains calcaires ont été faits comparativement entre scories Thomas et superphosphates, soit à quantité égale, soit à dépense égale, et, malgré la teneur du sol en carbonate de chaux, l'avantage est resté aux scories, comme cela s'est produit maintes fois dans les sols peu ou point calcaires :

NOM ET ADRESSE de L'EXPÉRIMENTATEUR	Teneur du sol en calcaire	CULTURE EXPÉRIMENTÉE	Quantité de scories Thomas « Étoile »	Quantité de superphosphate	Les scories Thomas « Étoile » ont fourni en plus que le superphosphate
	o/o		kg.	kg.	
Legrand, à Bonneville (Charente)............	52 »	Prairie naturelle..	800	700	360 kg. de foin.
Capitaine, à Ardilleux (Deux-Sèvres)............	46,40	Prairie naturelle..	1.000	1.000	200 kg. —
D'Arzac, à Concorès (Lot) ..	42,40	Prairie naturelle..	1.000	1.000	3.180 kg. —
Legrand, à Bonneville (Charente)............	24 »	Avoine.........	500	440	40 kg. de grain et 140 kg. de paille.
id. id. ...	20 »	Luzerne	600	520	200 kg. de foin.
Capitaine, à Ardilleux (Deux-Sèvres)............	18,40	Luzerne.........	1.000	1.000	200 kg. —
Bertauche, à Courceaux (Yonne)	16 »	Avoine.........	600	520	70 kg. de grain et 130 kg. de paille.
id. id. ...	16 »	Pommes de terre..	1.200	1.000	4.500 kg. de tubercules.
Possoz, à Bassens (Savoie)..	15,20	Prairie naturelle..	1.000	800	100 kg. de foin.
Valissant, à Coulonges-en-Tardenois (Aisne).........	11,60	Prairie naturelle..	800	800	680 kg. —

EMPLOI DES SCORIES POUR L'AMÉLIORATION DES TERRES TOURBEUSES.

Les terres tourbeuses couvrent des surfaces considérables en France, et la plupart d'entre elles ne donnent qu'un revenu insignifiant, à peine suffisant pour couvrir les impôts et autres charges y afférents. Depuis quelques années, on s'est efforcé de les améliorer, mais les résultats obtenus par les moyens ordinaires (drainage, etc.) n'ont guère donné satisfaction. Les terres tourbeuses ont besoin, en effet, non seulement d'une amélioration physique, mais encore d'une amélioration chimique. Ce qui les caractérise, c'est toujours une grande richesse en azote organique dont il est nécessaire de favoriser la nitrification, et une forte acidité qu'il faut diminuer; d'autres fois, elles sont pauvres en potasse et en acide phosphorique, et il est alors nécessaire de leur fournir ces éléments par un apport d'engrais.

Les prairies tourbeuses, par suite même de leur nature spéciale, ne peuvent produire que du foin de mauvaise qualité. Leur flore est composée presque exclusivement de graminées aquatiques, de carex, de joncs et de plantes palustres sans aucune valeur; les légumineuses font absolument défaut. Toutes ces plantes sont pauvres en principes nutritifs et de

digestion difficile ; c'est un aliment des plus médiocres quand il n'est même pas nuisible par la présence
d'espèces toxiques.

L'amélioration de ces prairies tourbeuses, considérée par la majorité des cultivateurs comme une
chose impossible « parce qu'il en a toujours été ainsi
depuis des siècles », est cependant chose facile, pourvu
qu'on emploie des moyens appropriés.

Comme exemple d'amélioration, nous signalons les
marais Saint-Jean, propriété de la commune de
Pierrepont (Aisne) et couvrant une surface de 52 hectares.

Ce marais, situé à une altitude de 60 mètres, est
assaini seulement par trois fossés de 2 mètres de
large qui le traversent dans toute sa longueur. Il n'a
produit jusque-là que des foins grossiers qu'on trouvait difficilement à vendre à raison de 6 fr. l'hectare.

Par sa composition, le sol de ce marais est un des
plus difficiles à cultiver, vu son acidité et sa grande
richesse en matières organiques. Voici sa composition, d'après analyse d'un échantillon provenant de
la partie qui n'avait jamais reçu d'engrais :

	Pour 1000
Acide phosphorique	1,79
Potasse	1,35
Chaux	58,96
Magnésie	2,34

	Pour 100
Soude.........................	0,27
Oxyde de fer..................	26,92
Azote........................	40,71

L'acidité, exprimée en acide sulfurique, est de 13,56 o/oo, et la teneur en humus de 780 o/oo, dont 170,72 de matières azotées et 609,28 de matières non azotées.

Dans ce sol riche en acide phosphorique, et plutôt pauvre en potasse, la chaux se trouve en proportion trop faible, quoique suffisante pour des conditions normales. Une grande partie de l'acide phosphorique s'y trouve à l'état de phosphate de fer et la potasse sous forme d'humate. Une telle terre a donc besoin à la fois d'acide phosphorique, de chaux et de potasse. L'acide phosphorique et la chaux lui ont été fournis en 1899 par les scories Thomas, la potasse par le chlorure de potassium et la kaïnite. Le champ d'expérience contenait les six parcelles suivantes :

1re Parcelle : Pas d'engrais ;

2e Parcelle : Scories Thomas ;

3e Parcelle : Chlorure de potassium ;

4e Parcelle : Kaïnite ;

5e Parcelle : Scories et chlorure ;

6e Parcelle : Scories et kaïnite ;

Les doses employées à l'hectare étaient de 1.000 kilogr. pour les scories et la kaïnite, de 400 kilogr. pour le chlorure de potassium. De plus, étant donné le mauvais état primitif de la végétation, un mélange de trèfle hybride et de lotier velu fut semé afin de former la base des légumineuses.

Par la suite, l'action de la kaïnite et du chlorure furent semblables, et, avant la récolte, les différences suivantes dans la flore furent notées en 1900 :

Parcelle sans engrais. — Végétation basse et peu fournie, d'une façon générale. Elle se compose de *Carex* (laiches), de joncs, de mauvaises graminées aquatiques et notamment de *Phragmites*. On y trouve en abondance la gentiane des marais, des orchidées palustres (notamment *Epipactis*), le *Lythrum Salicaria*, des saules en assez grande quantité. Aucune légumineuse, aucune bonne espèce de graminées.

Parcelle avec Scories Thomas « Etoile ». — Disparition presque complète des *Phragmites*. Grande diminution des joncs et des *Carex*, ainsi que des mauvaises graminées et des autres plantes caractéristiques de la parcelle sans engrais. Développement de bonnes espèces de graminées (vulpin, fléole, houlque, agrostis, etc.). Abondance de la jacée (*Centaurea Jacea*). Bon développement du lotier, bien réparti, avec, par endroits, d'énormes touffes. Faible développement du trèfle hybride. Délimitation absolument nette des parcelles par la végétation.

Parcelle avec Kaïnite. — Aucune différence sensible entre cette parcelle et celle sans engrais. Mêmes espèces, même végétation, seulement peut-être un peu plus élevée et un peu plus dense.

Parcelle avec Scories et Kaïnite. — Si le foin de la parcelle avec scories était beaucoup plus élevé et beaucoup plus dense que celui de la parcelle sans engrais, il y a encore supériorité plus grande ici. Augmentation du nombre des bonnes espèces. Beaucoup plus grand développement des jacées et des lotiers. Bon développement du trèfle hybride.

La pesée de la récolte a fourni les poids suivants de foin :

FUMURE	RÉCOLTE	EXCÉDENT	Augmentation
	kilogr.	kilogr.	0/0
Pas d'engrais..............	2.088	»	»
1.000 kilos de kaïnite.......	2.637	549	26,8
1.000 kilos de scories Thomas « Etoile »	5.820	3.732	178,7
1.000 kilos de scories........ 1.000 kilos de kaïnite	6.900	4.812	230,4

L'analyse chimique du foin des diverses parcelles a fourni, comme il fallait s'y attendre d'après la modification de la flore, des différences considérables,

les matières grasses ayant varié de 2,52 à 4,06, les matières amylacées de 17,54 à 20,94, les matières sucrées de 0,27 à 0,41, l'acide phosphorique de 0,22 à 0,34, etc. Mais ce qu'il importe surtout d'envisager, c'est la quantité totale de chacune des matières alimentaires produite à l'hectare. En tenant compte à la fois du rendement de chaque parcelle et de la composition du foin récolté sur chacune d'elles, on obtient les chiffres suivants :

	Sans engrais	Avec kaïnite	Avec scories	Avec scories et kaïnite	Excédent dû à la fumure phospho-potassique	Augmentation 0/0
Matières azotées alimentaires...	226,9	278,4	516,2	599,6	372,7	164,2
Matières azotées non alimentaires...	32,5	50,1	101,8	129,0	96,5	296,9
Matières grasses.	52,6	107,0	151,3	252,5	199,9	380,0
Matières amylacées...	366,2	492,5	1.218,7	1221,9	855,7	233,6
Matières sucrées.	5,6	10,8	20,7	26,9	21,3	380,3
Matières extractives...	686,5	807,4	1.710,7	2394,3	1707,8	248,7
Cellulose...	627,0	708,8	1.748,9	1791,9	1164,9	185,7
Acide phosphorique...	4,5	7,4	19,2	3,4	18,9	420,0
Autres sels...	98,3	473,2	301,4	460,2	361,9	368,1

De tels chiffres se passent de commentaires ; ils ont eu d'ailleurs leur répercussion sur la valeur en argent de la récolte des diverses parcelles. Nous donnons ci-dessous le produit de celle-ci :

Nᵒˢ des parcelles	Engrais	Récolte en foin	Qualité	Prix des 100 kg.	Produit	Plus-value à l'hectare	Plus-value o/o
		kilos		fr.	fr.		
1	Néant.	2.088	Mauvaise	3	62,64	»	»
4	1.000 k. de kaï-nite.........	2.637	id..	3	79,11	16,47	26,20
2	1.000 k. de sco-ries	5.820	Bonne	6	349,20	286,56	457,47
6	1.000 k. de sco-ries......... 1.000 k. de kaï-nite.........	6.900	id.	6	414 »	351,36	560,91

En présence de ces bons résultats, les essais furent poursuivis dans les mêmes conditions, et l'on obtint toujours des chiffres comparables pour les rendements et une amélioration constante des parcelles fumées, ainsi que le montre le tableau suivant ;

	Avec scories seules.	Avec kaïnite seule.	Avec scorie et kaïnite.
	kg.	kg.	kg.
En 1901............	6,500	2,650	7,200
En 1902..	6,610	2,650	7,400
En 1903..........	6,700	2,640	7,600

Les trois parcelles ci-dessus, ayant reçu uniformément 600 kilogr. de scories à l'hectare en 1904, ont donné respectivement : 7.000 kilogr., 3.800 kilogr. et 7.850 kilogr. de foin.

Les rendements obtenus de 1900 à 1903 montrent bien la grande efficacité des scories Thomas et le peu d'efficacité de la kaïnite employée seule, et la nécessité qu'il y a de combiner les deux engrais pour la fumure de ces sortes de terres. On voit d'ailleurs que l'apport de scories en 1904 sur la parcelle qui n'avait reçu jusqu'alors que de la kaïnite fait passer immédiatement le rendement de 2.640 kilogr. à 3.800 kilogr.

A la fin de 1903, on jugea intéressant d'analyser le foin produit par la parcelle qui avait reçu régulièrement des scories Thomas, et de comparer sa composition successive.

Voici les chiffres fournis par l'analyse :

	En 1900	En 1903.
Matières albuminoïdes (alimentaires).....	8,87	10,31
Mat. azotées diverses (amides et non alimentaires)...........................	1,75	2,68
Mat. grasses (solubles à l'éther)........	2,60	3,04
Mat. sucrées...........................	0,37	1,00
Mat. hydrocarbonées (autres que les sucres)	50,85	52,01
Cellulose brute........................	30,05	23,46
Acide phosphorique....................	0,33	0,52
Mat. minérales (autres que l'acide phosphorique)	51.18	6,98

Comme on le voit, il y a amélioration sensible du foin.

Après ces essais successifs au même endroit, le

champ d'expériences fut transporté aux marais Saint-Béotien, dépendant également de la commune de Pierrepont; cette fois, les essais furent organisés à l'effet de comparer l'action des doses croissantes d'acide phosphorique sous forme de scories Thomas.

L'analyse chimique du sol avait fourni :

	Pour 100 kg.
Azote	28,67
Acide phosphorique	1,65
Potasse	0,98
Chaux	38,97
Magnésie	0,77

Les résultats de la première année (1904) sont également des plus démonstratifs. Il a été récolté :

	Foin kg.
Sans engrais	1.250
Avec 400 kilogr. de scories	1.300
— 600 —	2.000
— 800 —	3.600
— 1000 —	3.600

Il y a donc eu dès la première année une augmentation importante de la récolte, plus que doublée avec la dose de 1.000 kilogr. de scories. Il y a également une modification profonde de la valeur alimentaire du foin, les matières grasses passant de 2,30 à 2,62, les matières sucrées de 0,50 à 1,00, les

matières minérales de 4,61 à 5,64 et l'acide phosphorique de 0,27 à 0,38.

En calculant comme précédemment le produit à
l'hectare en principes alimentaires, on trouve:

PRODUITS en kilogrammes, de :	Sans Engrais	Avec 600 kilogr. de Scories « Étoile »	Avec 1.000 kilogr. de Scories « Étoile »	Excédent dû à 1.000 kilogram. de scories
Matières azotées albu- minoïdes	116.375	121, 20	303, 48	187.105
Matières azotées diver- ses	36.125	52, 40	92, 52	56.495
Matières grasses.....	28.750	40, 80	94, 32	65.570
— sucrées.....	6.250	18 »	36 »	29.750
— hydrocarbo- nées......	696.875	110, 90	1.959, 84	1.262.965
Cellulose brute.......	308 000	598 »	910, 80	602.800
Matières minérales ...	57 625	60, 60	203, 04	145.415
Acide phosphorique...	3.375	4 »	13, 68	10.053

Ce tableau est instructif en ce sens qu'il indique
nettement qu'on à tout avantage en de semblables
cas à ne pas se contenter au début d'un apport moyen
de scories (400 à 600 kilogr.), mais à apporter
1.000 kilogr. à l'hectare si l'on veut avoir des résultats
très nets et très rémunérateurs.

De ces essais découle une autre constatation également intéressante. Si l'on calcule l'augmentation pour
cent de chaque principe alimentaire sous l'action des

scories, on voit que les substances qui profitent le mieux de la fumure se placent dans l'ordre suivant :

1° Les matières sucrées ;

2° L'acide phosphorique ;

3° Les autres matières minérales ;

4° Les matières grasses.

Le classement proportionnel ci-dessus mérite tout particulièrement de fixer l'attention.

Ces essais avec scories Thomas et kaïnite indiquent très nettement ce qu'il faut faire pour transformer en une source de revenus importants des surfaces presque improductrices. L'emploi régulier des scories Thomas, avec adjonction de kaïnite lorsque la nature du terrain l'exige, donnera toujours de gros bénéfices.

EMPLOI DES SCORIES POUR LA CRÉATION DES PRAIRIES ARTIFICIELLES.

Jadis, les trèfles duraient trois ans ; ils ne durent maintenant qu'une année ; jadis, les luzernes persistaient quinze à vingt ans, et aujourd'hui on les voit souvent disparaître à la quatrième ou cinquième année. Pourquoi les prairies artificielles composées de l'une ou de l'autre de ces deux légumineuses ne durent-elles pas autant qu'elles duraient il y a un demi-siècle, ou seulement un quart de siècle? Il n'est pas sans intérêt de le rechercher et de se demander comment on pourrait obvier à ce dépérissement prématuré.

Ce sujet a été l'objet d'un intéressant travail publié par M. Fernand de Barrau dans le *Journal d'Agriculture pratique*, et nous ne saurions mieux faire que de le citer dans ses grandes lignes.

« La luzerne et le trèfle disparaissent avant l'heure par suite de l'envahissement des graminées. Souvent, dès la première année, on voit les graminées s'emparer du sol et faire une place très petite aux légumineuses, dont l'anéantissement est bientôt complet. Pourquoi les graminées prennent-elles un tel essor? C'est ce qu'il s'agit d'expliquer.

« Chacun sait que le trèfle et surtout la luzerne ont besoin pour prospérer d'une proportion considérable d'élément calcaire, d'élément phosphaté, d'élément potassique. Il ne suffit pas que ces éléments se trouvent dans la couche tout à fait superficielle du sol arable; il est bon qu'ils soient disséminés à diverses profondeurs, de manière que les racines des légumineuses les aient à leur portée.

« Les engrais azotés conviennent beaucoup aux graminées et conviennent peu aux légumineuses. Employer une fumure surtout azotée c'est favoriser les graminées aux dépens des légumineuses qui empruntent leur azote à l'atmosphère et n'utilisent que fort peu l'azote du sol. Le fumier de ferme est surtout un engrais azoté. Par tonne, il renferme en moyenne 6 à 7 kilos d'azote, et seulement 2 à 2 kilos 1/2 d'acide phosphorique, 3 kilos de potasse, 5 kilos de chaux.

« Comment procède-t-on lorsqu'on veut établir une luzernière ou une trèflière ?... Après une récolte sarclée (pommes de terres, carottes ou betteraves), qui reçoit une fumure uniquement composée de fumier d'étable, on sème une céréale de printemps qui est encore fumée avec du fumier d'étable, et sur cette céréale on répand la graine de luzerne ou de la graine de trèfle. Notez que la terre où l'on opère ainsi a été probablement traitée de la même manière pendant une longue suite d'années, c'est-à-dire qu'elle a reçu du fumier, peut-être de la chaux à une date plus ou moins reculée, mais pas d'engrais phosphaté, ni d'engrais potassique.

« Donc, la légumineuse qui demande surtout de la chaux, de l'acide phosphorique et de la potasse, est placée dans un sol qui se trouve riche surtout en azote. Il arrive alors que, sous l'influence de cet azote, les graminées adventices et surtout une composée, le pissenlit, prennent rapidement de l'essor dans ce milieu qui leur est favorable et ne tardent pas à tuer à peu près la luzerne ou le trèfle. Tout autre sans doute serait le résultat si l'on procédait d'une manière plus rationnelle à l'établissement des prairies artificielles de luzerne et de trèfle.

« D'abord il faudrait éviter d'appliquer directement le fumier de ferme à la céréale au milieu de laquelle sera semée la graine fourragère. Mieux vaudrait se contenter de fumer, copieusement si l'on veut, la récolte sarclée qui précède la céréale. L'essentiel, c'est d'enrichir le sol qui doit porter les légumineuses en chaux, en acide phosphorique et en potasse, et de l'enrichir non pas seulement à la surface, mais, comme je le disais plus haut, jusqu'au fond de la couche arable.

« On pourrait y arriver de la manière suivante : après l'enlèvement des tubercules ou des racines et avant le gros hiver, répandre 2.000 à 2.500 kilogr. de chaux par hectare (si l'on opère sur un sol non calcaire) ainsi qu'un mélange de 600 kilogr. de scories et 300 kilogr. de kaïnite. Après quoi, exécuter un labour aussi profond que la couche arable le permettra. Ces engrais enfouis à 30 ou 40 centimètres se trouveront ainsi à la portée des racines pivotantes de la légumineuse, dès que celle-ci aura pris son développement normal. Au printemps ou à la sortie de l'hiver, avant d'ensemencer la céréale, répandre de nouveau la même quantité de chaux, de scories, de kaïnite, et donner deux coups de herse pour bien mélanger les engrais à la terre. Par ce deuxième épandage, on pourvoit à l'enrichissement en principes minéraux de la couche superficielle et de celle qui vient immédiatement au-dessous.

« La luzerne et le trèfle naissant dans ce milieu, bien approvisionné des éléments qui leur sont le plus utiles, pousseront vigoureusement et seront dans de bonnes conditions pour lutter contre les mauvaises herbes, spécialement contre le pissenlit et les graminées qui si souvent les étouffent. Si, malgré tout, les graminées se montrent, on doit les faire arracher par des enfants ou des femmes, avant que ces graminées aient mûri leurs graines.

« On objectera que l'établissement d'une prairie artificielle dans les conditions qui viennent d'être indiquées coûterait cher. Oui, sans doute ; mais quand il s'agit de créer une luzernière susceptible de durer vingt ans et de fournir annuellement par hectare 8, 10 et 12.000 kg. de foin sec, supérieur comme qualité au foin des meilleures prairies naturelles. ce n'est pas excessif de faire l'avance à la terre de 5.000 kilogr. de chaux, 1.200 de scories et 600 de kaïnite en deux épandages. Ces engrais représentent ensemble une dépense de 150 à 160 francs environ par hectare. Ensuite, on se contentera de donner une année entre autres, 500 à 600 kilogr. de scories et 300 à 400 kilogr. de kaïnite.

« Je prévois une objection qui sera faite : anciennement, les luzernières duraient vingt ans, les trèflières duraient 3 et cependant les engrais minéraux n'étaient pas employés. Pourquoi ne peut-on obtenir maintenant cette durée qu'avec les engrais minéraux ?

« La culture du trèfle ne remonte pas, chez nous, à un temps immémorial. Il n'y a peut-être pas plus de 60 ans que l'on fait dans notre département des prairies artificielles de légumineuses. A l'origine, les plantes trouvaient dans le sol et le sous-sol des réserves naturelles de ces principes minéraux : acide phosphorique, potasse, chaux, qui leur sont nécessaires. Petit à petit elles ont épuisé ces réserves que nos fumures, surtout azotées, étaient impuissantes à leur restituer. Nous les rendrons prospères et persistantes en mettant à leur disposition ces mêmes principes minéraux que nous leur donnerons par plusieurs épandages de chaux, de scories, de kaïnite bien mélangées aux différentes couches du sol arable. »

Les conseils de M. de Barrau sont faciles à suivre, et nous engageons vivement les agriculteurs à donner aux prairies artificielles les réserves de chaux, de potasse et de phosphate qui leur sont absolument nécessaires. L'emploi des scories, lorsqu'il est fait d'une façon régulière sur toutes les cultures qui se succèdent, peut, à la rigueur, dispenser du chaulage, et, dans ce cas, l'on pourrait se borner à fournir au sol, lors de la création de la prairie, 1.000 à 1.200 kilogr. de scories, et 600 kilogr. les années suivantes. Dans les terres pauvres en potasse, on ajouterait de la kaïnite suivant les indications données plus haut ; de cette manière on obtiendra toujours une durée plus grande de la prairie, et une augmentation importante de la quantité et de la qualité du foin.

INFLUENCE DES SCORIES SUR LA GERMINATION DES GRAINES DE TRÈFLE.

Les scories exercent une influence marquée sur la multiplication des légumineuses dans certains sols où elles n'existaient pas, ou végétaient péniblement. C'est là un fait d'observation courante. Sur un pré établi en terrain argileux et froid, on répand de 800 à 1.000 kilogr. de scories par hectare en automne, et au printemps suivant, non seulement la végétation s'est considérablement accrue, mais encore les différentes espèces de trèfles et la minette sont apparues et se sont multipliées, comme si l'on avait semé de la graine à profusion.

Ordinairement, on se borne, pour toute explication, à attribuer ce phénomène à une heureuse transformation du milieu : les légumineuses, dit-on, ont besoin de trouver dans le sol de la chaux et de l'acide phosphorique. Les scories ont fourni ces deux éléments : donc les légumineuses qui ne se développaient pas avant se sont développées après..., c'est tout naturel.

Et c'est tout naturel, en effet ; et c'est bien ainsi, croyons-nous, qu'il faut expliquer la vigoureuse végétation des diverses sortes de trèfles dans les prés argileux qui ont reçu des scories.

Mais il y a autre chose ; et cette autre chose aide à faire comprendre pourquoi il semble que l'on ait semé de la graine de trèfle là où l'on n'a semé que des engrais : c'est que la présence d'une certaine quantité de scories de déphosphoration dans un sol acide est, pour les graines de trèfle, un adjuvant puissant à leur germination.

Nous en avons la preuve dans une étude publiée en 1897 dans les *Annales Agronomiques* par M. Crochetelle, actuellement directeur de la station agronomique de Lézardeau.

Nous croyons intéressant de reproduire un extrait de ce travail :

« Dans une étude sur la germination du trèfle des prés, nous avons montré que cette dernière est favorisée considérablement par la présence d'une quantité convenable de cendres de bois.

« C'est surtout sur les sols primitifs ou primaires et sur les sols tourbeux que ce phénomène se produit. L'influence de la chaux et des scories de déphosphoration, à cet égard, a déjà été signalée plusieurs fois, mais d'autres substances produisent le même effet : la cendre de bois, cet engrais de prédilection des Vosgiens, fait apparaître le trabe (trèfle), comme disent les cultivateurs du pays.

« Nous avons ensemencé dans les mêmes conditions des graines de trèfle dans la terre tourbeuse des Vosges, additionnée de quantités déterminées de différents engrais. Sur 100 graines semées, le tableau suivant indique le nombre de plantes levées vingt jours après le semis :

Numéro des cuvettes	Nature de l'engrais	DOSE D'ENGRAIS employée par 100 grammes de tourbe	Nombre de graines levées 20 jours après le semis
1	Témoin sans engrais......	»	14
2	— —	»	19
3	Superphosphate de chaux..	1 o/o	18
4	— —	2	3
5	Cendres de bois...........	1	58
6	—	2	83
7	Cendres d'os.............	1	29
8	—	2	23
9	Carbonate de potasse......	1	52
10	— —	2	85
11	Scories de déphosphoration	1	63
12	— — .	2	85
13	Chaux éteinte.............	1	28
14	—	2	22
15	Superphosphate	1 o/o et chaux 1 o/o	43
16	—	2 o/o et chaux 1 o/o	42

« Ce sont les scories de déphosphoration qui donnent les meilleurs résultats : 63 et 85 o/o de graines levées. Si on compare ces chiffres à ceux obtenus pour les témoins, on est frappé de l'influence de cet engrais... Ce que nous pouvons considérer comme certain, c'est l'heureuse influence des scories de déphosphoration et des cendres de bois sur la germination des graines de trèfle, et il est permis d'admettre que cette action est une des causes de l'apparition de cette légumineuse, après l'application de ces engrais ».

Nous ne doutons pas que les conclusions auxquelles les expériences de M. Crochetelle l'ont conduit ne paraissent des plus intéressantes. Par l'explication qu'elles fournissent d'un phénomène dont tous les cultivateurs ayant employé des scories sur prairies ont été frappés, elles inciteront ceux-ci à persévérer. Ils conviendront, en effet, qu'un engrais qui multiplie lui-même, pour ainsi dire, des plantes auxquelles il va constituer un milieu favorable à leur développement est un engrais singulièrement précieux.

MODIFICATIONS DANS LA FLORE DES PRAIRIES SOUS L'INFLUENCE DES SCORIES.

Nous avons vu plus haut que l'emploi des scories permet d'augmenter considérablement le rendement en foin des prairies, qu'il favorise le développement des légumineuses. On a constaté également que des animaux mis au pâturage fréquentaient de préférence les parties ayant reçu des scories. Mais on connaît beaucoup moins les chiffres ayant trait aux modifications qui se produisent dans la flore et, par suite, aux changements profonds opérés dans la composition alimentaire des fourrages. Il convient donc d'attirer l'attention sur ces faits, qui ont été l'objet de nombreuses études publiées par les journaux agricoles ou scientifiques (1).

Les analyses botaniques qui suivent se rapportent seulement aux trois grands groupes qu'au point de vue agricole on peut établir dans les plantes de prairies : Légumineuses, Graminées, Plantes diverses. On a calculé l'accroissement ou la diminution de leur pourcentage sous l'action des *Scories Thomas* et pour chaque champ d'expériences ayant fourni ces résultats on a indiqué autant que possible, outre la localité, la nature géologique du terrain, la teneur en calcaire du sol, et même parfois l'altitude.

Colombiès (Aveyron), lieu dit « les Estaucous ». Alt. 700 m. $CO^3 Ca$: 1,20 0/0 :

(1) Voir notamment les articles publiés par M. Ch. Guffroy dans le *Journal d'Agriculture pratique*, 1904, pp. 702-704, et dans le *Bulletin de la Société botanique de France*, 1905, pp. 411-419.

	Pourcentage		Augmentation	Diminution
------------------	Naturel	Avec Scories	—	—
Plantes diverses.	51,47	27,21		— 24,26
Graminées	30,76	32,99	2,23	
Légumineuses...	17,77	39.80	+ 22,03	

Saint-Barthélemy de Vals (Drôme). Terrain d'alluvions :

	Naturel	Avec Scories	Augmentation	Diminution
Plantes diverses.	50	20		30
Graminées......	40	50	+ 10	
Légumineuses...	10	30	+ 20	

Moussages (Cantal). Terrain basaltique :

	Naturel	Avec Scories	Augmentation	Diminution
Graminées	50	57	+ 7	
Plantes diverses.	38	13		— 25
Légumineuses...	12	30	+ 18	

Vilelfranche (Loir-et-Cher). 14, 31 0/0 de CO^3 Ca. Terrain d'alluvions :

	Naturel	Avec Scories	Augmentation	Diminution
Graminées......	74	63		— 11
Plantes diverses.	15	9		— 6
Légumineuses...	11	28	+ 17	

Charencey (Côte-d'Or). Terrain jurassique : 16,80 0/0 CO^3 Ca :

	Naturel	Avec Scories	Augmentation	Diminution
Graminées......	57,97	44,11		— 13,86
Plantes diverses.	30,43	27,45		— 2,98
Légumineuses...	11,60	28,44	+ 16,84	—

Lanthenay (Loir-et-Cher). 8,75 0/0 CO^3 Ca :

	Naturel	Avec Scories	Augmentation	Diminution
Graminées......	75	65		— 10
Plantes diverses.	14	11		— 3
Légumineuses...	11		+ 13	

VILLEHERVIERS (Loir-et-Cher), 8,10 0/0 de CO_3Ca :

Graminées	74	64	—	10
Plantes diverses	18	16	—	2
Légumineuses	8	20	+ 12	

SEURRE (Côte-d'Or). Terre privée de calcaire (alluvions) :

Graminées	80,597	53,68	—	26,917
Légumineuses	14,925	26,65	+ 11,725	
Plantes diverses	4,478	19,67	+ 15,192	

LOUBIGNÉ (Deux-Sèvres), lieu dit « Le Poteau ». Alt. 150 m. Etage corallien, 46,40 0/0 de CO_3Ca :

Graminées	78,16	65,88	—	12,28
Plantes diverses	15,51	16,56	+ 1,05	
Légumineuses	6,33	17,56	+ 11,23	

SAINT-BONNET DE GALAURE (Drôme). Terrain d'alluvions :

Plantes diverses	50	40	—	10
Graminées	30	30		
Légumineuses	20	30	+ 10	

SAINT-UZE (Drôme). Terrain d'alluvions :

Plantes diverses	60	20	—	40
Graminées	20	50	+ 30	
Légumineuses	20	30	+ 10	

SAINT-BAUZÉLY (Aveyron). Terrain liasique : 10 0/0 CO_3Ca :

Plantes diverses	57,75	47,10	—	10,65
Graminées	35,02	38,01	+ 2,99	
Légumineuses	7,23	14,80	— 7,66	

LAIZY (Saône-et-Loire), lieu dit « Pré du Mérot ». Terrain d'alluvions. Traces de calcaire :

Plantes diverses. 56,38 16,04   — 40,34
Graminées...... 36,46 73,32 + 36,86
Légumineuses... 7,16 10,64 + 3,48

SAINT-RAMBERT-SUR-LOIRE (Loire). Alt. : 380 m. Alluvions n'ayant que des traces de calcaire :

Plantes diverses. 51,30 46,17   — 5,13
Graminées...... 45,10 48,00 + 2,90
Légumineuses... 3,60 5,83 + 2,23

SAINT-CHAMARAND (Lot), lieu dit « La Clède ». Alt. 334 m. Terrain oolithique, 16,40 0/0 de CO_3Ca :

Plantes diverses. 66,49 31,51   — 34,98
Graminées...... 31,40 64,20 + 32,80
Légumineuses... 2,11 4,29 + 2,18

SAINT-GERMAIN (Lot), lieu dit « Moulin de Cossoul ». Terrain oolithique, 42,40 0/0 de CO_3Ca :

Plantes diverses. 58,76 40,90   — 17,86
Graminées...... 40,81 57,92 + 17,11
Légumineuses... 0,43 1,18 + 0,75

Ce qu'il est intéressant de calculer, c'est la quantité de chacune des catégories de plantes produites à l'hectare, car non seulement les *Scories Thomas* « *Etoile* » ont modifié le pourcentage, mais elles ont augmenté considérablement le rendement. Si nous prenons, par exemple, la prairie des Estancous, à Colombiès (Aveyron), qui a fourni 7.000 kilogr. de foin avec *Scories Thomas* « *Etoile* » et 4.000 kilogr. de foin sans scories, on obtient :

	Légumineuses	Graminées	Plantes diverses
	kg.	kg.	kg.
Avec Scories..	2.786	2.309,3	1.904,7
Sans Scories..	710,8	1.230,4	2.058,8
Différence due aux Scories.	+ 2.075,2	+ 1.078,9	— 154,1

Plus de 2.000 kilogr. de légumineuses en excédent, c'est un magnifique résultat !

Quant à la modification dans la valeur alimentaire du foin, prière de se reporter aux chiffres que nous avons donnés, en signalant les résultats obtenus dans les prairies tourbeuses.

II. — Emploi des engrais potassiques.

COUP D'ŒIL RÉTROSPECTIF.

Comme le montre la table de la page 162, t. I, les plantes contiennent généralement beaucoup plus de potasse que d'acide phosphorique ; on peut en conclure que leurs exigences de potasse sont très élevées. Au début, l'emploi de ces sels, même à l'état pur, avait donné des mécomptes, parce que les applications en avaient été faites dans des exploitations à culture intensive qui étaient par elles-mêmes riches en potasse, de sorte qu'un nouvel apport de cet élément devait rester sans effet.

L'action des sels potassiques purs sur les terres a été mise en évidence dès 1873, dans des essais faits sur les pommes de terre par S. Guradzé. Celui-ci avait remarqué que le chlorure de potassium donnait des résultats moins bons que le sulfate de potassium; c'est pourquoi il a conseillé de répandre le premier de ces sels à l'entrée de l'hiver ou encore de l'appliquer à la récolte précédente, et cette pratique a été suivie par les agriculteurs.

D'autres expériences furent faites ensuite par Drechsler, Stockhardt et autres, et quoique l'efficacité des engrais potassiques fût amplement démontrée, les agriculteurs furent très lents à les adopter. C'est seulement après en avoir fait l'essai sur les terres marécageuses et sablonneuses, qui sont très pauvres en potasse, et après avoir constaté l'énorme augmentation des rendements qui en est résultée dans ces terres que la culture adopta les nouveaux engrais. Actuellement, il n'est pas un agriculteur qui doute de leur efficacité.

Dans les terres marécageuses et sablonneuses, qui ne contiennent que 0,01 à 0,05 % de potasse soluble dans l'acide chlorhydrique froid, il n'y a pas d'exploitation agricole possible sans le secours des engrais potassiques; dans les terres sableuses lehmiques, à 0,05-

o, 10 de potasse soluble dans l'acide chlorhydrique froid, les plantes qui exigent de la potasse sont très sensibles à cet engrais ; enfin, dans les lehms sablonneux et les terres lehmiques à o,10-o,40 °/₀ de potasse, les engrais potassiques restent sans action à moins que la réserve de potasse n'y ait subi une forte diminution par une longue suite de cultures de plantes avides de potasse. C'est ainsi que les sels potassiques, appliqués d'abord aux terres pauvres, ont été employés peu à peu dans les terres de bonne qualité.

PRINCIPES QUI DOIVENT GUIDER L'AGRICULTEUR DANS L'EMPLOI DES ENGRAIS POTASSIQUES.

L'emploi des engrais potassiques exige plus de prudence que celui des engrais phosphatés. L'acide phosphorique se meut difficilement dans le sol et peut être donné en grand excès sans qu'il y ait lieu de craindre qu'il se perde ou exerce une influence nuisibe. La potasse, au contraire, est beaucoup plus mobile dans le sol et son emploi doit être dès lors réglé très exactement suivant les exigences immédiates du sol et de la plante. Si sur 100 parties d'acide phosphorique donné au sol, les plantes en absorbent une grande partie dans la première année de l'épandage, on peut admettre que, dans les mêmes conditions, elles absorberont 40 à 60 parties de potasse sur 100. Il serait donc absolument irrationnel de traiter les terres pauvres en potasse de la même manière qu'on traite celles qui sont pauvres en acide phosphorique. Pour la potasse, les doses massives ne sont pas de saison; il faut tenir un compte très exact des quantités de potasse exigées par les plantes qu'on veut cultiver ainsi que de la réserve du sol en sels potassiques qui est généralement plus grande que la réserve d'acide phosphorique.

On entend souvent répéter que les terres marécageuses, les terres à prairie légères doivent recevoir des engrais potassiques, mais que les bonnes terres argilo-siliceuses n'en ont pas besoin. Cette affirmation est fausse dans son acception générale. Que les terres sablonneuses, les terres marécageuses et les terres à prairie légères soient invariablement pauvres en potasse, c'est un fait connu de tout le monde et il n'est pas nécessaire que nous nous y arrêtions. Mais il y a lieu de faire observer qu'on trouve également des terres pauvres en potasse parmi les terres argilo-siliceuses. Il s'agit seulement de s'entendre sur la valeur de l'expression pauvres en potasse, et pour en donner une idée, nous allons citer l'exemple suivant emprunté par le Dr Wagner à ses expériences personnelles.

Une terre argilo-calcaire située à Ernsthofen reçut, en janvier 1897, 70.000 kg. de fumier de ferme par hectare ; au commencement de juin, peu de temps avant de l'emblaver en betteraves fourragères, on lui donna encore les engrais suivants :

Parcelle 1. — Pas d'engrais (en dehors du fumier de ferme).
Parcelle 2. — 600 kg. de Scories Thomas, 1.200 kg. de kaïnite et 300 kg. de nitrate de soude par hectare.
Parcelle 3. — 600 kg. de nitrate de soude par hectare.

Le 5 juillet, on renouvela les doses ci-dessus de nitrate. On a récolté à l'hectare les quantités suivantes, moyennes de deux essais parallèles :

Parcelle 1. — Sans engrais autre
que le fumier... 52.400 kg. de bette.
Parcelle 2. — Engrais complet.. 83.400 kg.   —
Parcelle 3. — Engrais complet
moins la potasse. 71.400 kg.   —

La suppression de la potasse dans l'engrais complet a donc donné une diminution de rendement de 12.000 kg. de betteraves, d'où il résulte que la fumure massive de 70.000 kg. de fumier a été insuffisante pour couvrir les besoins de potasse de la betterave.

Cette terre, cependant, était loin d'être pauvre en potasse ; elle en contenait une réserve assez importante, puisque, quand on lui a donné de l'azote et de l'acide phosphorique (parcelle 3), elle a encore fourni aux plantes la potasse nécessaire pour une récolte de

19.000 kg. de betteraves. Mais c'était là la dernière limite. Les engrais azotés et phosphatés donnés ensuite n'ont pas donné de nouvelle augmentation de rendement. Mais l'addition d'engrais potassiques a permis d'obtenir un nouvel excédent de 1.200 kg. de betteraves.

Cet exemple éclaire bien la question. Une seule et même terre peut, suivant les circonstances, se montrer pauvre en potasse ou non. Si l'on se contente de rendements moyens, tels que ceux produits par le simple emploi du fumier de ferme, une terre comme ci-dessus ne peut être considérée comme pauvre en potasse ; mais si l'on veut atteindre les rendements les plus élevés, qui ne sont réalisables que par les fumures intensives, les engrais azotés et phosphatés sont insuffisants.

Une terre comme celle-ci exige alors des engrais potassiques solubles, car la réserve du sol ne peut fournir la quantité de potasse soluble qui est nécessaire pour la production des récoltes maxima.

La terre à laquelle se rapporte notre exemple ne contenait pas moins de 0,44 o/o de potasse, c'est-à-dire une quantité telle que, suivant une opinion très répandue, l'emploi d'engrais potassique n'y produirait aucun effet. Mais nous venons de voir qu'une telle manière de voir n'est exacte qu'autant que l'on se contente de rendements médiocres. Lorsqu'on ne donne à la terre que de faibles quantités d'acide phosphorique et d'azote, les plantes y trouvent assez de potasse pour produire la substance végétale qui correspond à la faible dose d'engrais azoté et phosphaté ; les engrais potassiques sont alors superflus et n'agissent point. Mais si l'on augmente la dose des engrais phosphatés et azotés au point d'atteindre les rendements les plus élevés, la réserve potassique du sol est généralement insuffisante ; les engrais potassiques produisent alors d'excellents effets.

Un exemple tiré de la pratique va nous montrer combien sont grandes les quantités de potasse exigées par le sol soumis à une culture intensive.

Dans une exploitation citée par le Dr P. Wagner (1) on cultive annuellement :

1.375 hectares de betteraves fourragères,
1.375   —   de pommes de terre,
5.5   —   de blé,
5.5   —   d'avoine,
2.75   —   de trèfle rouge.

et, d'après les expériences de l'auteur, les rendements réalisables par l'emploi intensif des engrais chimiques sont les suivants :

100.000 kg. de betteraves fourragères par hectare,
30.000   de pommes de terre   —   —
4.000   de grains de blé   —   —

(1) Dr Wagner. Kunstl. Düngemittel, 1903.

4.000   de grains d'avoine   par hectare.
15.000   de trèfle rouge   —   —

Il est clair qu'on n'obtient pas ces rendements tous les ans ; tantôt c'est une récolte, tantôt une autre qui ne réussit pas, mais il n'en est pas moins rationnel de mettre à la disposition des plantes les quantités de potasse très soluble nécessaires à la production des rendements réalisables.

Or, la quantité de potasse qui doit être mise annuellement à la disposition des plantes, tant par la réserve du sol que par les engrais, s'élève alors à 3.281 kg. pour la surface totale cultivée. Cette quantité est fournie par

164.200 kg. de fumier de ferme contenant   985 kg. de potasse,
779 hl. de purin   —   contenant   701 kg.   —
Ensemble : 1.686 kg. de potasse.

Si l'on retranche des 3.281 kg. ci-dessus les 1.686 kg. de potasse fournis par le fumier et le purin, il reste pour toute la surface cultivée 1.595 kg. de potasse, soit 96 kg. par hectare qui ne sont pas fournis au sol. La terre sera-t-elle en état de fournir tous les ans 96 kg de potasse tirée de sa réserve, et pendant combien de temps pourra-t-elle fournir cette quantité si on ne lui restitue pas la potasse exportée par les récoltes? Si l'on applique cette question à la terre

que nous avons prise comme exemple, la réponse
sera la suivante : le sol, malgré sa teneur relativement élevée en potasse (0,33 o/o), n'est pas en état
d'en fournir les quantités exigées; et comme les
rendements réalisables, suivant les données qui précèdent, ne peuvent être obtenus que si l'on fournit
au sol de fortes doses d'engrais phosphatés et azotés,
en même temps que des engrais potassiques, il sera
tout à fait rationnel de restituer à peu près complètement au sol qui nous occupe les quantités de
potasse qui lui sont enlevées par les récoltes.

Mais, on trouve d'excellentes terres argilo-siliceuses qui ne sont pas plus riches en potasse que
celles ci-dessus. On ne pourra donc leur faire produire
de récoltes maxima qu'en leur fournissant, avec les
engrais azotés et phosphatés, une quantité suffisante
d'engrais potassiques.

Citons encore à l'appui de ce qui précède quelques
autres récoltes obtenues par le Dr Wagner dans des
terres qui étaient naturellement riches en potasse.

Essais	Teneur du sol en potasse 0/0	Excédents de rendements obtenus avec engrais complet (azote, acide phosphorique, potasse) par rapport aux parcelles sans engrais.	Diminution des rendements lorsque la potasse manquait dans l'engrais complet.
1	0,466	22.200 kg. de betteraves.	10.400 kg.
2	0,483	22.000 — —	16.900 —
3	0,476	3.300 — de p. de terre.	1.320 —

4	0,407	4.590 kg. de pommes de terre	4.690 kg.
5	0,557	740 — d'avoine.........	390 —
6	0,439	1.470 — d'orge..	875 —

QUELLES SONT LES PLANTES QUI EXIGENT LE PLUS D'ENGRAIS POTASSIQUES ?

Quoique toutes les plantes aient besoin de potasse pour végéter, il y en a parmi elles qui sont plus particulièrement avides de cet élement : telles sont les pommes de terres, les betteraves, les choux, et, parmi les céréales, l'orge. Les betteraves et les pommes de terre possèdent à un haut degré, il est vrai, la propriété d'utiliser la réserve de potasse du sol, mais elles en exigent des quantités tellement considérables qu'elles ne parviennent pas, le plus souvent, à y puiser les quantités nécessaires pour fournir les rendements les plus élevés, même dans les terres abondamment fumées au fumier de ferme, ainsi que le prouvent les expériences culturales citées plus haut. Nous allons donc étudier chacune de ces plantes en particulier pour connaître la manière dont elles se comportent vis-à-vis des engrais potassiques. Les éléments de cette étude sont empruntés plus spécialement aux très nombreuses expériences qui ont été faites en Allemagne par le Dr P. Wagner, le Dr Schneidewind, v. Seelhorst, etc.

LA POMME DE TERRE.

De toutes les plantes culturales, la pomme de terre est sans conteste celle qui exige le plus de potasse; mais elle est beaucoup moins apte que la betterave à utiliser la réserve de potasse contenue dans le sol.

La pomme de terre exige un apport d'engrais potassiques chaque fois qu'elle est cultivée dans une terre exclusivement fertilisée avec des engrais minéraux, ou avec des engrais verts. Quand elle est cultivée sur fumier de ferme, il est moins urgent de lui fournir de la potasse, parce que ce dernier en apporte au sol des quantités plus ou moins grandes à l'état soluble.

Pomme de terre cultivée exclusivement sur engrais minéraux.

A la station d'essais de Lauchstædt, la pomme de terre a été cultivée pendant 5 ans sur des parcelles uniquement fumées au fumier de ferme et d'autres parcelles où elle ne reçoit jamais de fumier. Dans ces dernières, on effectue tous les ans des essais de culture avec les engrais chimiques, qui permettent de déterminer d'une part l'action des sels de potasse associés au fumier, et de l'autre l'action de ces sels sans le concours du fumier. Sur les parcelles où les pommes de terre ont été cultivées sans fumier, cas plutôt rare dans la pratique, on a toujours obtenu des excédents de rendement très élevés. Ainsi, en donnant au sol 300 kilogr. de sel de potasse à 40 o/o (= 120 kilogr. de potasse), on a obtenu à l'hectare un excédent de rendement de 7.420 kilogr. de pommes de terre donnant 1.274 kilogr. de fécule, et un bénéfice net de 206 fr. (moyenne de 5 ans).

La pomme de terre cultivée sans fumier de ferme et sans engrais potassique, mais sur des parcelles qui avaient reçu de fortes doses de potasse l'année précédente, a également donné un excédent de rendement de 4.800 kilogr. de tubercules.

Ces résultats ont été confirmés par les expériences de v. Seelhorst, qui a obtenu les rendements suivants (moyenne de 12 années) :

Avec emploi d'engrais potassiques........	29.000 kg. de pommes de terre,
Sans emploi d'engrais potassiques........	21.120 — — —
Différence en faveur des sels potassiques....	7.880 — — —

Il est donc hors de doute que les pommes de terre, cultivées en terre fertilisée exclusivement avec les engrais minéraux, ce qui, nous l'avons dit, est plutôt rare dans la pratique culturale, exigent un apport de potasse même dans les bonnes terres. Les sortes de pommes de terre à grands rendements sont naturellement bien plus exigeantes à cet égard que les variétés moins productives dont la végétation, par conséquent, est moins intense. Plus les sortes de pommes de terre sont productives, plus elles exigent d'engrais potassiques.

La pomme de terre a un besoin de potasse tellement urgent, qu'elle supporte bien moins la privation permanente de cet engrais que la privation permanente de l'engrais azoté.

C'est ainsi que, dans les essais de la station de Lauchstædt, on a récolté en 1903 :

	Pommes de terre par hectare.	Fécule par hectare.
Parcelles privées d'engrais azoté depuis 1897	17.600 kg.	3.246 kg.
Parcelles privées d'engrais potassique depuis 1897	11.440 —	2.451 —

Comme on le voit, la suppression permanente de l'engrais potassique a été plus nuisible aux pommes de terre que la suppression permanente de l'azote. Elles ont donc besoin d'engrais potassique beaucoup plus que d'engrais azoté. La cause de ce phénomène réside principalement dans ce fait que les façons culturales données au champ de pommes de terre produisent jusqu'à un certain point les mêmes effets que la jachère ; elles favorisent à un tel point la nitrification dans les bonnes terres qu'un apport d'engrais azoté n'y produit pas les récoltes qu'on en attend habituellement.

Si l'on examine maintenant les quantités de potasse prélevées sur l'apport d'engrais potassique, on constate que la pomme de terre utilise cet engrais d'une manière très complète.

Les tubercules contenaient (moyenne des 5 années) :

Avec engrais potassique	113 kg 16 de potasse par ha.	
Sans — —	50 — 28 — — —	
Ils ont prélevé sur l'en-grais..............	62 kg. 88 — — —	

Les pommes de terre fumées avec de l'engrais potassique contenaient donc presque deux fois plus de potasse que celles qui n'avaient pas reçu d'engrais potassique. Sur 120 kilogr. de potasse donnés à l'hectare, les tubercules en ont absorbé 62 kilogr. 88. Il convient d'y ajouter les quantités emmagasinées par les tiges et les feuilles ; d'après les recherches faites à ce sujet, celles-ci en contenaient exactement 4 kilogr., ce qui porte à 66 kilogr. 88 = 46,4 o/o la quantité de potasse que la plante a prélevée sur l'engrais qu'on lui a fourni. Ce coefficient d'utilisation est vraiment extraordinaire ; il n'est atteint par aucune autre plante cultivée, ainsi que nous verrons par la suite. Nous voyons donc que la pomme de terre, quand on lui fournit de fortes doses de potasse très soluble, est capable d'utiliser cet élément d'une manière remarquable, ce qui explique ses excédents de rendement.

Action de la soude et du chlore contenus dans les engrais potassiques.

Il y a lieu d'examiner maintenant l'influence exercée sur la pomme de terre par la soude et le chlore, éléments secondaires contenus en proportion importante dans les engrais potassiques. Dans les essais faits à la station de Lauchstædt en 1903 on a déterminé non seulement la potasse, mais encore la soude et le chlore contenus dans les tubercules ; voici les résultats de ces analyses :

a) *Teneur centésimale de la substance sèche :*

	Tubercules			Tiges		
	Potasse 0/0	Soude 0/0	Chlore 0/0	Potasse 0/0	Soude 0/0	Chlore 0/0
Avec engrais potassique	1,86	0,03	0,25	0,52	0,12	2,08
Sans engrais potassique	1,38	0,04	0,09	0,37	0,47	1,07
Différence due à l'engrais potassique	+ 0,48	— 0,01	+ 0,16	+ 0,18	— 0,25	+ 1,01

b) *Quantités absolues enlevées par hectare* :

	Tubercules			Tiges		
	Potasse kg.	Soude kg.	Chlore kg.	Potasse kg.	Soude kg.	Chlore kg.
Avec engrais potassique	104,44	1,69	14,05	9,24	2,13	36,94
Sans engrais potassique	38,83	1,13	2,53	5,14	5,60	16,19
Différence due à l'engrais potassique	+65,61	+0,56	+11,52	+4,10	—3,47	+20,75

Au total, les tubercules et les tiges ont donc absorbé de la fumure

+ 69 kg 71 de potasse
+ 32 kg 27 de chlore
— 2 kg 91 de soude

La pomme de terre absorbe donc dans l'engrais de grandes quantités de chlore, mais elle dédaigne absolument la soude. Elle néglige également la soude quand on la lui fournit sous forme de nitrate.

Ainsi, par exemple, des pommes de terre récoltées sur les parcelles à engrais minéraux contenaient :

	Dans les tubercules : soude	Dans les tiges : soude
Sans nitrate de soude	0 kg. 44	1 kg. 81
Avec — —	1 kg. 69	2 kg. 13

Nous verrons plus loin que les betteraves se comportent tout différemment sous ce rapport, car elles utilisent la soude à un haut degré, qu'elle leur soit fournie sous une forme ou une autre. Cette différence de prédilection des plantes culturales pour la soude a une grande importance pratique, ainsi que nous le démontrerons dans la suite.

Utilisation par la pomme de terre de la potasse du fumier.

La pomme de terre est le plus souvent cultivée sur fumier de ferme, car c'est une des plantes culturales qui utilisent le mieux le fumier. Elle utilise beaucoup la potasse du fumier, mais elle n'utilise pas plus la soude qu'il lui apporte qu'elle n'utilise celle de la kaïnite et du nitrate de soude.

Dans des essais faits à Lauchstædt, on a employé par hectare 30.000 kg. de fumier de ferme contenant 0,82 °/₀ de potasse ; on a donc fourni au sol par ce moyen 246 kg. de potasse. Sur ces 246 kg. les pommes de terre en ont absorbé au total 145 kg. 11 = 59 o/o de la quantité contenue dans le fumier, ce qui représente un coefficient d'utilisation très élevé. Elles ont absorbé également 51 kg. 15 de chlore par hectare, mais elles ont délaissé la soude.

QUANTITÉ D'ENGRAIS POTASSIQUE A DONNER AUX POMMES DE TERRE. — ÉPOQUE D'ÉPANDAGE.

Lorsque les pommes de terre sont fumées exclusivement avec des engrais minéraux ou cultivées sur engrais vert, luzerne au trèfle retourné, elles exigent naturellement une plus grande quantité d'engrais potassique que dans les cas où cet engrais est associé au fumier de ferme. Dans le premier cas, Schneidewind recommande de leur donner 75 kg. de sel de potasse à 40 % (équivalant à environ 250 kg. de kaïnite ; dans le second cas, c'est-à-dire lorsque le fumier employé est de qualité inférieure, ou s'il est de bonne qualité, mais en quantité insuffisante, on y associera 50 kg. de sel de potasse à 40 % (équivalant à 162 kg. 50 de kaïnite).

Si l'engrais potassique est donné sous forme de kaïnite, on l'épandra autant que possible en automne en supposant bien entendu que la récolte précédente n'en a déjà pas reçu une dose importante ; car la pomme de terre est très sensible à l'action d'une forte dose de sels, tels qu'ils se trouvent dans la kaïnite, lorsqu'ils ne sont pas enfouis quelques mois avant la plantation.

Mais, quelle ligne de conduite faut-il adopter quand on emploie le sel potassique à 40 % qui a été reconnu être le meilleur engrais potassique pour la pomme de terre ? Des expériences faites à ce sujet montrent que ce sel doit être épandu en automne quand il s'agit de la culture des pommes de terre, car par le seul fait de l'épandage en automne la richesse centésimale des tubercules en fécule s'est élevée de 14,40 à 20 % en 1900, de 16,25 à 21, 25 % en 1901, et les quantités de fécule obtenues par hectare se sont élevées de 1.663 kg. à 2.225 kg. dans le premier cas, et de 2,214 kg. à 3.454 kg. dans le second.

Des résultats analogues ont été obtenus avec le sel potassique à 40 % quand on l'a répandu en automne au lieu de l'employer au printemps ; cependant, les résultats ne sont pas aussi décisifs, et d'après les essais ci-dessus, il n'est pas prouvé que l'on obtient une plus grande quantité de fécule à l'hectare en épandant le sel en automne que si on l'épand au printemps.

D'ailleurs, pour choisir l'époque de l'épandage, il faut également tenir compte de la nature du terrain. Des essais ont été également effectués par Baumann dans un terrain marécageux dont le pouvoir absorbant est bien différent de celui des bonnes terres riches en substances minérales. Les terres marécageuses ou sablonneuses ne contiennent que de faibles quantités de substances absorbantes ; dans ces sortes de terres, la potasse conserve toute sa mobilité, à moins qu'elle ne soit entraînée par les pluies de l'hiver, et ce cas se présente souvent; tandis que dans les bonnes terres, riches en silicates doubles, la potasse est facilement absorbée ou combinée chimiquement. L'essai suivant, exécuté par la station d'essais de Halle, montre combien la potasse est exposée, dans les terres légères, à être entraînée par les pluies en hiver. Une terre sablonneuse contenant 7,1 o/o d'éléments lixiviables, sur laquelle on a répandu les sels de potasse, partie en automne et partie au printemps, a retenu les quantités suivantes de potasse :

Sur 120 kg. de potasse, sous forme de kaïnite répandue en automne : 23,7 kg. de potasse.

Sur 120 kg. de potasse, sous forme de sel potassique à 40 o/o répandu en automne : 31,6 kg. de potasse.

} moyenne 27 kg. 7 de potasse.

Sur 120 kg. de potasse, sous forme de kaïnite répandue au printemps : 39,1 kg. de potasse.

Sur 120 kg. de potasse, sous forme de sel potassique à 40 o/o répandu au printemps : 41,5 kg. de potasse.

} moyenne 40 kg. 3 de potasse.

La terre n'a donc retenu que 40 kg. 3 = 33 o/o de potasse de l'engrais potassique répandu au printemps et seulement 23 o/o de potasse de l'engrais répandu en automne. Dans les terres légères, il semble donc se produire une déperdition d'une partie de la potasse pendant l'hiver ; dans ces conditions, on se gardera bien de répandre l'engrais potassique en automne à moins d'y être obligé pour une cause particulière.

Les sels de potasse peuvent être enterrés à la charrue ou enfouis par le hersage. Dans les essais de Lauchstædt, on se contentait de les répandre au printemps sur la terre labourée en automne, puis de les enterrer par un hersage. Mais, si ce mode d'épandage convient pour la pomme de terre quand on emploie des sels de potasse à 40 o/o, il ne convient pas quand on emploie de la kaïnite.

Par suite des façons culturales données aux champs de pommes de terre, les sels de potasse ne peuvent en aucune façon nuire à la constitution mécanique du sol, ni entraver par conséquent la végétation de la plante. L'écartement des plants et les binages empêcheront toujours les engrais potassiques de produire les inconvénients qui se manifestent dans certaines terres ensemencées de plantes non sarclées.

LA BETTERAVE A SUCRE.

La betterave est une plante tout aussi typique que la pomme de terre. Dans des conditions égales de sol, une récolte de betteraves à sucre exporte toujours de plus grandes quantités de potasse qu'une récolte de pommes de terre.

Voici, d'après les expériences faites à Lauchstædt, les quantités de potasse représentées par une récolte de chacune de ces plantes :

	Pommes de terre (Tubercules et tiges) Potasse en kg.	Betteraves à sucre (Racines et feuilles) Potasse en kg.
Parcelles fertilisées par les engrais minéraux, sans engrais potassique......	43,97	225,44
Parcelles fertilisées par les engrais minéraux, avec engrais potassique......	113,73	282,80
Parcelles fumées au fumier de ferme, sans engrais potassique...............	189,08	365,13
Parcelles fumées au fumier de ferme, avec engrais potassique...............	239,11	282,04

Ces résultats nous montrent que, sur une moyenne de quatre essais, les récoltes de betteraves à sucre contiennent deux fois plus de potasse que les récoltes de pommes de terre. Et quoique la proportion ne soit pas toujours aussi élevée, les récoltes betteravières contiennent invariablement des quantités de potasse plus grandes que celles de pommes de terre dans les mêmes conditions de sol. Mais on commettrait une erreur si l'on se basait sur ces données pour se faire une idée des exigences potassiques de ces deux plantes, en concluant, par exemple, que, du moment que les betteraves contiennent plus de potasse que les pommes de terre, elles ont également un besoin plus urgent d'engrais potassique.

Cette conclusion serait fausse, ainsi que le montrent d'ailleurs les quantités de potasse enlevées au sol par les betteraves et les pommes de terre. Sur les parcelles qui n'avaient plus reçu d'engrais potassique depuis plusieurs années, les pommes de terre avaient absorbé seulement 43 kg. 97 de potasse, tandis que les betteraves, dans les mêmes conditions, en avaient absorbé 225 kg. 44, soit cinq fois plus.

On voit par là que les betteraves utilisent bien mieux la potasse du sol que les pommes de terre. C'est pourquoi, tout en enlevant au sol plus de potasse que les pommes de terre, elles exigent moins d'engrais potassique.

Le Dr Schneidewind recommande de donner aux betteraves à sucre 3oo à 5oo kg. de kaïnite ou 15o kg. de sel potassique à 40°/₀ par hectare quand elles sont cultivées sur engrais vert ou sur luzerne, et 200 à 3oo kg. de kaïnite ou 100 kg. de sel potassique à 40 °/₀ quand elles sont cultivées sur faible fumure au fumier de ferme ou sur fumier de mauvaise qualité.

En considération de ce fait que la betterave aime les sels sous la forme sous laquelle ils lui sont fournis dans les sels de Stassfurt, et que les sels de chlore favorisent tout spécialement sa végétation, il n'est peut-être pas très rationnel de répandre les sels de potasse déjà dès l'automne ; car, dans ce cas, ils se transforment dans la terre pendant l'hiver, et les sels de chlore sont entraînés la plupart du temps dans les couches profondes du sol. En tout cas, le sel potassique à 40 % doit être répandu de préférence au printemps, soit 15 jours ou trois semaines avant le labour. Quand il s'agit de petites quantités, soit 100-150 kg. à l'hectare, elles peuvent être répandues en une fois avant les semailles sans aucun inconvénient pour la germination et la végétation des jeunes plantes. Quand on emploie des doses plus fortes, surtout de kaïnite, le mieux est de les répandre en deux fois : en employant, par exemple, 250 kg. de kaïnite, on en répandra la moitié avant le labour et l'autre moitié comme engrais de couverture au moment où les plantes sont déjà un peu fortifiées.

LA BETTERAVE FOURRAGÈRE.

La betterave fourragère emprunte au sol des quantités de potasse encore plus grandes que la betterave à sucre. Ainsi, par exemple, des betteraves fourragères et sucrières cultivées à Lauchstædt dans des conditions identiques, c'est-à-dire dans un seul et même terrain et avec les mêmes engrais (fumier de ferme et engrais minéraux) contenaient :

	Betteraves à sucre	Betteraves fourragères
En 1901	244 kg. de potasse	377 kg. de potasse.
— 1902	286 — —	322 —

La betterave fourragère, non seulement emmagasine de grandes quantités de potasse, mais elle utilise très bien aussi la potasse du fumier et donne alors des rendements élevés de racines à l'hectare.

Quand les betteraves sont fumées au fumier de ferme à forte dose, il est bon de leur fournir en outre de l'engrais potassique. Dans une expérience faite en terre argilo-siliceuse, fumée avec 70.000 kg. de fumier de ferme, le Dr Wagner a obtenu un excédent de rendement de 12.000 kg. de racines en adjoignant au fumier une dose moyenne de sels de potasse.

La betterave fourragère utilise très bien la kaïnite et le chlorure de sodium qu'elle contient ; la présence de ce dernier produit toujours de gros excédents de rendement.

L'ORGE.

Dans les essais effectués à Lauchstædt avec engrais complet, les quantités de potasse enlevées au sol par les différentes céréales furent les suivantes :

Fortes récoltes d'avoine..... 134 kg. 3 de pot. par hect.
   —   —   de blé d'hiver. 120 — 8   —   — —
   —   —   d'orge d'hiver. 82 — 9   —   — —
   —   —   d'orge de prin-
                temps...... 78 — 8   —   — —

De toutes les céréales, c'est donc l'orge qui enlève le moins de potasse au sol. Mais, si l'on voulait conclure de là que c'est également elle qui exige le moins d'engrais potassique, on se tromperait. Car c'est l'orge, précisément, qui a les plus grandes exigences potassiques.

Les excédents de rendement obtenus avec l'engrais potassique, tant à Lauchstædt que dans les bonnes terres des environs ont été les suivantes (avec 400 kg. de kaïnite) :

Grains d'orge.
—

1897 : Moyenne de 1 essai avec différentes
        variétés............................. + 192 kg.
1898 : Moyenne de 2 essais avec différentes
        variétés.......................... + 111 —
1898 : Moyenne en terre de bonne qualité
        de la province........................ + 228 —
1899 : Moyenne de 4 essais avec différentes
        variétés........................... + 124 —
1900 : Moyenne de 3 essais avec différentes
        variétés......................... + 107 —
1901 : Moyenne de 2 essais avec différentes
        variétés......................... + 200 —
1902 : Pas d'essai.
1903 : 1 essai........................... + 135 —
        Moyenne d'ensemble.............. + 157 kg.

L'engrais potassique laisse donc un bénéfice raisonnable. Ajoutons que l'orge qui a reçu cet engrais est presque toujours de meilleure qualité que celle qui en est privée. Elle est le plus souvent pauvre en matières protéiques et acquiert ainsi une valeur plus élevée pour la brasserie. La raison en est facile à comprendre : moins l'orge contient de matières protéiques, plus elle est riche en amidon et plus elle donne de rendement en brasserie.

Dans les recherches qu'on a faites à ce sujet, on a constaté que l'orge emprunte aux sels potassiques des quantités de potasse variables du simple au double suivant les années. Chose curieuse et bien digne de remarque, l'engrais potassique n'a pas augmenté la teneur des grains en potasse. Toute la potasse prélevée par la plante sur les sels potassiques qu'on lui donne se trouve emmagasinée dans la paille, quel que soit d'ailleurs le coefficient d'utilisation de l'engrais potassique.

Lorsque la paille est utilisée dans l'exploitation même, la potasse fait sans cesse retour à la terre. Mais, la potasse contenue dans la paille n'est pas aussi facilement assimilable que celle contenue dans les engrais potassiques; c'est pourquoi il est nécessaire de donner au sol de la potasse très soluble chaque fois que la plante qu'on veut cultiver est avide de potasse.

Comme l'orge tire un excellent parti des sels accessoires apportés au sol par les sels de potasse bruts (kaïnite, sylvinite, etc.), notamment le chlorure de sodium, on lui donnera de préférence des sels bruts à raison de 200 à 250 kilogr. par hectare. Lorsque ces sels sont nuisibles à la composition mécanique du sol, on les remplacera par 75 à 100 kilogr. de sel potassique à 40 o/o. On épandra la moitié de l'engrais avant les semailles et l'autre moitié en couverture. On peut les enfouir à la charrue ou à la herse.

Tout ce que nous venons dire de l'orge de printemps s'applique également à l'orge d'hiver.

L'AVOINE.

L'avoine utilise très bien la potasse du sol; elle exige donc moins d'engrais potassique que l'orge. On peut même supprimer cet engrais, au moins dans les bonnes terres. Comme pour l'orge, toute la potasse absorbée par l'avoine s'emmagasine dans la paille.

LE BLÉ.

Le blé a besoin d'engrais potassique, même dans les bonnes terres, ainsi que cela résulte des essais de cultures faits à ce sujet. Cependant, lorsqu'il est cultivé sur fumier de ferme, l'emploi des sels de potasse serait peu rémunérateur.

Les quantités d'engrais à donner sont les mêmes que pour l'orge, savoir : 200 à 250 kilogr. de kaïnite ou 75 à 100 kilogr. de sel potassique à 40 0/0, suivant les cas.

Les sels de potasse, donnés au blé d'hiver, sont ordinairement répandus en automne avant les semailles, enterrés immédiatement à la charrue ou à la herse. Mais il y a tels cas où il vaudrait mieux répandre la moitié de la kaïnite en automne, et la seconde moitié au printemps, au réveil de la végétation.

LE SEIGLE.

Le seigle fumé au fumier de ferme n'a nullement besoin d'engrais potassique ; il est d'ailleurs très apte à assimiler la potasse du sol. Cependant, un apport d'engrais potassique permet d'obtenir, dans certains cas, des excédents de rendement assez considérables.

LES LÉGUMINEUSES.

Dans des essais effectués au champ d'expériences de l'université de Gœttingue, P. Seelhorst a obtenu d'excellents résultats par l'emploi des engrais potassiques dans la culture des pois et des haricots. Dans la culture des fèves de marais, il a obtenu les ren-

dements suivants à l'hectare (moyenne de deux années).

	Sans azote		Avec azote	
	graines kg.	paille kg.	graines kg.	paille kg.
Avec engrais potassique	4020	5100	3780	5380
Sans — —	1540	2400	1680	3580
Différence due à l'engrais potassique	+ 2480	+ 2800	+ 2100	+ 1800

D'après cela, l'excédent moyen de rendement
produit par l'engrais potassique est de 2.290 kg. de
graines et de 2.300 kg. de paille à l'hectare. Les fèves
ont donc un besoin urgent d'engrais potassiques; à
moins qu'elles ne soient fumées au fumier de ferme,
elles rémunèrent très bien l'engrais potassique, même
dans les sols riches en potasse.

Appliqué aux haricots, l'engrais potassique a
donné également un excédent de rendement de
1000 kg. de graines à l'hectare (moyenne de 11 années).

Les pois se trouvent très bien aussi de l'engrais
potassique ; quoiqu'ils donnent des excédents de
rendement moins élevés que les fèves et les haricots,
ils laissent néanmoins un bénéfice très appréciable.
L'excédent de rendement (moyenne de 9 années) a
été de 400 kg. de grains et de 710 kg. de paille à
l'hectare. Les essais de Seelhorst ont d'autant plus de

valeur qu'ils ont été poursuivis pendant de longues années.

Il y a lieu de faire remarquer expressément, au sujet de ces résultats, que les haricots et les pois n'avaient pas reçu de fumier de ferme.

Quand ils sont cultivés sur fumier de ferme, ce qui arrive souvent dans la pratique agricole, ils ont un besoin moins urgent d'engrais potassique, mais il y a lieu de ne leur donner de cet engrais que lorsque le fumier est en quantité insuffisante ou de qualité médiocre.

PRAIRIES.

Ce sujet a été traité amplement plus haut dans la description des engrais phosphatés ; nous n'y reviendrons donc pas ici.

OBSERVATIONS.

En terminant ce chapitre, nous tenons à prévenir les agriculteurs contre l'emploi trop exclusif des sels de potasse. D'après un principe que nous avons déjà rappelé plusieurs fois, on ne peut obtenir les rendements maxima que lorsque le sol contient toutes les matières fertilisantes en quantité suffisante ; par conséquent, il ne faut pas oublier de donner au sol des engrais azotés et phosphatés en même temps que les engrais potassiques. Les engrais potassiques restent inefficaces là où l'azote et l'acide phosphorique font défaut; il faut donc associer ces engrais à l'engrais potassique dans les proportions conformes aux exigences des différentes plantes.

Les sels potassiques peuvent être répandus ensemble avec tous les autres engrais, sans qu'il y ait lieu de craindre une déperdition de substance fertilisante; cependant, ils ne doivent être mélangés avec les scories de déphosphoration que lorsque le mélange est répandu le jour même, sinon ce dernier se solidifie. On peut éviter ce durcissement par le mélange de poudre de tourbe.

L'usage des amendements calcaires a une grande importance au point de vue de l'emploi des engrais potassiques.

La couche superficielle du sol perd déjà tous les ans des proportions importantes de chaux par entraînement avec les eaux, et ces pertes sont encore augmentées par les sels de potasse, ainsi que nous l'avons expliqué plus haut.

Mais, ce n'est pas là l'unique raison qui milite en faveur des amendements calcaires; la chaux a également pour but d'obvier à la détérioration des propriétés mécaniques du sol, qui résulte souvent de l'emploi intensif des sels potassiques. La chaux caustique, dans ce cas, constitue le seul remède. On chaulera donc souvent la terre avec de la chaux caustique (autant que possible 10.000 à 12.000 kg. tous les 6 ans), qu'on épandra de préférence en automne avant les semailles de blé d'hiver ou au printemps avant la plantation des pommes de terre. Comme la chaux caustique doit surtout agir sur la couche superficielle du sol, il faut l'enfouir superficiellement. Si l'on fume en même temps au fumier de ferme, il faut éviter les pertes d'azote en enfouissant d'abord la chaux, ensuite le fumier à la charrue.

III. — Les engrais azotés.

PRINCIPES QUI DOIVENT GUIDER L'AGRICULTEUR DANS LE CHOIX DES QUANTITÉS D'AZOTE A EMPLOYER.

Nous avons vu que l'acide phosphorique doit être donné en excès jusqu'à ce que le sol en contienne une réserve suffisante. Pour la potasse, au contraire, on ne dépasse que de très peu la quantité immédiatement nécessaire aux plantes. Il en est de même des engrais azotés : ils doivent être mesurés aussi exactement que possible d'après les besoins immédiats du sol et de la plante ; tout excès doit être évité.

Les considérations suivantes vont nous le démontrer :

« Quand nous donnons de l'acide phosphorique à la terre, dit le Dr P. Wagner, il reste intégralement à la disposition des plantes, il ne s'en perd rien ou très peu. L'acide phosphorique ne s'évapore pas dans l'atmosphère, et les pluies n'en entraînent que très peu dans les couches profondes du sol. Ajoutons à cela que les engrais sont l'unique source d'acide phosphorique pour le sol ; de sorte qu'on se trouve en présence de quantités nettement déterminées, d'un facile contrôle, ce qui nous permet de nous en rapporter en toute confiance à la réserve d'acide phosphorique que nous aurons confiée à la terre.

« Mais il n'en est pas de même de l'azote. Un excès de cet engrais, confié à la terre, ne reste pas également à la disposition des plantes dans toute son intégralité, car on n'ignore pas que l'azote nitrique, état dans lequel passent finalement toutes les combinaisons azotées que nous rencontrons ici — azote de l'humus, azote du fumier de ferme, azote du guano, azote de la poudre d'os, azote du sang desséché, azote de la poudre de viande, azote ammoniacal, etc. — ne se combine pas avec le sol Il suit le cours de l'eau dans la terre, et les eaux souterraines peuvent en entraîner des quantités plus ou moins grandes.

Ces quantités ne peuvent être calculées une fois pour toutes ; on se trouve donc ici déjà en présence d'un facteur incertain.

« Mais poursuivons. La réserve d'acide phosphorique du sol offre aux plantes une source d'aliments uniforme et indépendante de l'état de la température, une source sur laquelle on peut compter en toutes circonstances. Il n'en est pas de même pour l'azote. L'azote organique du sol passe à l'état soluble et assimilable rapidement ou lentement, suivant que la température, l'aération et l'humidité du sol favorisent ou non cette transformation.

« Nous ne pouvons donc pas calculer d'avance la quantité d'azote que les plantes auront à leur disposition pendant l'été. Nous nous trouvons donc ici encore en présence d'un facteur inconnu.

« Enfin, il y a encore un autre fait important : l'engrais n'est pas l'unique source d'où le sol tire de l'azote, et l'infiltration de l'azote nitrique dans le sous-sol n'est pas la seule cause de déperdition. La terre cultivée fait avec l'air atmosphérique un échange continuel d'azote. Elle absorbe de l'azote dans l'air et lui envoie de l'azote. La pluie, la rosée et les bactéries lui amènent de l'azote, d'autres bactéries qui décomposent l'azote en enlèvent certaines quantités. Nous ne connaissons exactement qu'une partie de tous ces échanges, mais nous ignorons avec quelle intensité ils s'effectuent dans un cas déterminé. Nous ignorons combien d'azote la terre abandonne à l'air dans un cas déterminé, et combien elle en reçoit ; nous ne pouvons calculer l'importance de cet échange, nous ne pouvons même pas l'apprécier approximativement.

« Bref, nous pouvons tenir une comptabilité exacte de l'acide phosphorique, connaître d'une manière suffisamment précise les quantités que reçoit le sol et celles qu'il fournit aux plantes, et régler en conséquence les disponibilités de sa réserve. Avec l'azote, rien de pareil. Cet agent échappe à tout calcul précis et le mode de restitution que nous avons adopté pour l'acide phosphorique serait absolument faux si nous voulions l'appliquer à l'azote.

« Les quantités d'azote à fournir au sol dépendent en premier lieu des exigences particulières des plantes.

« Nous cherchons bien aussi à constituer dans le sol une réserve d'azote au moyen du fumier de ferme et des engrais verts, mais — et c'est là un point capital, nous ne cherchons pas à l'amener à l'état de saturation permanente.

« Dans chaque cas particulier, nous sommes obligés de nous demander quelle quantité d'azote faut-il fournir à la plante qu'il s'agit de cultiver, suivant son espèce, sa variété, suivant la récolte précédente, suivant le climat, la nature du sol et les façons culturales qu'on lui donne, suivant son état actuel de fertilité, suivant l'intensité de la production qu'on veut atteindre, suivant l'importance du risque qu'on est disposé à courir ? Avec l'acide phosphorique nous fumons le sol, avec l'azote nous fumons la plante. Pesons bien la valeur de ces mots. En saturant la terre d'acide phosphorique, on lui donne la possibilité de produire des rendements maxima ; en lui donnant une fumure azotée convenable par les sels d'azote, on règle la production, on dirige le développement des plantes dans la voie qui conduit au rendement maximum qu'on veut obtenir. »

Tel est le principe fondamental sur lequel on doit se baser pour organiser la fumure azotée des plantes. Nous allons maintenant étudier son application pratique.

AUGMENTATION DES RENDEMENTS PAR L'EMPLOI DES ENGRAIS AZOTÉS.

Nous avons vu plus haut que, au point de vue de leurs exigences d'azote, les plantes culturales peuvent être divisées en deux groupes essentiellement distincts, qui comprennent :

1° Les plantes qui n'ont généralement pas besoin d'engrais azoté ;

2° Les plantes qui, dans les conditions normales de sol, ne peuvent donner de rendements élevés que si elles sont fumées avec un sel d'azote.

Au premier groupe appartiennent les légumineuses, par conséquent les trèfles, les lupins, l'esparcette, les vesces, les pois, les haricots, la serradelle, etc. ; au deuxième toutes les plantes autres que les légumineuses, par conséquent les céréales, les betteraves, les pommes de terre, le colza, le tabac, le chanvre, le lin, le houblon, etc. Quelle est la quantité d'azote à donner aux plantes non légumineuses ; en d'autres termes, comment peut-on connaître les quantités exactes à leur fournir dans un cas bien déterminé ? Un exemple tiré de la pratique va nous éclairer sur ce point ; nous l'empruntons également au Dr P. Wagner.

Il s'agissait de fumer avec du nitrate de soude une terre argilo-siliceuse qui devait être ensemencée d'avoine. On s'est demandé dès lors quelle quantité de nitrate on devait lui fournir pour obtenir le rendement maximum sans pourtant s'exposer à dépasser le but, c'est-à-dire à gaspiller l'engrais.

La terre en question n'avait pas reçu de fumier de ferme depuis trois ans ; dans les deux années précédentes, on y avait cultivé de l'orge et des betteraves, qui sont des plantes épuisantes, et son propriétaire n'estimait pas à plus de 2.000 kg. de grains d'avoine par hectare la récolte qu'on pouvait en attendre, alors qu'il affirmait avoir récolté dans des terres absolument semblables, mais bien fumées, 3.000 à 3.500 kg. de grains d'avoine, soit en moyenne 3.250 kg. Cette déclaration fournissait une base suffisante : le rendement probable sans fumure azotée serait de 2.000 kg. et le rendement avec fumure azotée serait de 3.250 kg. ; il suffirait donc de fournir à la terre de l'engrais azoté en quantité suffisante pour produire 3.250 kg. de grains d'avoine, moins 2.000, soit 1.250 kg. Et quelle est alors cette quantité ?

L'expérience montre qu'il faut 100 kg. de nitrate de soude pour produire 400 kg. de grains d'avoine avec la paille correspondante. Dans le cas ci-dessus, il fallait donc employer en chiffres ronds 300 kg. de nitrate par hectare pour obtenir l'excédent de rendement de 1.250 kg. de grains, et c'est cette quantité d'engrais qu'on a fournie au sol.

Le rendement fut le suivant : sans apport d'azote, 1.795 kg. de grains d'avoine ; avec apport de nitrate de soude, 2.990 kg. de grains. Les 300 kg. de nitrate ont donc produit un excédent de rendement de 1.195 kg. de grains d'avoine, quantité qui correspond sensiblement à l'excédent cherché, qui était de 1.250 kg. de grains.

Il faut procéder absolument de la même manière pour établir des quantités de nitrate à employer pour les autres plantes culturales, telles que les céréales, les pommes de terre, les betteraves, etc. On estime d'abord le rendement qu'on obtiendrait sans la fumure azotée, et on calcule ensuite la quantité d'engrais azoté qu'on devra employer pour obtenir un excédent de rendement déterminé.

Dans une terre suffisamment pourvue en acide phosphorique et en potasse, 100 kg. de nitrate de soude donneront les augmentations suivantes de rendement, d'après M. Grandeau.

	kg.			
Blé............	300	de grains et paille correspondante		
Seigle..........	300	—	—	—
Avoine.........	400	—	—	—
Orge...........	400	—	—	—
Sarrasin........	400	—	—	—
Pommes de terres.......	3.500	de tubercules et fanes correspondantes		
Betteraves.....	5.500	de racines et feuilles	—	
Carottes.......	5.600	—	—	—
Choux.........	5.000	—	—	—
Maïs vert (fourrage)........	4.500	—	—	—

Les estimations que devra faire le praticien, relatives d'une part au rendement à attendre d'une terre sans qu'on lui donne de l'azote, et de l'autre à la limite du rendement maximum imposée par les conditions locales, peuvent et doivent même n'être que très approximatives, car si l'on épand le nitrate en deux fois, ainsi qu'il est d'usage quand on en emploie plus de 150 kg. par hectare, on a toujours le moyen, dans le cours de la végétation, soit de diminuer la quantité prévue tout d'abord, lorsque les plantes prennent un meilleur développement qu'on n'avait espéré, soit de l'augmenter si leur développement n'est pas conforme à ce qu'on attendait.

MODE D'ACTION DES ENGRAIS AZOTÉS DU COMMERCE.

Le nitrate de soude, l'ammoniaque et les matières organiques : telles sont les trois formes sous lesquelles l'azote se présente dans les engrais du commerce. L'azote nitrique, tel qu'il se présente dans le nitrate de soude, est directement assimilé par les plantes ; l'azote ammoniacal qui nous est offert dans le sulfate d'ammoniaque se transforme peu à peu en azote nitrique dans le sol, mais les plantes peuvent aussi l'assimiler directement ; tandis que l'azote organique, tel qu'il se trouve dans la poudre d'os, la poudre de viande, le guano, la poudre de corne, le sang desséché, etc., se transforme dans le sol d'abord en ammoniaque et ensuite en azote nitrique. Ces engrais n'agissent donc qu'autant qu'ils fournissent de l'azote nitrique.

Le nitrate de soude est celui dont l'action est la plus rapide; les sels ammoniacaux agissent un peu plus lentement, viennent ensuite le guano et la poudrette, le sang desséché, la poudre de viande, la poudre de corne, puis les farines de tourteaux oléagineux, la poudre d'os, la poussière de laine, et enfin la poudre de cuir, dont l'action est la plus lente.

Les engrais azotés organiques sont beaucoup moins importants que le nitrate de soude et les sels d'ammoniaque; ils ont d'ailleurs plus d'importance pour la culture maraîchère que pour les exploitations agricoles.

LE NITRATE DE SOUDE.

Le nitrate de soude est le plus cher de tous les engrais azotés. C'est aussi le plus actif, d'abord parce que c'est le plus soluble, ensuite parce que les plantes absorbent l'azote de préférence sous forme d'azote nitrique. Cet engrais a été fort bien décrit par Mærker, qui établit des règles pour son emploi. Nous ne saurions mieux faire que de publier ce document dans ses grandes lignes.

Une forte dose de nitrate (et d'azote en général) exerce sur la végétation une action opposée à celle de l'acide phosphorique, en ce sens qu'elle la pousse à s'étendre et à se développer, tandis que l'acide phosphorique paraît surtout activer la maturation.

Cette simple proposition nous révèle la cause de bien des effets encore inexpliqués du nitrate de soude ; en même temps, elle nous indique le moyen d'éviter les inconvénients qu'on lui attribue.

Répandu seul en quantités un peu importantes, le nitrate de soude entrave la maturation des récoltes, en même temps qu'il exerce une action défavorable sur leur composition. Chez les céréales, il aura pour effet, en prolongeant leur végétation, de les attarder à la formation des tiges et des feuilles à un moment où elles doivent déjà entrer dans la voie de la fructification. S'il survient alors une chaleur anormale ou une sécheresse prolongée qui précipite la maturation et tue les plantes en les échaudant, on aura d'un côté des plantes mûres, à grains bien développés, de l'autre des plantes à grains mal développés ; dans ce dernier cas, on aura beaucoup de paille et peu de grains, et encore ceux-ci seront-ils de qualité médiocre.

Pour les betteraves à sucre, les inconvénients que nous venons de signaler seront encore plus sensibles : une forte dose de nitrate, à l'exclusion des autres engrais, aura pour effet de pousser au développement des racines ; mais celles-ci seront pauvres en sucre et contiendront une forte proportion de « non-sucre », dont la présence constitue un obstacle à l'extraction du sucre au cours de la fabrication. Or, ces caractères sont ceux d'une betterave non arrivée à maturité. Les betteraves exclusivement fumées au nitrate se comportent donc comme le blé : elles ne mûrissent pas. D'ailleurs, l'action du nitrate employé exclusivement se manifeste chez les betteraves d'une manière frappante : les feuilles restent vertes jusqu'au mois de novembre parfois, alors que celles des betteraves normales sont mortes depuis longtemps. Et comme, à cette époque, la saison est achevée, il est clair que ces betteraves ne peuvent plus mûrir. Le nitrate a donc pour effet de prolonger la végétation d'une manière anormale et d'empêcher la maturation. Il nous reste à étudier les circonstances dans lesquelles cet inconvénient se produit, et les moyens à employer pour utiliser au moins les propriétés fertilisantes du nitrate, tout en l'empêchant d'exercer son action nuisible sur les plantes.

Dans cet ordre d'idées, la pratique de la culture betteravière nous fournit une grande somme d'expériences. On a remarqué d'une manière générale que le nitrate, donné tardivement au blé comme engrais de couverture, a pour effet de pousser à la production de la paille aux dépens des grains, inconvénient qui ne se produit pas lorsque l'engrais est appliqué de bonne heure au printemps ou même avant les semailles. Mais le nitrate présente des inconvénients particulièrement graves lorsqu'il est donné en forte dose en couverture aux betteraves à sucre.

La manière dont se comporte la plante sous l'influence du nitrate donné tardivement s'explique. En lui donnant de l'azote facilement assimilable, on surexcite sa vitalité, d'où résulte une poussée immédiate pour augmenter la masse de sa substance végétale. La plante reprend alors en peu de jours une couleur vert foncé, elle pousse des feuilles abondantes et des tiges vigoureuses, bref, elle entre dans une nouvelle phase de sa vie végétative ; par suite, les substances qu'elle avait emmagasinées en vue de certaines fonctions, comme par exemple la production des grains ou la formation du sucre, sont mobilisées et employées à l'augmentation de la substance végétale; la plante devra donc élaborer de nouveau sa réserve de matières, et s'il survient alors des circonstances de température qui mettent fin à la végétation avant que ne soit constituée la réserve ci-dessus, on obtiendra des réoltes non mûres. Il s'en suit que l'application tardive du nitrate présente de graves inconvénients ; on peut même se représenter le cas où une betterave à sucre fumée tardivement au nitrate sera forcée de dépenser sa réserve de sucre pour l'accroissement de la masse végétale.

De ce qui précède, il y a encore une autre conclusion à tirer : l'application de doses réitérées de nitrate présentera des inconvénients plus graves qu'une seule application. Nous venons de voir que le nitrate a pour effet d'imprimer à la plante une nouvelle impulsion aux dépens de la maturation ; au bout d'un certain temps, après avoir surmonté cette poussée, elle reprend ses fonctions normales et entre dans la phase de la maturation : si, à ce moment, on lui administre une nouvelle dose de nitrate, la croissance reprendra le dessus et reculera encore une fois le travail de maturation, et ainsi de suite.

Les expériences coûteuses qu'on a faites avec le nitrate au début nous renseignent sur la manière dont nous devons l'employer pour en obtenir de bons résultats : la règle fondamentale est de le donner aux plantes de bonne heure au printemps. Il constitue alors un stimulant énergique, la plante prend un accroissement rapide et vigoureux, et mûrit normalement. Appliqué par petites doses à plusieurs reprises dès le départ de la végétation, le nitrate ne peut produire que de bons effets ; mais l'expérience nous montre que si l'on donne des doses un peu plus fortes, la maturation des plantes subit déjà un retard manifeste, quoique moins accentué que dans le cas où le nitrate est appliqué tardivement.

L'acide phosphorique nous fournit un excellent moyen de remédier jusqu'à un certain point aux inconvénients du nitrate (et des engrais azotés en général) par rapport à la maturation des plantes. La pratique agricole nous montre que lorsque le blé est privé d'engrais phosphatés il produit beaucoup de paille et peu de grain, tandis que si on lui donne de l'acide phosphorique il produit des grains en abondance ; elle nous montre également que, sans engrais phosphatés, les betteraves à sucre n'arrivent pas à maturité tandis que si on leur donne de cet engrais, elles mûrissent très bien et sont riches en sucre. Bref, si l'on donne aux plantes une forte dose de nitrate, il est indispensable de leur donner également une forte dose d'engrais phosphaté. L'oubli de cette règle fondamentale a causé de grands préjudices aux agriculteurs, tandis que son application intelligente a permis d'augmenter les rendements dans des proportions inconnues jusque-là. Toutefois la propriété que possède l'acide phosphorique de remédier aux inconvénients du nitrate n'est pas illimitée : si l'on donne aux plantes des engrais azotés en excès, l'acide phosphorique ne parviendra pas à exercer son rôle de régulateur. Il convient de trouver la proportion exacte nécessaire pour le maintien de l'équilibre des fonctions de la plante.

Mais le nitrate n'agit pas seulement sur les plantes, il agit également sur la constitution mécanique du sol. Il suffit même de donner à ce dernier de petites quantités de nitrate pour qu'il se recouvre d'une croûte compacte qui s'oppose à la pénétration de l'air et gêne les plantes dans leur développement. On remédie à cet inconvénient par des binages fréquents qui ont pour effet de briser la croûte, et par des façons culturales soignées. Dans le district de Magdebourg, on a si bien reconnu la nécessité des façons culturales qu'on donne des binages fréquents non seulement aux plantes sarclées, mais encore aux blés d'hiver et de printemps semés en lignes.

Une autre propriété du nitrate consiste à agir sur l'humidité du sol ; une forte fumure au nitrate dispose le sol à mieux retenir l'humidité.

Ainsi, on a remarqué que les endroits où l'on avait placé les sacs de nitrate dans les champs, et où, par conséquent, on avait répandu certaines quantités de cet engrais en vidant les sacs, se distinguaient plusieurs années comme des endroits humides. Cet effet s'est produit d'une manière très caractéristique dans les essais qu'on a effectués en vue de contrôler la valeur du nitrate comme engrais pour pommes de terre. Pour déterminer les doses-limites à appliquer, on a employé des doses variant de 5o à 225 kilogr. de nitrate par parcelles de 25 ares, en les alternant avec des parcelles sans engrais. En automne, après la récolte des pommes de terre, le champ avait l'aspect d'un échiquier. Après quelques chutes d'eau, les parcelles sans engrais avaient conservé l'aspect normal de terres perméables, tandis que les parcelles qui avaient reçu 225 kilogr. de nitrate ressemblaient à des marais. Comment expliquer ce phénomène? Les propriétés hygrométriques du nitrate paraissent insuffisantes pour produire de tels effets, car, en admettant que la parcelle de nitrate puisse retenir une partie d'eau, il faut songer cependant que les quantités sont bien faibles en tant que réparties sur toute la surface du champ ; 100 kilogr. de nitrate devraient donc retenir 100 litres d'eau par 50 ares. c'est-à-dire o livre o4, ce qui est insignifiant. L'attraction du nitrate pour l'eau doit donc être attribuée à un phénomène osmotique. En tout cas, cette propriété du nitrate est de la plus haute importance pour la théorie et la pratique des engrais chimiques.

Enfin, l'emploi du nitrate exige des précautions d'un autre genre. Les céréales qui reçoivent du nitrate, surtout les céréales de printemps, doivent être semées en lignes très espacées avec une faible quantité de semence. Si l'on ne prend pas cette précaution, elles sont exposées à verser et à produire surtout de la paille. Trop serrées, les plantes ne reçoivent pas une quantité de lumière suffisante pour le développement luxuriant qu'elles acquièrent sous l'influence du nitrate ; elles prennent alors l'aspect de plantes étiolées, possèdent de longs entre-nœuds et sont exposées à se casser sous le moindre effort.

C'est pourquoi les agriculteurs qui emploient du nitrate sèment le blé en lignes écartées et réduisent la quantité de semence au minimum.

Pour les betteraves à sucre c'est le contraire : quand on emploie de fortes doses de nitrate, il faut serrer la plantation. On sait depuis longtemps qu'on obtient des betteraves plus riches en sucre par une plantation serrée que par une plantation à grand écartement.

Telles sont les règles générales à observer dans l'emploi du nitrate de soude. Cet engrais est un des plus efficaces que l'on connaisse, et il rend à l'agriculture des services inestimables. Si son emploi inconsidéré peut causer de graves dommages à l'agriculture, il constitue une source de prospérité entre les mains de l'homme éclairé et réfléchi.

Il nous reste à dire dans quelles terres et pour quelles récoltes il convient de l'appliquer. Dans les terres froides et dans celles qui se trouvent sur les hauteurs où les plantes rencontrent généralement des conditions défavorables à leur maturation, l'emploi du nitrate présente de sérieux inconvénients. Les entraves qu'il apporte à la maturation peuvent s'y affirmer d'une manière plus spéciale que dans les conditions ordinaires, malgré les soins apportés aux façons culturales et malgré le secours des engrais phosphatés.

Les terres légères présentent moins d'inconvé-

nients pour l'emploi du nitrate de soude : dans ces
sortes de terres, toutes les récoltes manifestent des
tendances à une maturation prématurée, et la chose
est facile à comprendre ; dans ces conditions, l'action
du nitrate permettra de rétablir l'équilibre. L'efficacité de cet engrais dans les terres sablonneuses est
remarquable, elle n'est dépassée par celle d'aucun
autre. C'est pourquoi le nitrate a surtout de l'importance pour les terres sablonneuses. Toutefois,
étant donnée leur pauvreté en principes fertilisants,
il ne faut y employer le nitrate qu'avec la plus
grande circonspection, sinon on s'exposerait à les épuiser rapidement et à les réduire à la stérilité. Ces sortes
de terres, en effet, ne sont guère susceptibles de recevoir des superphosphates ; par contre, la poudre
d'os, les scories de déphosphoration et le phosphate
de chaux précipité constituent d'excellents engrais
permettant de couvrir les besoins d'acide phosphorique créés par l'emploi du nitrate de soude.

D'un autre côté, étant donnée la réceptivité des
terres sablonneuses pour les engrais potassiques, il
n'y a pas lieu de craindre leur épuisement en potasse
par suite de l'emploi du nitrate.

Enfin, les meilleures terres pour l'emploi du nitrate de soude sont les terres profondes, riches en
humus, argilo-calcaires, le tout sous toutes réserves,
bien entendu.

Le nitrate de soude est employé d'une manière très intensive dans la culture des betteraves à sucre, car il constitue un excellent moyen d'augmenter les rendements; mais son emploi doit être entouré de précautions toutes spéciales, ainsi qu'il a été dit plus haut. Il ne doit pas être donné en couverture aux betteraves à sucre ; le mieux est d'en répandre la première moitié en automne et de l'enfouir à la charrue, et la seconde avec le superphosphate, au printemps, au moment des emblavements.

D'après les idées qui ont cours actuellement sur la façon dont se comporte l'acide nitrique dans le sol, l'épandage du nitrate en automne peut paraître un non-sens. On admet que, en effet, l'acide nitrique n'est pas absorbé par le sol, que, par conséquent, il y reste à l'état dissous, qu'il suit les mouvements de l'humidité, descendant dans les couches profondes en hiver, et se perdant dans les eaux souterraines, étant, en tout cas, hors d'atteinte des racines des plantes. Ces théories ont amené les agriculteurs à ne plus voir dans le nitrate qu'un engrais de couverture. En réalité, cependant, les choses se passent tout autrement, et le nitrate ne doit être employé en couverture que dans des conditions spéciales bien déterminées. On ne s'est pas encore avisé de contrôler l'exactitude de la théorie par des essais directs, mais, la pratique a comblé cette lacune et elle est arrivée à des conclusions bien différentes ; elle a appris notamment que l'efficacité du nitrate répandu en automne est absolument hors de conteste. En serrant la question de plus près, on n'aura pas de peine à le comprendre. Les betteraves à sucre revenant fréquemment dans les mêmes terres doivent forcément épuiser les couches du sous-sol où plongent leurs racines, et comme l'azote est l'engrais qu'elles absorbent le plus, elles les épuisent de leur azote. Or, en fournissant à la terre du nitrate en automne et enfouissant cet engrais à la charrue, on ne fait autre chose que de restituer aux couches profondes du sol l'azote qui leur a été enlevé.

Par le fait même qu'il n'est pas absorbé par la terre, l'acide nitrique peut pénétrer dans les couches du sous-sol où les racines pivotantes des betteraves vont le puiser. On a manifestement exagéré le danger de perte de l'azote quand on a affirmé, sans l'ombre d'une preuve d'ailleurs, que l'azote se perdait immédiatement dans les profondeurs de la terre. D'après des essais très étendus effectués par le Dr Holdefleiss, il est loin d'en être ainsi, tout au moins dans les terres à betteraves. En admettant même qu'une partie de l'azote se perde par entraînement avec l'eau de pluie, on n'en est pas moins justifié à recommander d'enfouir profondément le nitrate, parce que la quantité restée dans le sol agit toujours avec une efficacité suffisante.

Enfin, on exagère le mouvement de l'humidité dans le sol, car il n'y a presque pas de terres cultivées qui laissent écouler de l'eau, et par conséquent les pertes d'azote par entraînement n'y existent pas. L'épandage du nitrate en automne constitue dès lors une pratique absolument rationnelle. Mais, comme les plantes doivent également trouver dans la couche superficielle du sol une certaine quantité d'azote en attendant que leurs racines aient pris assez de développement pour le chercher dans le sous-sol, on le leur fournira par l'engrais de couverture répandu au printemps.

Il est difficile d'indiquer les quantités de nitrate qu'il convient d'employer, parce qu'elles dépendent des conditions générales d'exploitation. Une ferme qui n'entretient que peu de bétail, et qui ne produit, par conséquent, que peu de fumier, pourra employer plus de nitrate qu'une autre qui possède un nombreux bétail; une terre pauvre en humus et en azote pourra en supporter de plus fortes doses qu'une terre riche en humus, une terre froide en supportera moins qu'une terre chaude; bref, on ne peut donner là-dessus des renseignements valables partout, les essais de culture peuvent seuls renseigner le praticien dans chaque cas particulier.

Les betteraves porte-graines sont celles qui paraissent supporter les doses les plus fortes de nitrate.

En ce qui concerne les pommes de terre, il y a lieu de faire observer ce qui suit. L'efficacité du nitrate appliqué en automne paraît douteuse, parce que cette plante a des racines plutôt traçantes qui ne peuvent chercher l'azote à une grande profondeur ; mais on obtient d'excellents effets en donnant cet engrais au moment de la plantation. Même combiné à une forte dose de fumier de ferme, le nitrate donne encore des résultats très appréciables, alors que les autres engrais azotés, associés également au fumier de ferme, ne paraissent pas exercer une influence marquante. Le nitrate ne paraît pas devoir être donné en couverture aux pommes de terre, bien qu'elles soient moins sensibles à cet engrais que les betteraves à sucre ; on s'en tiendra donc à l'épandage au moment de la plantation.

D'un autre côté, il y a moins d'inconvénients à ne pas associer d'engrais phosphatés avec les nitrates pour les pommes de terre que pour les betteraves à sucre. L'application exclusive du nitrate paraît faire fléchir un peu la teneur des pommes de terre en fécule, mais jamais dans la même mesure que pour le sucre des betteraves. On peut donc diminuer un peu l'addition d'engrais phosphaté au nitrate, mais nous ne saurions conseiller sa suppression complète.

Aux céréales d'hiver, le nitrate peut être appliqué soit en automne, soit au printemps, soit par moitié à chacune de ces époques. Cependant, les résultats fournis par l'épandage en automne ne sont pas très favorables ; ils sont meilleurs pour le blé que pour le seigle. C'est dans les terres légères que l'épandage du nitrate en automne fournit le moins de résultats ; on peut donc admettre que, dans ces sortes de terres très perméables, l'azote est plus exposé à se perdre dans le sous-sol que dans les terres fortes. Il vaudrait donc mieux donner aux céréales d'hiver, comme engrais d'automne, du guano solubilisé ou du super-phosphate d'ammoniaque.

Donné au printemps, le nitrate produit des effets remarquables sur les céréales, quand elles ont reçu en automne une dose convenable d'engrais phosphatés ; mais il convient de le répandre de bonne heure, dès le réveil de la végétation, sinon on s'expose à obtenir beaucoup de paille et peu de grains, comme nous l'avons expliqué plus haut. Pour les terres de bonne qualité on emploie alors 100 à 200 kgr. de nitrate, qu'on épand en mars ou au plus tard dans les premiers jours d'avril ; pour les terres légères, on donne un tiers en moins. Nous ferons encore remarquer expressément que l'action du nitrate donné ainsi en couverture, jointe à celle de la poudre d'os répandue en automne, constitue le facteur le plus puissant pour une production intensive.

Le colza et les plantes fourragères persistantes se

trouvent également très bien du nitrate appliqué au printemps.

Les céréales de printemps et les légumineuses doivent recevoir le nitrate au moment des emblavements; jamais comme engrais de couverture. Si la terre n'est pas encore convenablement ressuyée au moment des labours, il vaut mieux renoncer à l'emploi du nitrate, car les propriétés hygrométriques que nous lui avons reconnues constitueraient alors un sérieux inconvénient en ce sens qu'elles seraient un obstacle à l'évaporation et à l'aération du sol; par suite, la levée des céréales serait faible, inégale, et les rendements seraient irrémédiablement compromis. Dans ces sortes de cas donc, on ne répandra le nitrate que lorsque la terre sera ressuyée : aux céréales de printemps, on donnera 100 à 150 kgr. de nitrate par hectare ; il est bon de leur donner une quantité équivalente d'acide phosphorique.

En résumé, le nitrate de soude est l'engrais azoté le plus puissant qui existe ; employé en connaissance de cause et d'une manière judicieuse, il constitue un puissant facteur de prospérité agricole, comme aussi il peut causer de grandes déceptions lorsqu'il est employé sans discernement.

Nitrate de soude perchloraté. — On a parfois trouvé dans le commerce des lots de nitrates qui contenaient comme impureté du perchlorate de potasse, substance très nuisible à la végétation. Le perchlorate empoisonne les plantes, principalement le seigle, il nuit moins aux autres céréales et très peu aux betteraves. Les phénomènes produits par le perchlorate sont très caractéristiques chez les céréales : l'empoisonnement se manifeste par une croissance très faible des plantes, par un plissement particulier des feuilles qui, au moment de s'épanouir, restent accrochées dans leurs gaînes, se recourbent et se déchirent parfois tout en continuant à se développer.

Le nitrate ne doit pas contenir plus de 1 p. 100 de perchlorate ; quand il en contient plus il peut devenir nuisible, notamment pour le seigle. Tacke a remarqué en terrains marécageux, des seigles endommagés qui avaient été fumés avec 200 kilogr. de nitrate contenant 0,4 p. 100 de perchlorate. L'état de la température et le degré de développement des plantes jouent un grand rôle dans cette circonstance.

Dans les achats de nitrate, on devra donc exiger la garantie que ce produit ne contient pas plus de 1 p. 100 de perchlorate. Le nitrate employé pour la fumure du seigle d'hiver ne doit pas contenir plus de 0,5 p. 100 de perchlorate.

LE SULFATE D'AMMONIAQUE.

Cet engrais occupe le second rang parmi les engrais

azotés. Il contient en moyenne 20,5 p. 100 d'ammoniaque ; au prix actuel il fournit l'azote à 1 fr. 56 le
kilogramme. L'azote est donc meilleur marché dans
le sulfate d'ammoniaque que dans le nitrate de soude.
Mais il est plus cher dans le superphosphate d'ammoniaque : ainsi dans le superphosphate d'ammoniaque à 9 × 9 (c'est-à-dire à 9 p. 100 d'azote et
9 p. 100 d'acide phosphorique), il coûte 1 fr. 77, et
1 fr. 90 dans le superphosphate à 5 × 10. On voit
que les marchands font payer les frais de mélange.
Mais ne nous récrions pas :

Ces mélanges sont indispensables quand il s'agit
de répandre de l'ammoniaque en même temps que
du superphosphate, car de cette manière l'engrais se
répartit mieux dans le sol et, chose importante, le
superphosphate acide fixe en partie l'ammoniaque et
diminue ainsi les chances de perte d'azote par évaporation.

*Quel est le rapport qui existe entre la valeur
du sulfate d'ammoniaque et celle du nitrate de
soude ?* — Dans des essais effectués sur champs
d'expériences, il y a plus de 20 ans, par le Dr Mœrker,
on a trouvé que, dans la grande majorité des cas, le
nitrate de soude donnait des rendements plus élevés
que la quantité correspondante d'azote fournie par le
sulfate d'ammoniaque. Le Dr Wagner a remis cette
question à l'étude dans les années 1899 à 1901, dans

un grand nombre d'exploitations rurales qui présentaient les conditions les plus variées de sol, de climat
et d'exploitation.

Les résultats de ces essais, qui ne comprenaient pas
moins de 65 séries et s'étendaient à 1.074 parcelles,
ont été coordonnés et publiés en détail. Les résultats
moyens obtenus furent les suivants :

100 kg. de nitrate de soude et leur équivalent
sous forme de sulfate d'ammoniaque ont produit :

	Nitrate de soude.	Sulfate d'ammoniaque.	Si l'on représente par 100 les rendements obtenus avec le nitrate de soude, les rendements fournis par la quantité correspondante de sulfate d'ammoniaque sont :
Grains de seigle..	370 kg.	280 kg.	76
Grains d'orge....	440 —	290 —	66
Grains d'avoine...	310 —	250 —	81
Betteraves fourra-gères..........	4.140 —	2.500 —	60
Betteraves à sucre.	2.660 —	1.400 —	33
Pommes de terre.	2.010 kg.	1.640 kg.	82

Ces résultats concordent entièrement avec ceux
obtenus dans des essais antérieurs, ils montrent que
le sulfate d'ammoniaque donne des excédents de
rendement plus faibles que ceux produits par le
nitrate de soude. D'où vient cette différence? Elle
peut avoir plusieurs causes.

Dans de récentes expériences de laboratoire, Wagner a trouvé que, même dans les meilleures conditions possibles, 100 parties d'azote ammoniacal fournies au sol ne donnent que 93 parties d'azote nitrique. Donc, si l'on fume avec 100 parties d'azote ammoniacal on devrait, d'après le calcul, obtenir les mêmes résultats qu'avec 93 parties d'azote nitrique. Et les expériences de culture en pots ont confirmé l'exactitude de ce calcul. Mais dans les champs d'expériences, la moyenne des essais n'a donné pour l'azote ammoniacal qu'un effet utile de 70 o/o de celui de l'azote nitrique; il a fallu, par conséquent, employer 140 parties d'azote ammoniacal pour obtenir le même résultat qu'avec 100 parties d'azote nitrique. D'où vient cette différence? Trois causes peuvent être invoquées :

1° Ou bien l'azote ammoniacal a été appliqué trop tard, et n'a pu dès lors se transformer en azote nitrique en temps utile;

2° Ou bien les champs d'expériences étaient trop pauvres en calcaire, et le manque de calcaire a été un obstacle à la transformation de l'azote ammoniacal en azote nitrique ;

3° Ou bien encore il y a eu des pertes d'azote.

La première cause ne peut être invoquée, dit l'auteur, car l'engrais ammoniacal, dans les cas où il a été appliqué en deux fois, a été répandu moitié au moment des semailles, moitié 4-8 semaines après ;

en outre, cet engrais a produit de meilleurs résultats, au moins pour les céréales, que dans le cas où il avait été enfoui en une seule fois au moment des semailles.

La deuxième cause ne peut pas davantage être invoquée, car le sulfate d'ammoniaque a donné, en moyenne, de meilleurs résultats dans les terres pauvres en calcaire que dans les terres riches en calcaire.

Reste donc la troisième hypothèse, celle de la déperdition d'une partie de l'ammoniaque. Les expériences faites par l'auteur semblent démontrer effectivement que la cause de l'insuffisance d'action de l'azote ammoniacal doive être attribuée à la perte d'une partie de cet azote par évaporation.

Mais l'azote ammoniacal peut-il s'évaporer si l'on confie au sol du sulfate d'ammoniaque? La réponse est facile. On sait, par exemple, qu'il ne faut pas répandre le sulfate d'ammoniaque avec les scories de déphosphoration. Si l'on mélange ces deux engrais, le mélange dégage une odeur âcre. La chaux des scories met de l'ammoniaque en liberté ; il y a donc une partie de l'azote ammoniacal qui se volatilise. Or, le même phénomène se produit si l'on enfouit du sulfate d'ammoniaque dans une terre riche en calcaire. On trouvera, en y faisant attention, qu'un mélange de ce genre dégage également une odeur ammoniacale. Supposons maintenant que l'on répande du sulfate d'ammoniaque sur le sol et qu'on l'abandonne ainsi à lui-même pendant quelque temps, ou qu'on l'enterre superficiellement par un hersage, et que le soleil vienne ensuite à luire et le vent à souffler. Il est hors de doute qu'on aura alors une perte d'azote par évaporation, et le danger d'évaporation est d'autant plus grand que la terre contient plus de carbonate de chaux.

On a dit : plus la terre est calcaire, plus elle présente de chances pour que le sulfate d'ammoniaque y produise son maximum d'effet utile. Cette affirmation n'est pas exacte absolument. La chaux du sol exerce une double influence sur le sulfate d'ammoniaque : elle accélère sa transformation en carbonate d'ammoniaque volatil, ce qui, dans certaines circonstances, est un grave inconvénient. Le tout est de savoir laquelle de ces deux influences l'emporte, la bonne ou la mauvaise. Dans les expériences faites par Wagner pour résoudre cette question, c'est cette dernière qui a paru l'emporter. L'auteur a établi par le calcul, d'une part la moyenne des résultats obtenus dans les terres à moins de 0,25 o/o de carbonate de chaux, de l'autre la moyenne des résultats obtenus dans les terres contenant plus de 0,25 o/o de carbonate de chaux. Les résultats de ce calcul sont les suivants :

L'action du nitrate de soude étant supposée égale

à 100, une quantité correspondante de sulfate d'ammoniaque a produit une action égale à :

80 dans les terres pauvres en calcaire (moyenne de 64 séries d'essais),
63 dans les terres riches en calcaire (moyenne de 62 séries d'essais).

Il résulte de ces faits que la perte d'ammoniaque par évaporation est plus élevée dans les terres riches en calcaire que dans les terres pauvres en calcaire. Il est également établi d'ores et déjà que les terres sablonneuses et les terres calcaires sont les moins propres à recevoir utilement les engrais ammoniacaux, et que par conséquent il faut éviter de leur en donner en couverture. Les terres argilo-siliceuses à teneur modérée en chaux sont les plus convenables pour l'engrais ammoniacal ; cet engrais ne doit pas être répandu en couverture, mais enfoui à la charrue.

***

E. Blobel (1) a également fait une série de recherches sur la valeur comparative du nitrate de soude et du sulfate d'ammoniaque. D'après cet auteur, les deux engrais ont absolument la même valeur.

En ce qui concerne l'action des deux engrais dans les champs mêmes, il n'y a pas de norme immuable, par

(1) Blobel, *Inaugural Dissertation*. Leipzig, 1908.

suite des influences diverses qui favorisent tantôt l'action de l'ammoniaque tantôt celle de l'azote nitrique. C'est pourquoi aussi il est absolument impossible de tirer des conclusions moyennes de résultats obtenus dans des conditions différentes. Dans l'emploi des deux engrais, il faut tenir compte de ce fait que le sulfate d'ammoniaque est transformé en acide nitrique par les bactéries du sol, et qu'une partie plus ou moins importante de l'azote peut être soustraite à cette transformation et immobilisée sous une forme organique pour un temps plus ou moins long par les organismes consommateurs d'ammoniaque. Les nitrates, à leur tour, sont très mobiles et exposés dès lors à donner des pertes par entraînement dans le sous-sol, tandis que les pertes d'ammoniaque par évaporation, indiquées comme importantes par Wagner, ne le sont que tout à fait exceptionnellement. D'une manière générale, elles sont insignifiantes.

Enfin, W. Kruger a également étudié la différence d'action du nitrate de soude et du sulfate d'ammoniaque (1). Toutes les plantes sont capables d'utiliser l'azote nitrique, mais toutes ne peuvent pas utiliser le sodium en quantité importante. Les pommes de terre et la moutarde, par exemple, par leurs racines décomposent le nitrate de soude avant de l'absorber; le sodium reste à l'état de carbonate dans le sol

(1) Jahresber. d. Versuchsstation Halle, 1906, t II, p. 23.

et, dans certaines circonstances, a pour effet de l'encroûter fortement. Tel n'a pas été le cas dans la culture du seigle, du blé, du colza, ces plantes absorbant une partie du sodium comme aliment. L'action défavorable du nitrate de soude sur la consistance du sol ne provient pas de ce produit pris comme tel, mais uniquement de la formation de carbonate de soude par l'activité vitale des plantes. Dans l'utilisation du sulfate d'ammoniaque par les plantes, l'ammoniaque est absorbée, tandis que l'acide sulfurique reste dans le sol et contribue à la solubilisation des composés calcaires et magnésiens.

Th. Pfeiffer a fait des essais sur la fixation de l'azote ammoniacal par les zéolithes (1). On sait que l'ammoniaque peut se combiner avec les silicates doubles d'alumine du sol, qui absorbent alors de l'azote. Pfeiffer s'est demandé dès lors si cette immobilisation de l'azote s'étend au-delà de la période de végétation. La plante expérimentée est l'orge. Des essais il résulte que les zéolithes possèdent la propriété de former un obstacle à l'utilisation de l'ammoniaque par l'orge, ce qui permettrait d'expliquer le peu d'effet utile produit sur cette plante par l'ammoniaque comparativement à celui du nitrate.

Quoi qu'il en soit, voici les précautions à prendre pour réduire ces pertes au minimum :

(1) Mitteil. d. Landw. Instituts von Breslau 1905, t. III, p. 99.

1° **Enfouir** le sulfate d'ammoniaque aussitôt que possible à une profondeur de 10 cm. après son épandage, surtout lorsque la terre est riche en carbonate de chaux ou qu'elle a été récemment chaulée. Plus il est recouvert de terre, moindre est le danger d'évaporation ;

2° Il est recommandable, lorsqu'on emploie simultanément du sel d'ammoniaque et du superphosphate, de mélanger les deux engrais avant l'épandage, l'un étant alcalin, l'autre acide ; de cette manière, l'ammoniaque doit se combiner un peu moins rapidement avec la chaux. Il est possible que l'azote du superphosphate d'ammoniaque agisse alors un peu mieux que l'azote du sel d'ammoniaque non mélangé avec le superphosphate ;

3° Il est probable qu'on ne doive pas donner de sels ammoniacaux aux terres calcaires, ou qu'on ne doive leur en donner qu'en prenant certaines précautions ;

4° L'engrais ammoniacal paraît généralement produire de meilleurs effets dans les terres argilo-siliceuses, qui combinent mieux l'ammoniaque, que dans les terres sablonneuses et les terres légères, surtout lorsqu'elles sont chaulées ou naturellement **riches en calcaire.**

MODE D'ACTION DU NITRATE DE CHAUX
ET DE LA CYANAMIDE.

De nombreuses expériences faites dans ces derniers temps sur le mode d'action des engrais fabriqués avec l'azote atmosphérique, il résulte que le nitrate de chaux [Ca (NO^3)^2] est absorbé directement par les plantes ; la cyanamide ne peut l'être qu'après avoir été transformée par l'eau, l'acide carbonique et les bactéries du sol en d'autres combinaisons dont le terme ultime est le carbonate d'ammoniaque.

Le nitrate de chaux ne se trouve encore qu'en faible quantité dans le commerce ; mais on peut considérer comme résolues les difficultés techniques que présente sa fabrication d'après les procédés de Birkelande et Eyde, surtout après les nouveaux perfectionnements que vient d'y apporter la *Badische Anilin-und-Sodafabrik* ; on peut donc prévoir le moment où ce nouveau produit sera largement offert sur le marché des engrais, il est dès lors intéressant de connaître son mode d'action comparativement à celui du nitrate de soude du Chili. Il est clair que les deux sortes d'engrais ne peuvent exercer une action équivalente, parce que, dans un cas, le groupe du nitrate est combiné au sodium, dans l'autre au calcium, et que ces deux éléments exercent une action différente aussi bien sur le sol que sur les plantes elles-mêmes. En ce qui concerne le mode d'action du calcium dans l'assimilation de l'azote nitrique, on possède une série d'expériences faites par W. Jermakow (1), qu'il serait intéressant de voir confirmées, mais qui sont assez importantes pour être mentionnées ici.

On doit admettre que les solutions diluées de nitrates, telles que les plantes en absorbent dans le sol, se dissocient facilement en *ions*. Ce phénomène s'accomplit dans le suc cellulaire en présence de glucose ou d'autres carbohydrates analogues; il se forme des acides organiques, des combinaisons d'amines et de l'acide carbonique. Au laboratoire, il est facile de constater que l'action de l'acide nitrique sur la glucose produit de l'acide oxalique et de l'ammoniaque, et Jermakow croit devoir admettre que l'assimilation dans la plante aboutit à la formation d'acide oxalique comme produit de décomposition.

E. Godlewski (2) avait déjà démontré antérieurement que, dans la transformation, du groupe nitrate en combinaisons organiques azotées, la plante doit disposer d'une importante proportion de carbohydrates vu que ceux-ci jouent le rôle de véhicule d'énergie et de matière première pour la formation de groupes d'amines. La formation d'acide oxalique n'est donc pas invraisemblable dans ces sortes de transformations et comme l'acide oxalique libre exerce un effet nuisible sur les plastides dans lesquelles se forment les amines, il est nécessaire, comme l'admet Jermakow, que l'acide oxalique se combine avec le calcium. Les recherches expérimentales ont montré que la mise en œuvre du nitrate par les plantes est beaucoup plus intensive en présence de sels de chaux qu'en leur absence, et il faut en conclure que le calcium joue un rôle essentiel dans le processus. Au point de vue pratique, ce fait n'a pas une importance capitale parce que les terres de culture contiennent généralement une importante proportion de sels calcaires.

On possède toute une série d'observations sur l'action du nitrate de chaux. J. Sebelien a fait une série d'essais comparatifs sur son action sur l'avoine dans le sable et en terre lehmique (1) et a établi l'équivalence des deux sortes de nitrates.

Dans les terres pauvres en chaux, le nitrate de chaux a produit de meilleurs effets. Cet engrais a montré une grande supériorité pour la moutarde blanche, ce qui concorde bien avec des observations déjà faites antérieurement par P. Wagner. On possède, en outre, sur l'action du nitrate de chaux, les

(1) *Journ. Landwirtsch.*, 1906, t. 54, pp. 159.

résultats d'expériences de culture en pots faites par M. Gerlach, à Bromberg (1). W. Kruger a étudié sa valeur pour la betterave à sucre et l'a trouve équivalente à ce point de vue. S. Bellenaux (2) a montré que le nitrate de chaux augmente davantage la teneur en fécule des pommes de terre que le nitrate de soude. A. Stutzer (3) a également remarqué sa bonne action sur les pommes de terre. Enfin P. Wagner et d'autres ont recueilli des observations tout aussi favorables.

L'extraction de l'azote nitrique de l'air atmosphérique et son emploi en agriculture est une question excessivement importante; par suite, les expériences culturales dont il est l'objet pourront encore durer de nombreuses années ; les essais faits jusqu'à présent sont favorables et les difficultés de fabrication peuvent être considérées comme aplanies. Parmi les difficultés rencontrées tout d'abord dans sa fabrication, il y a lieu de mentionner ce fait qu'une partie de l'azote recueilli se trouvait à l'état de nitrite, ce qui a incité A. Stutzer d'étudier l'action de ce corps sur les plantes, aussi bien au moment de la germination que dans les autres phases de la végétation (4). Dans ce dernier cas, le nitrate ne s'est pas montré nuisible,

(1) *Deutsche Landw. Presse*, 1906, p. 365.
(2) *Comptes-rendus*, 1905, t. 140, p. 1190.
(3) *Journ. Landwirtschaft*, 1906, t. 55, p. 69.
(4) *Journ. Landwirtsch.*, 1906, t. 54, p. 125.

tandis qu'il a exercé une action nettement défavorable à la germination de certaines plantes. Le nitrate de chaux fabriqué actuellement est exempt de nitrate.

La cyanamide de calcium, déjà mentionnée, a été l'objet, dans ces dernières années, d'expériences culturales nombreuses. Mentionnons celles de P. Hrahmer, O. Botticher, Otto, A. Stutzer, et E. Wein.

D'une manière générale, il y a lieu de faire remarquer que cet engrais ne convient ni pour les terres humiques acides, ni pour les terres sablonneuses légères. Par contre, il peut être employé dans toutes le terres lehmiques de moyenne fertilité. Par suite de la formation de dicyanamide, cet engrais doit être répandu au moins 8 jours avant .les semailles, et enterré aussitôt après d'une manière pas trop superficielle. L'action de la cyanamide est plus faible que celle du nitrate de soude ; elle est aussi plus lente que pour ce dernier. Mais, comme l'unité d'azote est fournie à bien meilleur marché par le nouvel engrais, on peut en employer une quantité plus grande pour rétablir la balance. Il est hors de doute que la cyanamide mérite de fixer l'attention.

D'après les expériences de Remy, cet engrais réussit très bien dans les terres argileuses, moins dans les terres sablonneuses (1). F. Lœhnis a observé que la

___

(1) *Landw. Jahrb.*, 1906, t. 35, IV, p. 114.

transformation de la cyanamide en ammoniaque dans le sol est effectuée par des bactéries, par exemple, par le *B. megatherium*, le *mycoïde* et autres espèces, en partie nouvelles (1). On sait que la transformation de l'ammoniaque en nitrate est également effectuée par des bactéries, et d'après les recherches de G. Muntz et E. Lainé la tourbe est un excellent milieu pour amener les bactéries nitrifiantes à une activité très intense ; à cet effet, on humecte la tourbe avec une solution d'un sel d'ammoniaque après l'avoir mélangée avec de la chaux (pour fixer l'acide nitrique formé) (2).

On ne possède que peu d'observations sur l'assimilation directe de l'azote atmosphérique libre par les plantes. E. Haselhoff est d'avis que, dans les forêts, les feuilles tombées assimilent l'azote atmosphérique libre aussi longtemps qu'elles contiennent une certaine dose d'humidité. Les arbres ne se nourrissent pas seulement d'azote par l'intermédiaire du *micorrhiza*, mais encore à l'aide de bactéries anaérobies qui appartiennent au groupe des *clostridium* (3). Mais, d'après les expériences de A. Mœller sur les pins des montagnes, il est douteux que le *micorrhiza* soit d'une manière générale un collecteur d'azote (4).

(1) *Centralbl. f. Bakteriol.*, IIe partie, 1906, pp. 87 et 389.
(2) *Comptes-rendus*, 1906, t. 142, pp. 430 et 1239.
(3) *D. landw. Presse*, 1905, p. 225.
(4) *D. botan. ges. Ber.*, 1906, t. 24, p. 230.

De l'avis général, les plantes agricoles, à l'exception des légumineuses, absorbent l'azote sous forme de nitrate, et on admet que l'ammoniaque qui leur est fournie par les engrais est transformée d'abord en nitrate par l'action des bactéries. W. Kruger stérilisa de la terre par la vapeur pour détruire les bactéries nitrifiantes et lava les graines à semer avec une solution de sublimé. La terre ne reçut l'azote que sous forme d'ammoniaque. Les plantes utilisées : l'avoine, l'orge, la moutarde, les pommes de terre, les betteraves fourragères purent utiliser l'ammoniaque directement comme aliment, mais à un degré variable. La pomme de terre préfère l'ammoniaque au nitrate, les autres plantes préfèrent le nitrate.

Des essais comparatifs très étendus faits par P. Wagner, B. Dorsch, S. Mals et M. Popp (*Landw. Versuchsst.*, 1907, t. 66, p. 285) avec la chaux-azote et différents autres engrais azotés, il résulte ce qui suit :

1⁰ Le sulfate d'ammoniaque et le nitrate d'ammoniaque n'ont pas montré de bien grandes différences dans leur mode d'action. 2⁰ Le carbonate d'ammoniaque a produit dans les terres lehmiques exactement les mêmes résultats que le sulfate d'ammoniaque et le nitrate d'ammoniaque. En terre sablonneuse, il n'a agi normalement sur la culture en pots que jusqu'à une dose de 0 gr.75 d'azote donnée une fois ;

de plus fortes doses ont été nuisibles. 3° Le nitrate de chaux a agi normalement jusqu'à la seconde dose (1 gr. 5) en terre lehmique, et jusqu'à la troisième dose en terre sablonneuse (2 gr. 25). Mais à partir de ce moment, il a produit une action nuisible, surtout en terre lehmique. La teneur élevée du nitrate de chaux et celle encore plus élevée du nitrate de chaux basique ont produit des effets nuisibles. 4° La chaux azote, à dose de 0 gr. 75, donnée une fois, a produit un effet favorable en pots, quoique un peu moindre que celui des autres engrais azotés à dose égale. 5° Le guano de poisson a produit en moyenne un effet utile de 78, l'action du nitrate d'ammoniaque et du sulfate d'ammoniaque étant supposée = 100. 6° Les engrais verts ont produit en terre sablonneuse le même effet utile que le guano de poisson ; en terre lehmique, ils ont produit un effet un peu moindre. 7° Le nitrate de soude (salpêtre du Chili) et le sulfate d'ammoniaque ont produit régulièrement des rendements plus élevés et une meilleure utilisation de l'azote que la chaux azotée. Le résultat général de tous les essais de végétation exécutés est le suivant : si l'on représente la valeur engrais de l'azote nitrique par 100, la valeur de l'azote de la chaux-azote est représentée par 90. La chaux-azote agit un peu plus faiblement lorsque sa décomposition dans le sol donne lieu à la formation de dicyandiamide, résultant de l'action de l'acide carbonique, de l'acide humique, de la chaleur et de l'absence de bactéries. Les facteurs qui favorisent l'action de la chaux-azote sont : un épandage uniforme (exécuté 15 jours avant les semailles), le mélange parfait de l'engrais avec la terre arable, une humidité suffisante du sol, une terre lehmique riche en bactéries, épandage au plus tard le 15 février pour les plantes d'hiver.

RÈGLES POUR L'EMPLOI DE LA CYANAMIDE.

Immendorff (1) a tracé les règles suivantes pour l'emploi de la chaux azotée :

1° La chaux-azote ne convient pas aux terres humiques acides où son action n'est rien moins que sûre et où elle peut empoisonner les plantes ;

2° Pour le même motif, son emploi n'est pas recommandable dans les terres sablonneuses légères, peu actives, surtout celles à réaction acide;

3° Toutes les autres terres, surtout celles finement divisées, qui contiennent assez de chaux et sont fumées régulièrement au fumier de ferme, peuvent recevoir de la chaux-azote.

Ce nouvel engrais peut être employé avec succès en tenant compte des observations suivantes :

(1) *Chem. Zeitung*, 1907. Repert., n° 29, p. 183.

a) La dose à employer par hectare sera de 150 à 300 kilogr. (30 à 60 kilogr. d'azote) suivant l'état de fertilité du sol.

b) Comme la chaux-azote dégage énormément de poussière (ce qui est bien le défaut le plus désagréable de cet engrais), le mieux à faire, surtout quand on ne dispose pas d'un semoir d'engrais, est de la mélanger intimement avec le double de son poids de terre pas trop humide et de l'épandre immédiatement.

c) L'épandage doit se faire 8 à 15 jours avant la semaille, d'après Frank. Cependant, lorsque cet engrais est donné aux sols qui lui conviennent, ce délai n'est pas de rigueur (à moins de sécheresse trop grande) ; si elle est répandue 3 à 4 jours avant les semailles et enfouie convenablement, la chaux-azote perd complètement ses propriétés nuisibles à la germination de la graine.

d) Il est essentiel de mélanger l'engrais avec la couche superficielle du sol immédiatement après l'épandage, en l'enfouissant à la charrue. On se gardera de faire l'épandage tant que la surface du sol sera humide et très chaude.

e) En aucun cas, on ne devra employer la chaux-azote comme engrais de couverture (tout au moins après le départ de la végétation), car, dans ce cas, il serait plus nuisible qu'utile.

LES ENGRAIS AZOTÉS ORGANIQUES.

Les quantités d'engrais azotés organiques fournies par le commerce sont peu importantes en comparaison de celles de nitrate de soude et de sulfate d'ammoniaque.

La composition moyenne des engrais organiques azotés est la suivante :

	Azote 0/0	Acide phosphorique. 0/0
Sang desséché..	13,4	—
Poudre de corne...........	12,0	—
Guano du Pérou, brut.....	6,0	12,9 (total)
— — — solubilisé.	6,9	9,8 (sol. dans l'eau)
Poudre de viande, brute....	5,6	13,3 (total)
Guano de poisson, brut.....	8,4	11,8 (total)
— — — solubilisé.	5,4	9,8 (sol. dans l'eau)
Poudre d'os, brute.........	3,2	22,6 (total)
— — — solubilisée.	1,4	13,9 (sol. dans l'eau)

Dans ces engrais organiques, l'azote est le plus souvent d'un prix plus élevé que dans le nitrate et le sulfate d'amoniaque, comme le montre le calcul suivant :

100 kg de guano du Pérou, marque corne d'abondance, à 7 0/0 d'azote, 9,5 0/0 d'acide phosphorique et 1 0/0 de potasse coûtent..... 20 fr. 75

Valeur de l'acide phosphorique (9,5 kgr. P² O⁵ à 0 fr. 50 = 4,75.......................... ⎫

Valeur de la potasse (1 kgr...... ⎬ 4 fr. 90

à 15 fr. = 0.15......................... ⎭

Reste pour 7 kgr. d'azote........... 15 fr. 85

1 kilogr. d'azote coûte donc 2 fr. 25 dans le guano du Pérou, tandis que, dans le sulfate d'ammoniaque, il ne coûte que 77 centimes et environ 89 centimes dans le superphosphate d'ammoniaque et le nitrate de soude.

Parmi les engrais organiques azotés, c'est le guano du Pérou qui est le plus actif.

M. Popp (1) a étudié l'action de l'azote des engrais organiques comparativement à celle de l'azote nitrique.

Dans ses essais, l'auteur a employé toutes sortes d'engrais organiques : sang desséché, poudre de corne, farine de ricin, poudre d'os bruts, guano de poisson en poudre, poudre de viande, poudrette de Brême, poudre de laine, etc. D'après les essais de végétation qu'il a exécutés, il ne lui est possible de donner que des indications relatives sur le rapport qui existe entre l'action des différents engrais. Sous le couvert de cette observation, voici quels sont les valeurs approximatives d'efficacité de ces engrais.

Sang desséché	70
Poudre de corne	70
Guano de poisson	60
Farine de ricin	60
Poudre de viande	60
Poudrette de Brême	55
Poudre d'os	55
Engrais organique de Krottnauer	45

(1) *Landw. Versuchsst.*, 1908, p. 253.

Engrais de Blankenburg...,.............. 45
Salins de vinasse..................... 40
Poussière de laine.................... 25
Engrais concentré de bovidés..... 20
Poudre de cuir...................... 10

La valeur de « l'engrais organique solubilisé » est de 23 o/o de celle du nitrate.

L'auteur a en outre remarqué que partout l'azote organique, se transforme d'abord en ammoniaque ; il n'a pu déterminer l'influence de la chaux.

Une transformation complète de l'azote organique en acide nitrique ne s'est produite en aucun cas. Dans le cas le plus favorable, sur 100 parties d'azote organique, 72 parties ont été transformées en acide nitrique, c'est le cas notamment pour le sang desséché ; l'azote de la poudre de corne a été transformé dans la proportion d'environ 57 o/o et l'engrais azoté organique dans la proportion de 24 o/o. La poudre de corne agit donc un peu plus lentement que le sang desséché, et l'engrais azoté organique environ moitié moins vite. On n'a pas observé non plus dans ce cas d'influence de la chaux sur la transformation.

Comme conclusion, l'auteur a calculé la valeur des engrais azotés organiques comparée à celle du nitrate, celui-ci calculé à 35 fr. 25, tous débours compris. D'après cela, la valeur de 1 kilogr. d'azote est la suivante dans les engrais organiques suivants :

	fr.
Sang desséché	1,40
Poudre de corne	1,40
Guano de poisson	1,20
Poudre de ricin	1,20
Poudre de viande	1,20
Poudrette de Brême	1,10
Poudre d'os	1,10
Engrais org. breveté de Krottnauer	0,90
Engrais de salins de mélasse	0,80
Engrais azoté org. solubilisé	0,40
Guano de Lutzel	0,70
Poudre de laine	0,50
Engrais concentré de bovidés	0,40
Poudre de cuir	0,20

QUANTITÉS D'AZOTE ENLEVÉES AU SOL PAR LES PLANTES.

Il est intéressant de connaître les quantités d'azote enlevées au sol par les différentes plantes cultivées dans les mêmes conditions. Les expériences faites à ce sujet par le Dr Schneidewind dans une terre argilo-calcaire riche en humus vont nous fixer sur cette question : nous indiquons en même temps les quantités de potasse et d'acide phosphorique. Les chiffres suivants représentent des moyennes de plusieurs années, pour 1 hectare avec fumure normale :

	Azote	Acide phosphorique	Potasse
	kilogr.	kilogr.	kilogr.
Blés d'hiver, diverses sortes	85,1	36,2	82,5
Seigle d'hiver	68,9	46,2	105,2

Orge d'hiver	69,6	38,7	86,1
Orge de printemps	58,9	33,9	79,8
Avoine	84,7	43,0	113,9
Pommes de terre	113,5	37,2	165,8
Betteraves fourragères	183,2	72,7	253,5
Betteraves à sucre	201,0	69,4	231,5
Colza	124,0	—	—

On voit que ce sont les betteraves à sucre qui enlèvent au sol les plus grandes quantités d'azote : viennent ensuite les betteraves fourragères, dont le développement foliacé est plus faible, le colza et les pommes de terre, et enfin l'orge d'hiver et le seigle.

Dans les céréales l'acide phosphorique accompagne l'azote dans la proportion moyenne de $1 : 1,8$ ($P^2O^5 : N$). tandis que chez les plantes-racines la proportion s'élargit pour atteindre $1 : 2,6 - 3,0$ ($P^2O^5 : N$).

Ces chiffres nous renseignent sur les quantités de matières fertilisantes, surtout d'azote, exigées par nos plantes de culture, mais non sur les quantités qu'il faut leur en donner, car les différentes plantes exigent des quantités d'azote très diverses. Les chiffres suivants, relatifs à des parcelles qui sont exploitées d'une manière continue sans engrais azotés, nous montrent à quel point varient les exigences des plantes. En regard de ces chiffres sont inscrites les quantités d'azote absorbées par les plantes qui ont reçu de fortes doses d'engrais azoté, dans des parcelles voisines des précédentes. Ces chiffres représentent des moyennes de plusieurs années.

Quantités d'azote et autres matières fertilisantes absorbées par les plantes

	Sur des parcelles cultivées d'une manière continue sans engrais azoté			Sur des parcelles cultivées avec apport d'engrais azoté (céréales : nitrate) (plantes racines : fumier de ferme + nitrate)		
	Azote	Acide phosphorique	Potasse	Azote	Acide phosphorique	Potasse
	kg.	kg.	kg.	kg.	kg.	kg.
Blé....................	60,8	33,3	65,2	107.8	49,4	120,8
Orge de printemps...	40,1	23,0	41,6	74.3	34,5	78.8
Betteraves à sucre...	112,7	51,9	180,4	229,3	80,6	273,4
Pommes de terre....	88,2	31,8	117,8	141,8	44,2	198,0

Ces chiffres nous montrent que, même sur les parcelles qui n'avaient pas reçu d'engrais azoté, les betteraves à sucre ont enlevé au sol presque deux fois plus d'azote que le blé et presque trois fois plus que l'orge. La betterave à sucre utilise donc bien mieux l'azote du sol que les céréales. La pomme de terre occupe, à cet égard, un juste milieu. Cela tient d'une part au système radiculaire de la plante, de l'autre à la durée de sa végétation et aux façons culturales qu'on lui donne. Ces dernières jouent égale-

ment un rôle analogue dans la culture de la betterave : elles ont pour effet de mobiliser l'azote du
sol, et équivalent presque à une jachère.

Ce qui précède permet de formuler les règles suivantes pour l'emploi des différents engrais azotés :
aux betteraves on donnera l'azote autant que possible sous forme de nitrate. Dans le cas de fortes doses
de cet engrais, comme par exemple en l'absence de
fumier de ferme, il y aurait peut-être lieu de combiner le nitrate avec le sulfate d'ammoniaque lorsque
l'on craint qu'une dose élevée de nitrate n'encroûte
fortement la couche arable.

Les *pommes de terre* peuvent recevoir l'azote in-
différemment sous forme de sulfate d'ammoniaque
ou de nitrate de soude. Dans les situations où
la pomme de terre est sujette à la maladie, il vaut
mieux employer l'ammoniaque ; d'ailleurs, cet engrais leur donne bon goût et elles se conservent
bien.

A l'*orge*, surtout si elle est destinée à la brasserie,
on peut donner l'azote sous forme d'ammoniaque ou
sous forme de chaux azotée.

L'*avoine* rémunère bien le nitrate de soude ; mais
elle utilise également bien l'ammoniaque et la chaux
azotée. Aux *céréales d'hiver* (seigle et blé), il est
important de donner de bonne heure au printemps
un engrais de couverture sous forme de nitrate.

L'emploi de l'ammoniaque pour les céréales d'hiver présente de grandes difficultés : appliqué en automne, cet engrais est exposé à être entraîné par les eaux de pluie, quoique à un degré moindre que le nitrate; si, au contraire, on l'applique au printemps comme engrais de couverture, il subit des pertes plus ou moins importantes par suite de l'action de la chaux. C'est pourquoi on ne donnera de l'ammoniaque aux céréales d'hiver que dans les terres très absorbantes lorsqu'on craint, par exemple, la verse, qui est favorisée par le nitrate. Dans ce cas, on peut épandre en automne 20 kg. d'azote ammoniacal. Pour les céréales d'hiver, le nitrate ne peut être remplacé par aucun autre engrais dans les terres sablonneuses; ici l'engrais de couverture joue un rôle tout particulier au commencement du printemps.

CHAPITRE IX

APPLICATIONS DES ENGRAIS CHIMIQUES AUX DIFFÉ-RENTES PLANTES CULTURALES

LES CÉRÉALES.

De l'avis général, les céréales exigent, avant tout, des engrais phosphatés. En réalité, et sans nier leurs exigences en phosphates, on peut dire qu'elles ont besoin surtout d'engrais azoté. Cela est tellement vrai que le blé, par exemple, supportera plus facilement la privation d'engrais phosphaté que d'engrais azoté. La plupart des terres sont pauvres en azote, et l'acide phosphorique ne peut y produire ses effets qu'autant qu'elles soient pourvues d'azote.

Voici les quantités extrêmes d'azote, d'acide phosphorique et de potasse à employer pour les céréales, d'après Wagner :

AZOTE PAR HECTARE.

Dose faible : 100 kilogr. de nitrate de soude ou de sulfate
   d'ammoniaque
Dose moyenne : 200 kilogr.   —   —   —

Dose forte :   400 kilogr. de nitrate de soude ou de sulfate
            d'ammoniaque.

ACIDE PHOSPHORIQUE PAR HECTARE.

Dose faible :   200 kilogr. de scories Thomas ou 150 kilogr.
de superphosphate (1).
Dose moyenne : 400 kilogr.   —   —   300 kilogr.
Dose forte :   600 kilogr.   —   —   450 kilogr.

POTASSE PAR HECTARE.

Dose faible :   100 kilogr. de sel de potasse à 40 0/0 ou
300 kilogr. de kaïnite
Dose moyenne : 150 kilogr.   —   —   450 kilogr.
Dose forte :   200 kilogr.   —   —   600 kilogr.

Les doses d'engrais à employer varient naturellement suivant l'espèce de céréale, suivant la nature
du sol et son état de fertilité, et enfin suivant la nature de la récolte qui précède et celle qui doit suivre.

L'orge et le seigle supportent moins bien les engrais
azotés que l'avoine et le blé, les variétés à forte tige
les supportent mieux que celles à faible tige. L'orge
de brasserie ne supporte de fortes doses d'azote que
lorsqu'elles sont associées aux engrais potassiques et
phosphatés. Les variétés à grands rendements exigent plus d'engrais que celles à faibles rendements.
Les terres sèches, légères, exigent des quantités plutôt
faibles d'acide phosphorique et de fortes doses d'a-
zote et de potasse ; les terres lourdes et humides exi-

(1) Les scories et le superphosphate sont supposés contenir
16 o/o d'acide phosphorique.

gent plus d'acide phosphorique. Plus une terre est riche en humus, plus elle est fumée au fumier de ferme et au purin, aux engrais verts, etc., plus il faut réduire la dose d'azote et augmenter celle de l'acide phosphorique.

Si la terre a reçu des engrais verts, on lui donnera surtout des engrais phosphatés et potassiques. Si, au contraire, elle a porté des pommes de terre, des betteraves ou des céréales, plantes qui dévorent l'azote, on lui donnera une plus forte dose d'azote associé à la potasse et à l'acide phosphorique.

Si l'on veut cultiver des pommes de terre après la céréale, on donnera à celle-ci une forte dose de potasse, car les pommes de terre la supportent mieux quand elle est appliquée à la récolte précédente que si on la leur donne directement. Si l'on fait suivre du trèfle ou de la luzerne, on appliquera une assez forte dose de potasse et une forte dose d'acide phosphorique.

Sous le bénéfice de ces observations, nous allons examiner, avec M. C. Pabst (1), la culture des céréales dans les diverses conditions qui peuvent se présenter dans la pratique culturale. Les doses d'engrais que nous indiquerons, calculées pour un hectare, sont plus spécialement établies pour le blé ; mais

(1) *L'Agriculture moderne*, 1903, pp. 151 et suiv.

elles sont également applicables aux seigles et aux avoines d'hiver.

BLÉ.

Blé sur forte fumure de fumier de ferme (30.000 kilogr. au moins). — 1° Terres fertiles en bon état de culture, mais n'étant pas encore entraînées depuis de longues années et ayant de mauvaises herbes à redouter au printemps. — Dans ce cas, un gros sacrifice d'engrais pouvant ne pas être largement rémunéré, on se contentera d'épandre 300 à 400 kg. de scories ou de superphosphate à l'automne, et au premier printemps on provoque une poussée vigoureuse avec 140 kilogr. de nitrate en couverture.

2° Terres fertiles depuis de nombreuses années, bien entretenues, débarrassées de toutes mauvaises herbes, pouvant donner par conséquent de gros rendements. Le sacrifice doit être plus important, car le succès est assuré. On épandra à l'automne 300 à 400 kilogr. de superphosphate ou de scories, 150 kilogr. de sulfate d'ammoniaque, 100 kilogr. de chlorure de potassium et 150 kilogr. de nitrate de soude au printemps.

Blé sur bonne arrière-fumure. — En culture intensive, on concentre souvent le fumier de ferme sur une plante sarclée industrielle, comme la betterave et la pomme de terre. Si l'une de ces cultures a reçu une forte dose d'engrais chimiques et de fumier, après la récolte il reste un stock important de matières fertilisantes ; aussi peut-on y cultiver parfaitement du froment sans qu'un nouvel apport de fumier soit nécessaire.

Les terres venant de servir à une plante sarclée sont, en effet, très bien nettoyées et dans d'excellentes conditions pour produire une abondante récolte de céréales ; cependant, on aura intérêt à épandre une certaine quantité d'engrais chimiques complémentaires.

Dans les terres *très fertiles* et en excellent état de culture, on apportera : 400 kilogr. de superphosphate à l'automne, 200 kilogr. de sulfate d'ammoniaque, 150 kilogr. de chlorure de potassium, 200 kilogr. d'un mélange de sulfate d'ammoniaque et de nitrate de soude qu'on épandra en couverture au premier printemps.

Si la terre présente une *fertilité moyenne*, on apportera : 400 kilogr. de superphosphate, 150 kilogr. de sulfate d'ammoniaque, 100 kilogr. de chlorure de potassium (à l'automne), 150 kilogr. de nitrate en couverture (au printemps).

Sur demi-fumure de fumier. — C'est le cas le plus général dans nos campagnes, la culture n'employant malheureusement jamais une quantité de fumier suffisante. Cette situation est assez semblable à celle qui est basée sur une arrière-fumure ; ce qui en diffère, c'est que les éléments de la demi-fumure ne sont pas disponibles aussitôt, car on sait que le fumier a besoin d'être bien consommé pour produire tout son effet fertilisant.

Le fumier contient une proportion suffisante de potasse, donc son apport peut dispenser d'employer un engrais potassique, sauf dans le cas où le terrain en est pauvre.

Si donc on possède un sol fertile et riche en potasse, voici la formule à employer : 3oo à 4oo kilogr. de superphosphate, 15o kilogr. de sulfate d'ammoniaque (à l'automne), 2oo kilogr. d'un mélange de nitrate et de sulfate d'ammoniaque (au printemps). Si le sol est d'une fertilité moyenne et manque de potasse : 4oo à 5oo kilogr. de superphosphate, 1oo kilogr. de sulfate d'ammoniaque, 1oo kilogr. de chlorure de potassium (à l'automne), 15o kilogr. de nitrate de soude (au printemps).

Sans fumier de ferme et sans arrière-fumure. — Dans les terres bien nettoyées et cultivées depuis plusieurs années, on emploiera : 5oo kilogr. de superphosphate, 2oo kilogr. de sulfate d'ammoniaque, 15o kilogr. de chlorure de potassium (à l'automne), 15o kilogr. de nitrate de soude (au printemps). Si les terres sont négligées et peuvent donner beaucoup d'herbe au printemps, on emploiera la formule suivante : 400 à 500 kilogr. de superphosphate (à l'automne), 200 kilogr. de nitrate de soude (au printemps), en deux applications (la première au début de la végétation, la seconde trois semaines après).

Il faut faire remarquer que ce dernier genre de culture ne doit être qu'un expédient momentané, car les bonnes façons culturales et la destruction des mauvaises herbes sont de toute nécessité si l'on veut obtenir de belles récoltes. Quoi qu'il en soit, même dans des conditions aussi défavorables, la formule indiquée permet d'obtenir un bénéfice d'au moins 100 francs par hectare, déduction faite de la valeur de l'engrais.

Sur engrais verts. — Le froment semé sur une récolte de lupins, vesces, trèfle, etc., enterrée en vert, se trouve à peu de chose près dans les mêmes conditions que celui placé sur une demi-fumure au fumier de ferme. On emploiera donc, dans ce cas, la formule indiquée plus haut à ce sujet. La potasse employée en aussi forte dose (200 kilogr. de chlorure ou 800 kilogr. de kaïnite) produit un meilleur effet si elle est utilisée à la production de la fumure verte précédant le blé ; dans ce cas, ce dernier est semé sans nouvel épandage d'engrais potassique.

Terres très pauvres en chaux et en acide phosphorique. — On sait que la chaux est indispensable aux plantes. Les épandages de superphosphates et de scories en apportent au sol; dans le premier engrais, la chaux est à l'état de sulfate de chaux ou de plâtre, qui a lui-même une valeur fertilisante spéciale. Dans les terres très pauvres en chaux, généralement terrains lourds et compacts, il sera bon d'apporter une dose de chaux supplémentaire. Voici d'ailleurs la formule à employer : 1.000 kilogr. de chaux en poudre par hectare, enfouis profondément dans le sol par un labour, 500 kilogr. de superphosphate (épandus superficiellement au moment de semer ou de herser).

Ou bien 1.000 kilogr. de scories enfouies par un labour, 300 kilogr. de superphosphate semé superficiellement au moment du hersage et de l'ensemencement. On se trouve toujours bien, en effet, de compléter l'action fertilisante lente des scories par un petit apport de superphosphate, car celui-ci donne beaucoup de vigueur aux jeunes pousses de blé et leur permet d'affronter plus vigoureusement le froid.

Terres acides et tourbeuses. — On y épandra de la chaux, des scories ou des phosphates naturels finement moulus; on y ajoutera une dose superficielle et modérée de superphosphate au moment de l'ensemencement ou aussitôt après l'hiver. En ce qui concerne les doses d'engrais azotés à employer, on utilisera suivant le cas, l'une des formules précédentes.

Essai sur blé de M. Girod, à Chambéry (Savoie).

Avec 1000 kg. de scories Thomas « Etoile »
2.400 kg. de grains et 4.550 kg.
de paille à l'hectare.

Sans scories : 1.600 kg. de
grains et 3.000 kg. de paille
à l'hectare.

Ajoutons enfin que M. Guicherd, professeur départemental d'agriculture de la Côte-d'Or, vient de faire d'intéressantes expériences sur l'influence des engrais potassiques dans la culture du blé; l'action de ces engrais étant plus complexe que celle des fertilisants phosphatés ou azotés, était en effet peu connue jusqu'ici. En prenant la moyenne de cinq essais, ce savant a pu obtenir en ajoutant à la fumure azotée et phosphatée 150 kilogr. de chlorure de potassium ou de sulfate de potasse, un excédent de 3 quintaux 20 à 4 quintaux 30 de grain, et de 5 quintaux 88 à 7 quintaux 16 de paille. La valeur de cet excédent dépassait de plus du double la dépense d'engrais potassiques; ceux-ci sont donc recommandables.

Si les chiffres précédents marquent un avantage sensible pour le chlorure de potassium, ce serait cependant une erreur d'en déduire une telle conclusion générale ; en effet, les essais relatés permettent de constater seulement que, dans trois terres d'origine calcaire, l'emploi du chlorure de potassium est plus avantageux que celui du sulfate de potasse ; dans les sols où la chaux fait défaut, le sulfate de potasse donne des résultats égaux ou supérieurs à ceux du chlorure de potassium. Le calcaire est indispensable à la bonne utilisation des engrais potassiques, surtout pour le chlorure de potassium ; le carbonate de chaux permet aux sels potassiques de se transformer en carbonate de potasse, facilement utilisé par les plantes et facilement retenu par l'humus et l'argile des terres arables. C'est pourquoi, dans un sol pauvre en chaux, quelle que soit sa nature, pour que l'épandage d'engrais potassiques y produise tout son effet, il est nécessaire de le faire précéder d'un chaulage ou d'un marnage.

Terminons en conseillant de ne pas enfouir trop profondément les engrais chimiques ; leur rôle principal se faisant sentir surtout au début de la végétation, on comprend qu'il est plus rationnel de les mettre à proximité des premières racines. On les épand avant l'ensemencement, les herses les enterrent d'une façon suffisante. Si l'on emploie une forte dose de superphosphate dans les terres pauvres en acide phosphorique, il est préférable de mettre la moitié de la dose avant le dernier labour, et le reste superficiellement, peu de temps avant l'ensemencement.

AVOINE

L'avoine est une des plantes qui rémunèrent le mieux de fortes doses d'engrais azoté. Une récolte d'avoine de 25 hectolitres, c'est-à-dire 1.200 kilogr. de grains et 2.100 kilogr. de paille enlève au sol Muntz et Girard) environ 32 kilogr. d'azote, 12 à 13

kilogr. d'acide phosphorique, 25 kilogr. de potasse
et 8 kilogr. de chaux.

L'azote, nous le voyons par ces chiffres, l'emporte
sur les autres éléments et est en quelque sorte la
dominante. C'est ce qui explique pourquoi les avoines semées sur défriches de prairies artificielles ou
naturelles donnent toujours de belles récoltes, surtout quand on a soin d'y adjoindre les engrais phosphatés et potassiques sous formes de scories et de
sels de potasse.

Le grand besoin d'azote se fait particulièrement
sentir à deux époques de la végétation : 1º de la
levée à la fin du tallage ; 2º avant l'épiage.

La nature et la quantité des engrais à employer,
varient suivant les différents cas où l'on peut se
trouver. Voici les principaux (1) :

1º *Sur défriche* on se contentera d'épandre à la
fin de l'hiver 800 à 1.000 kilogr. de scories par hectare et 150 à 200 kilogr. de chlorure de potassium;

2º *Après une céréale* ayant reçu une fumure très
forte, il peut suffire d'incorporer au sol, avant les
semailles, 400 à 500 kilogr. de scories et 100 kilogr.
de chlorure de potassium. Après la levée, on épandra de 50 à 60 kilogr. de nitrate de soude et autant
avant l'épiage;

3º *Après une céréale mal fumée ou dans une*

(1) Cf. P. Géré, *l'Agriculture moderne,* 1903.

Essai sur avoine de M. Rondeau, à Tabuans (Ardèche).
Sans scories.   Avec scories Thomas « Etoile ».

terre pauvre, il convient d'employer avant les semailles : 5oo à 6oo kilogr. de scories et 15o kilogr. de chlorure de potassium ; 200 à 25o kilogr. de nitrate de soude.

On épand le nitrate en deux ou trois portions : la première au moment des semailles, la deuxième 15 jours après la levée, la troisième lorsque la végétation commence à prendre de la vigueur.

Cette dernière formule est largement suffisante pour une production à l'hectare de 4o hectolitres de grains. Dans les terres très calcaires, on appliquera les scories de très bonne heure ; on peut, au besoin, les remplacer par des superphosphates, mais leur action est plus marquée parfois que celle de ces derniers.

Les variétés d'avoine sont assez nombreuses et nous ne saurions les citer toutes.

Suivant les régions, le commerce demande des avoines noires, blanches ou jeunes et le cultivateur a intérêt à choisir la sorte qui est la plus recherchée et par suite la plus facile à vendre.

Dans les terres qui se dessèchent facilement, on choisira les variétés très hâtives, telles que *l'avoine hâtive de Sibérie*, *l'avoine noire hâtive d'Etampes*, *l'avoine de Géorgie* ; comme variétés tardives à grand rendement *l'avoine noire de Brie*, *l'avoine jaune des Salines*. Nous citerons encore *l'avoine prolifique de Saxe*, qui est une variété très remarquable par ses rendements et par la qualité de son grain ainsi du reste que l'*avoine jaune de Varsovie*.

SEIGLE

On peut appliquer au seigle ce qui a été dit plus haut pour le froment. En règle générale, cependant, le seigle, notamment le seigle d'hiver, est incapable de mettre en œuvre d'aussi fortes quantités de nitrates que le froment et l'avoine; le plus souvent on ne dépasse pas pour le seigle 150 à 200 kilogr. de nitrate par hectare, et l'agriculteur doit pouvoir juger par lui-même si dans un cas déterminé il doit lui donner une dose de nitrate plus forte ou plus faible ou même s'il doit le supprimer complètement, suivant le développement de la plante qui peut lui-même varier considérablement suivant l'état de la température en automne, en hiver ou au printemps et suivant l'état de fertilité du sol.

Si le seigle est très clairsemé, s'il a fortement souffert du froid de l'hiver, le nitrate, appliqué comme engrais de couverture au mois de mars, fournit un excellent moyen d'amener les plantes à taller fortement et par suite d'augmenter le rendement. Mais, si la température a été favorable en automne et en hiver, si la plante se développe amplement et si, par

surcroît, on l'a encore fumée avec du purin ou même
avec de l'engrais flamand, on saura qu'il ne faut pas

Essai sur seigle de M. Ropert, à Guern (Morbihan).
Sans scories.   Avec scories Thomas « Étoile ».

lui donner de nitrate ou qu'il faut ne lui en donner
que très peu, sous peine de l'exposer à verser.

En tous cas, il est important de lui appliquer le
nitrate au commencement du printemps. Le danger
d'entraînement de cet engrais dans le sous-sol par
l'eau de pluie a été beaucoup exagéré. Les racines
du seigle absorbent très rapidement l'azote et le mettent en œuvre dès qu'elles reçoivent la chaleur qui
leur est nécessaire. Comme pour le froment, 100 kilogr. de nitrate produisent en moyenne 300 kilogr.
de grains avec la paille correspondante, si l'on a soin
de lui donner en même temps les engrais phosphatés
et potassiques indiqués pour le froment.

ORGE.

L'application du nitrate à la culture de l'orge exige
bien plus de prudence que pour le froment et le
seigle. Des doses trop fortes de nitrate la font verser
et, en outre, elles augmentent sa teneur en protéïne,
ce qui la rend impropre à la brasserie. Quand elle
trouve dans le sol une grande proportion d'aliments
solubles, elle se développe beaucoup plus rapidement
et plus fortement, ce qui l'expose facilement à un
tallage exagéré, à un port trop serré si on lui donne
trop de nitrate au moment des semailles ou quelque
temps après.

Il est donc prudent de ne pas lui donner plus de
100 kilogr. de nitrate par hectare au moment des

semailles. Si le sol est pauvre en azote, on lui donne encore 100 kilogr. de nitrate lorsqu'elle a fini de taller; on peut même lui en donner une troisième dose de 100 à 150 kilogr. de nitrate par hectare, quinze jours ou trois semaines après la première dose, lorsque le sol est très pauvre en azote et en humus.

Il est important, pour la culture de l'orge précisément, de fournir également au sol des quantités suffisantes de potasse et d'acide phosphorique, car ce n'est que dans ces conditions que le nitrate arrive à produire tout son effet et qu'on peut, même avec une dose relativement élevée de nitrate, obtenir de l'orge de qualité irréprochable pour la brasserie.

MAÏS.

Le maïs est généralement cultivé entre deux céréales. On peut le faire revenir plusieurs fois consécutives dans une même terre lorsqu'elle est suffisamment fumée. Il supporte de fortes doses de fumier de ferme; on peut lui appliquer avec succès du purin, des cendres, des scories Thomas (200 à 400 kg.). du nitrate de soude (200 à 400 kg.), du chlorure de potassium (200 à 500 kg.), du compost, des tourteaux de ricin (600 à 800 kg. par hectare). Cette plante est particulièrement avide de potasse et d'acide phosphorique, ainsi que le montrent les chiffres suivants:

Essai sur maïs de M. Grillon, à Uchacq (Landes).

Sans engrais...................................... : 1.300 kg. de grains.
Fumier seul....................................... : 1.496 kg. de grains.
Scories Thomas « Étoile » seules.............. : 1.813 kg. de grains.
Scories Thomas « Étoile » et fumier.......... : 1.890 kg. de grains.

Une récolte de maïs enlève au sol les quantités suivantes de matières minérales par hectare :

	Cendres.	Azote.	Potasse.	Acide phosphorique
2.250 kg. de grains	27,90	36 kg	8 kg 32	12 kg 82
3.000 kg. de fanes.	135,90	4 kg 40	49 kg 20	4 kg 40
1.000 kg. d'épis...	4,50	2 kg 30	0 kg 30	0 kg 200
Ensemble.	168 kg 30	52 kg 70	52 kg 82	24 kg 42

POMMES DE TERRE

Les pommes de terre possèdent à un haut degré la propriété d'utiliser la réserve d'engrais potassiques et azotés du sol. Mais elles sont tellement avides de potasse que, comme nous l'avons fait observer au chapitre relatif aux engrais potassiques, la fumure au fumier de ferme ne peut leur en fournir la quantité nécessaire pour la production d'une récolte maximum. Elles aiment également de fortes doses d'acide phosphorique.

Comme limites extrêmes des quantités d'engrais à donner à ces plantes, on peut adopter les chiffres suivants, d'après le Dr P. Wagner :

AZOTE.

Dose faible : 150 kilogr. de nitrate de soude ou de sulfate d'ammoniaque.

Dose moyenne : 200 kilogr. de nitrate de soude ou de sulfate d'ammoniaque.

Essai sur pommes de terre de M. Chazal, à Liginiac (Corrèze).
Avec scories Thomas « Etoile ».   Sans scories.

Dose forte : 300 kilogr. de nitrate de soude ou de sulfate d'ammoniaque.

ACIDE PHOSPHORIQUE :

Dose faible : 210 kilogr. de scories Thomas ou 150 kilogr. de superphosphate.

Dose moyenne : 300 kilogr. de scories Thomas ou 200 kilogr. de superphosphate.

Dose forte : 400 kilogr. de scories Thomas ou 300 kilogr. de superphosphate.

POTASSE :

Dose faible : 100 kilogr. de sel de potasse à 40 0/0
Dose moyenne : 150 kilogr.   —   —
Dose forte : 200 kilogr.   —   —

Une récolte moyenne de pommes de terre contient environ un tiers d'azote de plus qu'une récolte moyenne de céréales ; il semblerait donc qu'on dût leur fournir des doses de nitrate plus fortes qu'aux céréales.

En réalité, il n'en est pas ainsi. La pomme de terre a une durée relativement longue de végétation, et, comme nous le disions plus haut, elle utilise bien la réserve d'engrais du sol.

L'essentiel est qu'elle ait à sa disposition, dès le début de la végétation, de l'azote soluble en quantité suffisante pour prendre un développement rapide. Le rendement en tubercules en dépend essentiellement. On épand les engrais phosphaté et potassique en automne, le nitrate de soude au printemps, moitié à la plantation et moitié au moment des binages.

Les pommes de terre hâtives et celles à petits tubercules destinées à la consommation humaine donnent des rendements moins élevés ; dès lors, elles exigent des doses de nitrate plus faibles que les pommes de terre industrielles, tardives et à gros tubercules.

BETTERAVE A SUCRE.

La betterave à sucre est une plante très exigeante au point de vue des engrais. Pour concilier autant que possible les intérêts du cultivateur et ceux du fabricant de sucre, pour produire des betteraves de grande richesse saccharine et à rendements élevés à l'hectare, il faut avant tout choisir des variétés améliorées par la sélection et leur fournir les quantités d'azote, de potasse et d'acide phosphorique qu'elles peuvent mettre en œuvre. Ces quantités sont très élevées, ainsi que le montrent les chiffres suivants. que nous empruntons également au Dr Wagner :

AZOTE :

Dose faible : 150 kilogr. de nitrate de soude ou de sulfate d'ammoniaque.

Dose moyenne : 300 kilogr. de nitrate de soude ou de sulfate d'ammoniaque.

Dose forte : 500 kilogr. de nitrate de soude ou de sulfate d'ammoniaque.

ACIDE PHOSPHORIQUE :

Dose faible : 300 kilogr. de scories Thomas ou 200 kilogr. de superphosphate.

Dose moyenne : 400 kilogr. de scories Thomas ou 300 kilogr. de superphosphate.

Dose forte : 600 kilogr. de scories Thomas ou 400 kilogr. de superphosphate.

POTASSE :

Dose faible : 100 kgr. de sel de potasse à 40 0/0 ou 300 kgr. de kaïnite.

Dose moyenne : 200 kgr. de sel de potasse à 40 0/0 ou 600 kgr. de kaïnite.

Dose forte : 300 kgr. de sel de potasse à 40 0/0 ou 600 kgr. de kaïnite.

Comme le nitrate de soude employé tardivement nuit à la richesse saccharine, ainsi que nous l'avons vu plus haut, il faut faire en sorte que cet engrais soit mis en œuvre par la plante rapidement et au moment opportun afin qu'il n'entrave pas la végétation. Or, pour utiliser rapidement l'azote nitrique, pour prendre dès le début une végétation vigoureuse et produire du sucre, la betterave doit avoir à sa disposition une importante proportion d'acide phosphorique sous une forme très soluble, c'est-à-dire sous forme de superphosphate.

La quantité normale de nitrate à employer est de
400 kilogr. par hectare. Dans les terres légères, on
en répand 200 kilogr. au moment des semailles et
200 kilogr. au premier binage ; dans les terres lourdes, on épand la quantité totale au moment de la
plantation.

On évitera autant que possible l'encroûtement de
la surface du sol, causé par l'apport de fortes doses
de nitrate, au moyen de binages fréquents ; en outre,
on se conformera à une autre règle bien connue, qui
est d'avoir des plantations d'autant plus serrées que
le sol est plus fertile ou qu'on lui a donné des doses
d'engrais plus élevées.

BETTERAVES FOURRAGÈRES, CAROTTES ET CHOUX.

Ces plantes sont également très avides d'azote et
rémunèrent largement les engrais qu'on leur donne.
Le nitrate de soude, associé aux engrais phosphatés
et potassique, donne toujours d'excellents résultats
dans la culture de ces plantes.

Les doses d'engrais à employer sont les suivantes :

AZOTE.

Dose faible : 200 kilogr. de nitrate de soude ou de sul-
fate d'ammoniaque.
Dose moyenne : 400 kilogr.
Dose forte : 600 kilogr.

ACIDE PHOSPHORIQUE.

Dose faible : 300 kilogr. de scories Thomas ou 200 kilogr. de superphosphate.
Dose moyenne : 600 kilogr.   — —   450 kilogr.
Dose forte : 800 kilogr.   — — —

POTASSE.

Dose faible : 200 kilogr. de sel de potasse à 40 0/0 ou 600 kilogr. de kaïnite.
Dose moyenne : 300 kilogr.   — — —
Dose forte : 400 kilogr.   — — —

Dans la pratique culturale, on a récolté par 100 kilogr. de nitrate :

5.300 kilogr. de betteraves fourragères, moyenne de 9 essais (Lawes et Gilbert).
6.200 kilogr.   — — —   3 esssais (Mœrcker).

Pour les betteraves fourragères et les carottes, on peut employer des doses de nitrate plus élevées que pour les betteraves à sucre. Dans certaines exploitations on est arrivé, en employant des doses de 600 et 800 kilogr. de nitrate et des doses correspondantes d'acide phosphorique et de potasse, à des rendements de 120.000 kilogr. de betteraves à l'hectare. On épand le nitrate en trois portions : un tiers au moment des semailles, un tiers 15 jours après et le reste 15 jours ou trois semaines après la seconde dose.

Les carottes peuvent fournir des rendements tout

Essai sur betteraves fourragères de M. Mériguac, à Frégimont (Lot-et-Garonne).
Fumier et 600 kg. de scories Thomas « Etoile » (poids de la betterave : 6 kg. 250
Fumier seul : 2 kg. 500.
Fumier seul : 2 kg. 400.
Fumier et 600 kg. de scories Thomas « Etoile » : 6 kg. 500.

aussi élevés. Elles peuvent utiliser 400 à 500 kilogr. de nitrate par hectare, appliqués en deux ou trois portions, à la condition toutefois qu'on y associe des quantités suffisantes de potasse et d'acide phosphorique.

Si le sol est sableux et perméable, on répandra la première portion de nitrate à la levée des plantes, et la seconde portion 15 jours plus tard. Mais il est clair qu'ici encore il faut régler la quantité d'engrais suivant les variétés et leur productivité. Telle variété de carottes ou de betteraves met en œuvre des doses massives d'engrais, tandis que telle autre, qui est moins productive, en supportera des quantités moins grandes. Il faut tenir compte également des conditions de sol et de climat, etc.

Les choux de différentes sortes, notamment les choux blancs cultivés en grande culture, supportent de fortes doses de nitrate et les rémunèrent largement, pourvu qu'on y associe des quantités suffisantes de potasse et d'acide phosphorique.

COLZA ET NAVETTE.

Ces plantes se distinguent par la faible durée de leur végétation, leur rapide développement et par leur besoin d'azote soluble et assimilable. 100 kilogr. de nitrate peuvent produire 180 kilogr. de graines

Essai sur chóux fourragers de M. Serres, à Talizat (Cantal).

Avec 600 kg. scories Thomas « Etoile ».   Sans scories.

de navette ; mais cet engrais doit être mis à la disposition de la plante en temps utile, car elle n'a que très peu de temps pour mettre l'azote en œuvre. On donnera au colza et à la navette d'hiver, 100 à 150 kilogr. de nitrate par hectare au moment des semailles, et 150 à 200 kilogr. au mois de mars ; au colza et à la navette de printemps, 150 à 200 kilogr. de nitrate par hectare au moment des semailles et une égale dose en couverture 8 jours après.

Mais ces plantes exigent en même temps un sol riche en acide phosphorique ; on le leur fournira sous forme de superphosphate ou de scories à la dose de 300 à 400 kilogr. par hectare. Enfin on complétera la fumure avec 150 à 200 kilogr. de sel potassique à 40 o/o.

LIN ET CHANVRE.

Ces deux plantes exigent également de fortes doses d'azote, quoique dans une mesure inégale. Au lin on donnera 150 à 200 kilogr. de nitrate par hectare. On épandra cet engrais en deux portions : la première au moment des semailles, la seconde un mois plus tard. En général, cependant, on pourra se contenter de doses un peu moins fortes. Comme engrais phosphaté, on épandra 300 à 400 kilogr. de scories ou de superphosphates avant les semailles.

Essai sur colza de M. Houel, à Cleuville (Seine-Inférieure).
Pas de scories.   Avec 1000 kg. de scories Thomas « Etoile ».

Le chanvre est plus exigeant ; on peut lui donner 3oo à 4oo kilogr. de nitrate, qu'on épandra en deux portions comme pour le lin.

L'une et l'autre de ces plantes exigent tout spécialement aussi de la potasse. Pour le lin, on emploiera 15o kilogr. de sel potassique à 4o o/o, et pour le chanvre 25o kilogr. du même engrais, qu'on épandra quelque temps avant les semailles (1). On complétera la fumure avec 3oo à 4oo kilogr. de scories ou de superphosphate.

SARRAZIN.

Le sarrazin n'exige pas de fortes doses de nitrate. Il rémunère de faibles doses de cet engrais, soit 15o à 2oo kilogr. par hectare. On complète la fumure avec 15o à 2oo kilogr. de sel potassique à 4o o/o et 3oo à 4oo kilogr. de scories ou de superphosphates par hectare.

TABAC.

Les fumeurs savent — ou devraient savoir — que le tabac ne brûle bien que s'il est riche en potasse. Le tabac est donc une plante essentiellement

(1) Pour plus détails, voir notre ouvrage *les Plantes oléagineuses et textiles (l'Agriculture au XXe siècle).* L. Laveur, Editeur, Paris.

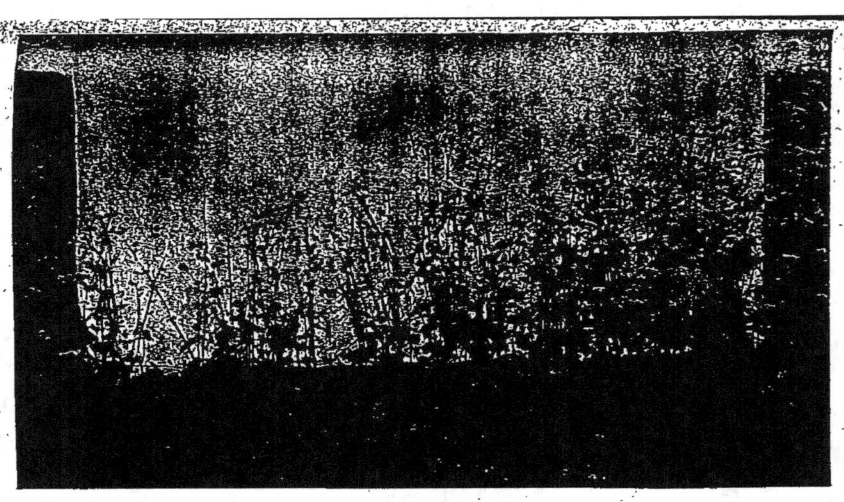

Essai sur sarrazin de M. Ropert, à Guern (Morbihan).
Action de doses croissantes d'acide phosphorique.
Avec 5oo kg. de scories Thomas « Etoile ».   Avec 1.ooo kg. de scories Thomas « Etoile ».

avide de potasse. On trouve dans les feuilles mûres, sèches, de cette plante au minimum 0,5 o/o de potasse et au maximum 7 o/o de potasse. Il y a des tabacs qui, grâce à la bonne structure des feuilles et à un triage soigné, brûlent très bien avec une teneur de 4 o/o de potasse, mais ce sont là des cas exceptionnels. En règle générale, le tabac ne brûle bien que s'il contient 6 à 7 o/o de potasse calculée sur la substance sèche.

Mais la présence de la potasse n'est pas la seule condition requise pour une combustion parfaite. Il faut encore que le tabac contienne le moins de chlore possible et que ses feuilles aient une structure convenable, telle qu'on l'obtient par une plantation serrée et une végétation luxuriante, par un développement rapide des plantes à la faveur d'une chaleur humide et par un écimage approprié à la nature des terres et à leur fertilité.

La présence du chlore dans le tabac est une source d'ennuis pour le fumeur. Le tabac qui en contient 3 o/o et au-delà est infumable, quelle que soit d'ailleurs sa teneur en potasse.

Il s'ensuit que la fumure des champs de tabac doit répondre aux conditions suivantes :

1° On ne doit pas donner au tabac d'engrais chloreux, par conséquent pas d'engrais flamand, pas de

purin, pas de fumier de ferme, pas de sels de potasse contenant du chlore;

2° On doit cultiver le tabac autant que possible
dans des terres riches en potasse, on doit lui fournir des engrais riches en potasse de manière à produire des feuilles qui contiennent une proportion
élevée de cette substance.

Il y a donc lieu d'employer par hectare 500 kilogr.
de sulfate de potasse à 50 o/o. Si la terre est riche
en potasse, on peut employer une quantité moindre;
si elle est pauvre en potasse, il faut renforcer encore
la quantité ci-dessus. En dehors de cet engrais, on
peut employer encore les cendres de bois à feuilles
caduques, qui contiennent environ 10 o/o de potasse
et 3 o/o d'acide phosphorique. Ces engrais doivent
être enfouis un mois avant la plantation. Au sulfate
de potasse, on associe 400 kilogr. de scories de
déphosphoration.

Pour donner au tabac l'azote qui lui est nécessaire,
le mieux serait de le cultiver sur engrais vert. Si
l'on ne peut réaliser cette condition, on emploie, suivant l'état de fertilité du sol, 200 à 400 kilogr. de
nitrate de soude ou de sulfate d'ammoniaque. Il
faut éviter en tous cas de lui donner une dose exagérée de cet engrais, car il a pour effet de diminuer
la combustibilité des feuilles et de leur communiquer
une mauvaise odeur qu'elles dégagent dans la com-

bustion. Ce défaut se présente très fréquemment dans nos cigares à 10 centimes.

L'engrais phosphaté n'a pour le tabac qu'une importance secondaire. Bien plus, une forte teneur du tabac en acide phosphorique nuit à sa qualité. Aux terres d'une richesse moyenne en acide phosphorique on donnera 400 à 600 kilogr. de scories Thomas.

HOUBLON.

Le houblon est une des plantes culturales les plus exigeantes : ses besoins d'azote dépassent considérablement ceux des céréales, des pommes de terre et des betteraves. En lui donnant du nitrate associé aux phosphates et aux sels de potasse, on peut atteindre des rendements très élevés en cônes. Les doses à employer par hectare sont de 250 à 400 kilogr. de nitrate, 400 kilogr. de superphosphate et 200 kilogr. de sel de potasse. On épandra la moitié du nitrate au départ de la végétation et l'autre moitié un mois plus tard.

PRAIRIES.

Nous avons vu plus haut la grande influence exercée par les scories Thomas à la fois sur le rendement des

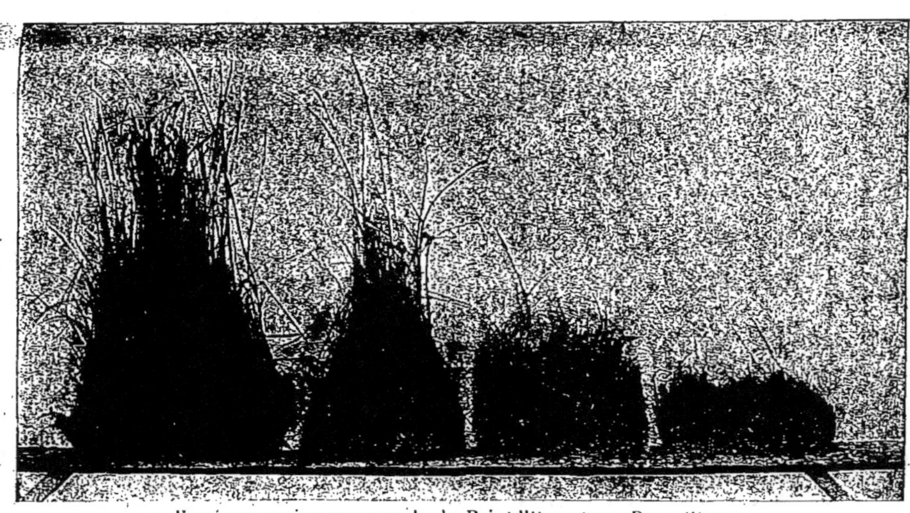

Essai sur prairie communale de Prin-d'Eyrançon (Deux-Sèvres).
Amélioration continuelle par l'emploi régulier des scories.

| 3ᵉ Année d'emploi des scories Thomas « Etoile ». | 2ᵉ Année d'emploi des scories Thomas « Etoile ». | 1ʳᵉ Année d'emploi des scories Thomas « Etoile ». | Jamais d'emploi de scories. |

prairies et sur l'amélioration de la qualité des foins. Pour ne pas nous répéter, nous nous contenterons de mettre sous les yeux du lecteur deux vues photographiques qui sont assez significatives par elles-mêmes.

LA VIGNE.

La fumure de la vigne présente beaucoup moins de difficultés que celle des autres plantes culturales. La plante ne change pas, les engrais à lui donner sont les mêmes tous les ans, et il est très facile de déterminer les quantités approximatives d'azote, de potasse et d'acide phosphorique exportées chaque année par la récolte pour les restituer au sol. Les produits de la vigne se composent de bois, de feuilles, de raisins ; mais, d'un autre côté, la production des vignobles varie considérablement : les uns produisent beaucoup de raisins, de bois et de feuilles, les autres en produisent peu ; il s'ensuit que les exigences d'engrais varient également d'un vignoble à un autre.

Une considération qui doit guider avant tout dans la question de fumure de la vigne, c'est que les frais afférents aux engrais qu'on lui donne sont peu élevés en comparaison de la valeur des produits qu'elle fournit ; aussi, les économies qu'on pourrait être tenté de réaliser sur l'achat des engrais, notamment

Essai sur prairie naturelle de M. Froment, à Pierre-Châtel (Isère).
Avec 1000 kg. scories Thomas « Etoile » : 5680 kg. de foin.   Sans scories : 3150 kg. de foin.

de la potasse et de l'acide phosphorique, seraient peu comparables à la perte qui résulterait de la diminution consécutive des rendements. Le principe fondamental qui doit guider le viticulteur est donc celui-ci : Donner à la vigne une alimentation intensive à tout prix, au risque même de dépasser une fois ou l'autre la quantité réellement nécessaire soit d'azote, soit de potasse, soit d'acide phosphorique.

Ces observations faites, nous allons examiner la question au point de vue pratique. Nous nous laisserons guider dans cette voie par M. Jouon, qui a traité le sujet avec une haute compétence (1).

Le vigneron doit rapporter annuellement et en moyenne, par hectare, pour une récolte de 5o hectolitres de vin, les quantités suivantes de chacun des éléments fertilisants : azote, 5o kilogr., acide phosphorique, 14 kilogr., potasse, 4o kilogr., chaux. 100 kilogr.

Ces chiffres représentent une moyenne que le praticien doit modifier selon les circonstances dans lesquelles il se trouve : ainsi les pieds américains servant de porte-greffes sont bien plus exigeants que la vigne française. Le vigneron doit tenir compte éga-

(1) *Petit Journal agricole,* nᵒˢ 620 et suiv.

lement de la composition du sol, qui varie énormément suivant les vignobles.

Pied de vigne fumé aux scories Thomas « Etoile » (1000 kg.
à l'hectare) chez Mme Veuve Magen, à Saint-Rémy, par Fronsac
(Gironde) : le rendement a atteint 19 kg. 200.
La moyenne des autres pieds ayant reçu la même fumure
était de 3 kg. 800.

S'il est utile d'apporter un élément qui se trouve déjà en abondance dans le sol, il ne serait pas rationnel de ne restituer qu'en quantité normale un autre élément qui ne s'y trouverait pas en proportion suffisante.

On retiendra, par exemple, que l'acide phosphorique manque presque toujours dans les sols granitiques ou schisteux, tandis que la potasse s'y trouve en grande quantité. Il en est de même pour les sols argileux en général.

Les sols calcaires manquent souvent d'azote et de potasse ; l'acide phosphorique y est parfois en proportions restreintes, mais il n'y fait jamais complètement défaut.

Les maladies de la vigne obligent aussi à modifier la formule de restitution. On a constaté plus d'une fois, dans le Midi, que les vignes traitées par la submersion exigent, chaque année, une dose d'azote directement assimilable bien plus abondante que celle exigée par une production même très élevée.

En outre, certains éléments fertilisants sont rapidement absorbés par la terre, tandis que d'autres ne le sont pas du tout. Si l'on apporte une quantité surabondante d'acide phosphorique ou de potasse, l'excès qui ne sera pas utilisé par la vigne sera conservé pour l'année suivante : on aura bien fait une avance au sol, mais il n'y aura pas de perte sensible.

Tout autre serait le résultat en ce qui concerne l'azote nitrique, car la terre n'a aucun pouvoir de le retenir. Si donc cet élément est en excès, tout ce qui ne sera pas absorbé pendant le cours de la végétation de la vigne sera entraîné par les pluies dans les couches profondes du sol, et, par conséquent, sera perdu. L'azote ammoniacal, se transformant rapidement en azote nitrique dans le sol, subira le même sort.

Enfin, le vigneron devra tenir compte de la végétation et de la nature des produits à obtenir. Il aura ainsi, en quelque sorte, le reflet de la composition du sol et trouvera dans cet examen des indications utiles pour déterminer la fumure à appliquer à la vigne.

L'azote a pour effet particulier d'activer la végétation des rameaux et de pousser au développement du bois et des feuilles. La potasse favorise surtout la fructification. L'acide phosphorique contribue, à la fois, au développement des feuilles et des fruits.

Dans les terres fortes, argileuses, argilo-siliceuses, dans les argiles à silex, par exemple, on a intérêt à incorporer, tous les quatre ou cinq ans, une forte fumure au fumier de ferme, frais et pailleux. Le fumier diminuera la compacité de ces terres, les rendra

plus légères et leur fournira l'humus. La sidération,
ou enfouissement des plantes en vert, aura les mêmes
avantages que le fumier. Mais, comme la décomposition de ces matières organiques sera longue, il faudra compléter cette fumure par un apport annuel
d'engrais chimiques d'assimilation rapide.

Dans ces terres, l'azote sera employé sous forme
de nitrate de soude, et la potasse sous forme de sulfate, ou même de chlorure, à la condition d'y ajouter une certaine dose de plâtre qui transformera le
chlorure en sulfate. L'acide phosphorique sera très
avantageusement employé sous forme de scories de
déphosphoration mises à haute dose : 1.500 à 2.000
kilogr. par hectare la première année, 1.000 à 1.500
kilogr. les années suivantes. On mélangera les scories à de la terre fine, du sable ou de la tourbe, et
on les répandra à la volée sur toute la surface du
terrain. Cet épandage devra être suivi d'un vigoureux hersage.

Une remarque importante : si l'on remplace le nitrate de soude par le sulfate d'ammoniaque, il faut
éviter soigneusement de le mélanger aux scories, car
la chaux de ces scories provoquerait un dégagement
de carbonate d'ammoniaque, gaz très volatil qui se
répandrait en pure perte dans l'atmosphère.

Les terres chaudes, calcaires, argilo-calcaires,
comportent l'emploi de fumiers froids par faibles

doses, pour une période de trois ou quatre ans. L'azote y sera également fourni par les engrais organiques : le sang et la chair desséchés, la corne et le cuir torréfiés, les chiffons, les poils, les plumes, les débris de poissons, les matières fécales, les poudrettes, les guanos, le noir animal, les tourteaux, les résidus de brasserie (drèches, touraillons, marcs de houblons, levures), de distillerie, sucrerie, féculerie (vinasses, pulpes, écumes de défécation), les marcs de raisins, de pommes, de café, la suie, les curures, les composts, etc. Dans ces terres, l'oxygène de l'air, qui est le premier agent de la nitrification, circule bien et l'acide nitrique ou azotique se forme très promptement : ces engrais y feront donc merveille. Quant à l'acide phosphorique, il y sera fourni par les scories, et la potasse par le chlorure de potassium.

Dans les terres franches — on nomme ainsi celles qui contiennent 35 à 40 o/o d'argile, 50 à 60 de silice, 8 à 10 de calcaire et 5 à 10 d'humus — on peut donner la préférence aux engrais chimiques, sans toutefois exclure complètement le fumier de ferme. Tous les engrais azotés peuvent y être employés, particulièrement le sulfate d'ammoniaque celui-ci, trouvant de l'humus, de l'argile et du calcaire, est facilement décomposé par le carbonate de chaux en carbonate d'ammoniaque, lequel est retenu en terre grâce au pouvoir colloïdal de l'argile et de l'humus. Quant aux engrais phosphatés et potassiques, ils seront fournis par la source la plus avantageuse.

Enfin, dans les terres sablonneuses et légères, on devra se baser sur ce qui a été dit pour les terres calcaires; mais les engrais organiques seront toujours avantageusement associés à la chaux, à la marne ou au plâtre, qui en faciliteront la décomposition et la nitrification. Les scories pourront y remplacer les superphosphates : du reste, ces terres réclament peu d'engrais phosphatés et encore moins de potasse, alors qu'elles sont avides d'azote. Les tourteaux, mis à la dose de 300 à 400 grammes par souche, y font merveille. Au lieu de donner des doses massives d'engrais tous les deux ou trois ans, il est plus rationnel de fumer ces terres sableuses chaque année avec des fumures réduites ou demi-fumures; de la sorte, on évite les pertes résultant du lessivage par les pluies des matières fertilisantes.

Les meilleures formules d'engrais pour la vigne.

D'après M. Joulie, le meilleur engrais pour la vigne doit renfermer, par 100 kilogr :

Azote, 4 kilogr. ; acide phosphorique, 5 kilogr. ; potasse, 14 kilogr. ; chaux à l'état de sulfate, 18 à 20 kilogr.

Un pied de vigne en pleine prospérité consomme, par année : 8 grammes d'azote, 2 d'acide phosphorique, 5 de potasse et 11 de chaux. Mais il y a toujours une perte plus ou moins grande de principes fertilisants entraînés par les pluies ou non assimilés.

Les scories ou les superphosphates à haute dose, la première année, sont à conseiller ; et si l'on ne peut employer du fumier, on se trouvera bien de l'épandage de 200 à 300 kilogr. de kaïnite. S'il s'agit de pousser plus ou moins à la production du bois, on peut appliquer en couverture, au printemps, 150 à 200 kilogr. de nitrate de soude.

Ces doses de nitrate et de kaïnite suffiront la seconde année, et afin que le sol soit toujours assez riche en acide phosphorique, il sera nécessaire de donner 150 à 200 kilogr. de superphosphate ou 300 à 400 kilogr. de scories.

C'est en suivant cette méthode que l'on put relever la fertilité du sol du Clos-Vougeot, cru si justement réputé, et ramener cette vieille vigne française en bon état de production.

Si la végétation de la vigne est exubérante et que la fructification laisse à désirer, il y a lieu de réduire, ou même de supprimer l'apport d'azote et d'augmenter la dose de potasse. Si, au contraire, la vigne est vigoureuse, la fructification abondante et la richesse du sol en potasse supérieure à 2 pour 1.000, il convient de supprimer, ou seulement de réduire, l'apport de potasse.

Il faut se méfier des formules toutes faites, lesquelles, le plus souvent, conduisent à des mécomptes, parce qu'elles sont trop générales. Le viticulteur devra toujours établir lui-même la formule d'engrais appropriée à ses terres, et il y parviendra en considérant la constitution physique et la composition chimique de celles-ci. Il déterminera alors la dose de chacun des éléments à employer et la forme sous laquelle ils seront le mieux assimilés.

Si l'on veut apporter 45 kilogr. d'azote sous forme, par exemple, de sulfate d'ammoniaque (qui contient 20 o/o d'azote), on fixera la quantité nécessaire de cet engrais en divisant par 20 le produit (45 + 100), soit 225 kilogr. Si l'azote doit être incorporé au sol sous forme de nitrate de soude (qui dose 15 à 16 o o d'azote), on verra qu'il en faut, d'après un calcul semblable, 300 kilogr.

Voici, d'après M. Lagatu, quelques formules d'engrais pour vignes, calculées par hectare et par an, le fumier les remplaçant tous les trois ans, soit seul en terres calcaires, soit complété par les scories de déphosphoration ;

A. — 1° Terres calcaires fortes : sang desséché, 200 kilogr ; nitrate de soude, 100 kilogr. ; nitrate de potasse, 100 kilogr.; superphosphate, 300 kilogr. ; plâtre, 500 kilogr. ;

2° Terres calcaires franches : sang desséché, 100

kilogr. ; corne torréfiée, 200 kilogr. ; nitrate de potasse, 100 kilogr. ; superphosphate, 300 kilogr. ; plâtre, 500 kilogr. ;

3° Terres calcaires légères : sang desséché, 100 kilogr. ; tourteau de sésame, 700 kilogr. ; sulfate de potasse 80 kilogr. ; superphosphate, 300 kilogr. ; plâtre, 500 kilogr.

B. — 1° Terres non calcaires fortes : sang desséché, 200 kilogr. ; nitrate de soude, 200 kilogr. ; sulfate de potasse, 60 kilogr. ; scories, 500 kilogr. ; plâtre, 800 kilogr. ;

2° Terres non calcaires franches : sang desséché, 100 kilogr. ; corne torréfiée, 150 kilogr. ; nitrate de soude, 130 kilogr. ; sulfate de potasse, 60 kilogr. ; scories, 500 kilogr. ; plâtre, 800 kilogr. ;

3° Terres non calcaires légères : sang desséché, 100 kilogr. ; tourteau de sésame, 700 kilogr. ; sulfate de potasse, 60 kilogr. ; scories, 500 kilogr. ; plâtre, 800 kilogr.

Nous le répétons une dernière fois : ces formules ne sont données qu'à titre d'indication générale. C'est au viticulteur à savoir lui-même les varier suivant son terrain, ses cépages, ses rendements, etc.

A quel moment faut-il fumer la vigne ? Cela dépend des terres. Quand un sol manque d'argile et d'humus, il est toujours préférable de ne répandre les sels de potasse et le sulfate d'ammoniaque qu'à

la fin de l'hiver. Les nitrates ne devront être employés qu'au commencement du printemps. On doit choisir le moment où la terre est encore humide, mais il faut éviter de les déposer trop tard, parce qu'ils n'entreraient pas en dissolution complète, et une partie de leur pouvoir fertilisant ne serait pas employée à propos.

Pendant les premières années, on peut répandre les engrais actifs au pied des souches. Mais quand la vigne a un certain âge et que les lignes de plantation ne sont pas très écartées, il est préférable de répandre les engrais sur toute la surface du terrain.

D'ailleurs, dans les plantations de cépages greffés, le labour d'enfouissement, tout en rapprochant les engrais du pied des ceps, chausse ceux-ci, facilite l'écoulement des eaux et protège un peu le greffon contre les fortes gelées.

En s'inspirant des données que nous venons d'exposer, les viticulteurs pourront appliquer à leurs vignes des fumures en rapport avec les exigences de leurs terres, en vue de l'obtention de rendements élevés en bons vins.

EMPLOI DES ENGRAIS CHIMIQUES EN SYLVICULTURE.

Ce sujet, relativement nouveau, a été traité par M. le prof. Henry dans un travail fort intéressant publié dans les *Annales de la Science agronomique* de 1907 (t. II, pp. 288 à 304), et que nous reproduirons dans ses grandes lignes.

L'auteur traite d'abord de la question des engrais dans les pépinières ; il montre l'insuffisance des terreaux de feuilles mortes et du fumier de ferme et, par suite, la nécessité d'avoir recours aux engrais chimiques.

Il signale, parmi les expérimentateurs en ce sens, les Belges Huberty, Delville ; l'Allemand Giersberg, le Français Fabre, etc...

Dans les pépinières servant au reboisement de l'Aigoual, on a employé simultanément le fumier et les scories de déphosphoration. Le Docteur Giersberg y rapporte le fait suivant (Künstliche Düngung im forstlichen Betriebe, 1901) : une pépinière établie depuis 20 ans ne donnait plus, malgré l'apport de fumier, que des plants si médiocres qu'on se décida à recourir aux engrais chimiques. Après l'arrachage des plants, on répandit de la kaïnite et des scories, puis on sema des vesces, qui levèrent à merveille et furent enfouies en septembre. Au printemps suivant, on repiqua des épicéas, semis de 2 ans, qui accusèrent une croissance magnifique, ayant de 35 à 45 centimètres de hauteur la seconde année ; ils étaient au moins aussi beaux que ceux d'une pépinière nouvellement établie en très bon sol.

Engrais sur les jeunes plantations. — Il est à remarquer, comme le signale l'auteur que les premières expériences scientifiques, trop oubliées de tous, ont été faites en 1847 par un Français, Chevandier, ancien ministre (Recherches sur l'emploi des divers amendements dans la culture des forêts. Mémoire lu à l'Académie des Sciences le 8 décembre 1851). Il disait dans son introduction : « L'art forestier ne pourrait-il pas tirer parti, comme l'art agricole, des engrais, des amendements, et des irrigations ? Serait-il impossible de fonder un système de culture, pratique sans doute, mais raisonné, de la forêt ? »

Ce sont les agronomes et les praticiens belges qui ont eu le mérite de montrer ensuite l'efficacité des engrais dans le boisement des bruyères de la Campine ou le reboisement des Pineraies épuisées par le soutrage. Pour boiser une lande de bruyère, on retourne d'abord à la charrue, un an ou deux de suite, la couche superficielle composée de bruyères, de lichens, de mousses, de manière à amener la décomposition de ces végétaux. On sème ensuite du lupin jaune après avoir fumé la terre au moyen de 1.000 kilogr. de scories et de 500 kilogr. de kaïnite. On enfouit le lupin en pleine floraison. Après avoir fait plusieurs récoltes de seigle et d'avoine on plante les pins sylvestres.

Sur les schistes de l'ardenne belge, très pauvres en acide phosphorique et en chaux, les communes prescrivent l'apport de scories sur les parcelles incultes qu'elles abandonnent aux habitants pour la culture pendant quelques années et le reboisement ensuite. Les plants ont une bien plus belle végétation que sur les parcelles laissées en friche ou simplement écobuées. On peut citer l'essai fait en Campine à la commune de Grand-Brogen, qui boisa en 1893 sans le moindre travail du sol, ni apport d'engrais, plus de 4 hectares avec des plants en motte à raison de 12.500 par hectare. Dans cette surface, une parcelle d'expérience de 10 ares fut labourée à 15 centimètres de profondeur après application de 200 kilogr. de scories Thomas et 100 kilogr. de kaïnite. En 1894, on y planta 1.000 pins sylvestres. En janvier 1902, la hauteur moyenne des plants de la parcelle sans travail ni engrais est de 1 m. 10, après 9 ans de plantation ; celle des plants de la parcelle labourée avec engrais, après 8 ans de plantation est de 2 m. 67, donc plus du double. La longueur moyenne des deux dernières pousses y est de 45 centimètres ; elle n'est que de 16 centimètres dans le reste du boisement. Les plants de la parcelle fumée sont très vigoureux, les aiguilles longues et d'un beau vert foncé, tandis que ceux de la parcelle sans engrais et transplantés avec motte, paraissent souffreteux, les aiguilles sont jaunes et courtes, certains sont même attaqués par la rouille du pin, le « Peridermium corticola », ce que l'on ne constate pas sur la parcelle de 10 ares. Les plants de la parcelle fumée, bien que se trouvant à un écartement plus grand (1 mètre × 1 mètre) que ceux du boisement (1 mètre × 0 m. 80), couvrent totalement le sol depuis 3 ou 4 années, tandis qu'il faudrait encore aux autres au moins autant de temps.

En Allemagne, c'est seulement depuis 7 à 8 ans qu'on s'occupe de la question des engrais artificiels dans la grande pratique forestière (expériences de Giersberg, Ramann, etc...). La fumure avec scories Thomas « Etoile », kaïnite et engrais azotés, s'est montrée toujours des plus efficaces. Les résultats qui furent obtenus dans la forêt communale d'Eberswalde, furent tellement remarquables qu'on les représenta en peinture à l'Exposition de Saint-Louis en 1904.

On fait également des essais actuellement en Autriche et en Danemark. En France, l'administration forestière en a fait tenter dans la forêt domaniale de Chinon (Indre-et-Loire), à la suite de la révision de l'aménagement en 1900. On a utilisé les scories à la dose de 1.500 kilogr. à l'hectare. Le rapport de l'Inspecteur des Forêts en 1907 constatait que la végétation était plus active là où les engrais avaient été employés.

Engrais dans les peuplements âgés. — Cette question est des plus importantes pour les propriétaires de forêts ; aussi l'administration forestière française a-t-elle prescrit d'établir des expériences dans la forêt domaniale de Chinon, d'une part, dans un perchis de pins sylvestres de 36 ares et d'autre part dans un perchis de chênes et hêtres de 40 ans.

Dans la parcelle garnie d'un perchis de chênes et hêtres âgés de 40 ans on a délimité 6 lots de 50 ares chacun : les lots n°s 1 et n° 4 sont restés sans engrais pour servir de témoins ; les coupons n° 2 et 5 ont reçu chacun 1.000 kilogr. de scories, soit 2.000 kilogr. à l'hectare ; les coupons n°s 3 et 6, 3.000 kilogr. chacun, soit 6.000 kilogr. à l'hectare, dose massive qui n'avait pas encore été usitée et qui a été utilisée pour la raison suivante : comme il s'agissait d'influer sur des racines déjà profondes et qu'on voulait à la fois réduire les frais et ne pas léser les racines, on a répandu l'engrais en couverture sans cultiver le sol.

On a opéré absolument de même dans la parcelle garnie d'un perchis de pins sylvestres de 36 ans, sauf que les coupons ont une surface double, chacun des trois lots mesurant 1 hectare.

Le cubage des peuplements a été fait avec un soin minutieux en septembre 1901 et exécuté de même

5 ans après, après la terminaison de la saison de végétation 1906. Voici les résultats obtenus au bout de ces 5 premières annés :

Dans le perchis de chênes, si l'on représente par 100 la surface terrière initiale de 1901, celle de 1907 s'est accrue de 18,15 o/o dans les coupons sans engrais, de 24,30 o/o dans les coupons avec 1.000 kilogr. de scories et de 23,07 o/o dans les coupons avec 3.000 kilogr. de scories. Dans le perchis de pins, on a eu de même un accroissement de 24,51 o/o sans engrais, de 21,43 o/o (*sic*) avec 1.000 kilogr. scories et de 27,46 o/o avec 3.000 kilogr. ; sauf l'anomalie de la parcelle de 1.000 kilogr., les résultats concordent avec les précédents.

On procède en Belgique à des essais analogues (pins sylvestres de 25 ans et sous-bois d'épicéas). Dans leur brochure *les Engrais chimiques en sylviculture*, Maeseyck, 1904, MM. Huberty et Halleux signalent les avantages culturaux et économiques de l'emploi des engrais : garantie de réussite ; réduction des frais de regarnissage ; rapide accroissement de jeunes plants qui dépassent vite la zone où sévissent les tordeuses ; résistance plus grande aux champignons et aux insectes : meilleure qualité du bois, mais surtout réduction notable de la révolution. « Ce sont là, disent-ils, des arguments qui réduisent triomphalement à peu de chose l'objection principale qu'on puisse oppo-

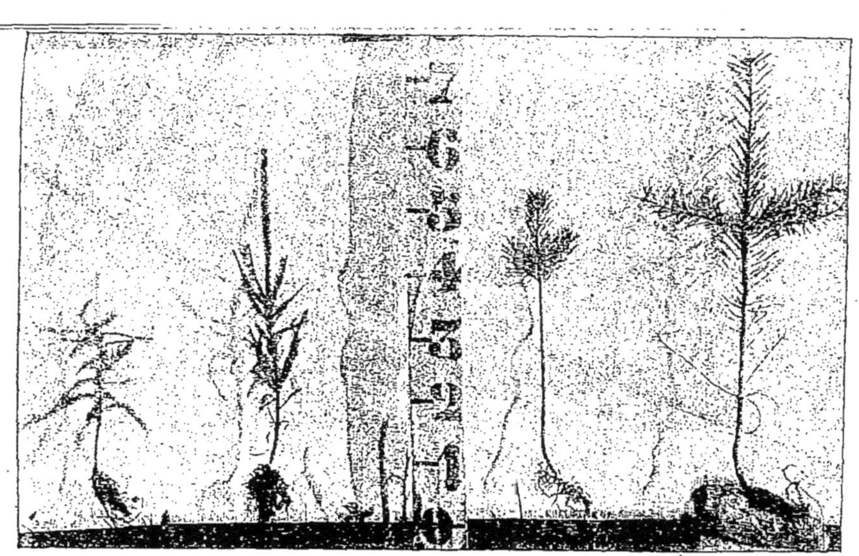

Essai sur Epicéas et pins de M. Arbey à Picarreau (Jura).

Epicéas :

Sans scories   avec scories Thomas « Etoile ».

Pins :

Sans scories   avec scories Thomas « Etoile ».

ser à l'emploi des engrais dans la culture forestière
et qui est celle-ci : les engrais augmentent dans une
forte proportion l'avance de fonds exigés par le boisement.

La conclusion du travail d'Henry est la suivante :
« En raison de l'importance que la fumure artificielle
pourrait avoir pour la production ligneuse dans des
conditions déterminées, il est du devoir de l'expérimentation forestière de multiplier les essais déjà faits
dans cette direction afin d'arriver à préciser les circonstances dans lesquelles les engrais chimiques ou
les engrais verts peuvent être employés fructueuse-
ment.

« Sans parler des pépinières permanentes pour lesquelles la question est résolue, il est déjà bien établi
que les engrais seront employés avec grand profit à
la suite de récoltes agricoles, pour reconstituer les
pineraies en sol sablonneux, pauvre, épuisé par un
soutrage continu (Campine), pour sauver des plantations languissantes, pour se libérer des invasions
d'insectes ou de champignons qui s'attaquent aux
jeunes plants.

« Même en dehors de ces cas, et d'une manière générale sur les très mauvais sols, le propriétaire peut
trouver un avantage pécuniaire à se servir des engrais.
Supposons que, moyennant une dépense de 200 francs
par hectare (100 francs pour l'achat et le transport

de l'engrais, 100 francs pour le travail du sol), on obtienne à vingt-sept ans des pins aussi beaux que ceux de trente-cinq ans en sol fumé. Ces pins donnent souvent 1.500 francs à l'hectare. 200 francs, placés à intérêts composés à 5 o/o, ont quadruplé au bout de vingt-sept ans et donnent 800 francs. D'autre part, si l'on touche ces 1.500 francs à vingt-sept ans au lieu de trente-cinq, c'est-à-dire huit ans plus tôt et qu'on les place pendant ce temps à intérêt composé à 5 o/o, on obtient 2.325, qui, si l'on en retranche le capital de 1.500 francs, laissent une différence de 825 francs, supérieure à la somme de 800 francs fournie par le capital employé à l'achat de l'engrais et au travail du sol.

« L'opération serait déjà justifiée au point de vue financier, même en ne tenant pas compte de l'augmentation de fertilité dont profiteront les peuplements futurs. »

EMPLOI DES SCORIES THOMAS
DANS LA CULTURE MARAICHÈRE ET LA FLORICULTURE

L'efficacité des scories Thomas appliquées à la culture maraîchère a été étudiée en Allemagne par le Dr Wagner, et en France, par MM. Raymond Béziat, jardinier chef à Grignon, et Jean Béziat, professeur à Wagnonville-les-Douai (1).

Leurs premières recherches expérimentales sur ce sujet furent faites à l'*Ecole pratique d'agriculture de Corbigny* (*Nièvre*). Elles datent du mois de février 1902.

Dans un premier essai, deux couches de même surface furent montées avec des soins identiques, sur une même ligne et à la même exposition, de manière à ce qu'aucune cause extérieure (ombre, vents, etc.) ne vienne influencer l'une au détriment de l'autre. Toutes conditions absolument égales, il fut répandu sur l'une, et par mètre carré de surface, 120 grammes de *Scories de déphosphoration* très finement moulues. L'autre couche, devant servir de témoin, ne reçut aucun engrais.

Le terreau était neuf dans les deux cas, c'est-à-dire qu'il provenait d'un même fumier de l'année précédente.

Après le coup de feu, un poids identique de même semence fût répandu aussi uniformément que possible sur les deux surfaces.

Quatre faits se dégagèrent nettement de cette expérience :

1° *Une plus grande précocité.* — Les radis semés

(1) Action des engrais minéraux sur les engrais organiques. *L'Agriculture du Nord*, 24 février 1907.

sur la couche à scories prirent sur leurs voisins une avance qu'ils conservèrent jusqu'à la récolte et tandis qu'une première cueillette y fournit 15 bottes, elle n'en donna que 8 sur le témoin.

On obtint ainsi, par l'apport de scories, une précocité telle que, pour une égale quantité de graines semées, la récolte, en un temps très court, fut presque augmentée du double.

C'est là un point important qui permet à l'horticulteur spéculateur d'apporter sa récolte de bonne heure sur le marché, d'éviter la concurrence et de réaliser de beaux bénéfices. Ce qui est vrai pour le radis se constate aussi sur les autres légumes;

2° *Une augmentation considérable de la récolte.* — Il fut récolté 17 bottes sur la couche témoin et 29 sur l'autre. Bien entendu, toutes ces bottes étaient de même poids;

3° *Un plus bel aspect des produits obtenus.* — Les radis étaient non seulement beaucoup plus réguliers de forme, mais présentaient entre eux plus d'uniformité que ceux de la couche témoin, ce qui, en donnant plus d'œil à la marchandise, favorisait sa vente;

4° *Une saveur meilleure.* — Les radis avaient, comme l'on dit souvent, un goût de noisette prononcé très agréable. Ils étaient certainement plus tendres et plus savoureux que ceux venus de la couche sans scories.

Ceci ne doit d'ailleurs pas nous surprendre, puisque M. GRANDEAU a maintes fois constaté que les éléments minéraux rendaient les légumes plus fins, plus savoureux, voire même plus nutritifs.

Voilà donc quatre points qui militent suffisamment en faveur des scories sur le terreau.

Mais comment expliquer une action aussi sensible?

S'il est vrai que le terreau soit si riche en éléments fertilisants, il ne faut pas oublier que l'on y confie les plantations ou semis de légumes, dans l'espoir de les y voir parcourir très promptement toutes les phases de leur végétation.

Il faut donc que, en un laps de temps très court, les plantes y puisent une grande quantité d'éléments assimilables.

Or, sous quelle forme et dans quelles proportions se trouvent les principes fertilisants du terreau?

L'analyse montre que :

L'*azote* y est très abondant (environ 5 o/o), mais il se trouve sous la forme organique et ne devient assimilable que peu à peu, par suite de transformation en azote ammoniacal ou nitrique, sous l'influence des ferments du sol.

L'acide phosphorique, quoique en moins grande

Essais sur choux de Bruxelles de M. Pamaron, à Eaubonne (Seine-et-Oise).

En arrière : avec 750 kg. de scories Thomas « Etoile ».
En avant : sans scories.

quantité, s'y rencontre cependant en quantité suffisante et sous une forme promptement assimilable.

La *potasse* y est également sous la forme directement assimilable et en grande abondance.

Mais alors, puisqu'il y a déjà suffisamment d'acide phosphorique assimilable, comment se fait-il que des *scories de déphosphoration* aient une action si efficace? Et, par contre, puisque l'azote nitrique ne s'y produit que petit à petit, en quantités restreintes, comment se fait-il que l'apport de nitrate de soude, qui a été essayé également, ne donne pour ainsi dire aucun résultat sensible? C'est tout juste l'inverse qui semblerait le plus rationnel.

C'est qu'il est une loi de physiologie végétale qu'il ne faut point perdre de vue.

« Les plantes ne prospèrent que si elles rencontrent dans le sol les différents éléments fertilisants dans un rapport convenable. » Inutile de chercher à s'en écarter.

Si donc on augmente la quantité d'azote nitrique naturel du terreau par l'addition du nitrate de soude du commerce, les racines ne trouvent plus la quantité d'acide phosphorique suffisante pour faire équilibre à la dose totale du nitrate et le rendement ne s'élève pas sensiblement.

Si, au contraire, en même temps qu'on augmente la teneur en azote nitrique, on augmente proportion-

Essai sur « Zinnias » de M. Milon, à Beauvais (Oise).
Action de doses croissantes d'acide phosphorique ajouté au terreau.

Pas de scories   1/10 de scories Thomas   1/8 de scories Thomas   1/6 de scories Thomas
                        « Etoile ».   « Etoile ».   « Etoile ».

nellement celle de l'acide phosphorique, le résultat devient merveilleux. Il est donc de première importance d'équilibrer entre elles les différentes doses d'éléments fertilisants.

Mais comment expliquer que l'emploi exclusif de *scories de déphosphoration*, par conséquent sans nitrate, suffise à augmenter le rendement dans une aussi grande mesure?

Uniquement parce que ces scories, par la grande quantité de chaux qu'elles renferment, transforment le terreau en une véritable nitrière artificielle.

Quoi qu'il en soit, les résultats obtenus montrent que *l'application seule des scories produit le même effet que l'emploi de superphosphate et nitrate.*

L'économie qui en résulte est considérable, attendu qu'employée au prix actuel des scories la dose de 120 gr. par mètre carré ne s'élève pas au-dessus de 1 centime.

Il est évident qu'en additionnant le terreau de chaux on activerait tout aussi bien, et même mieux, la nitrification qu'avec les scories. Mais, dans ce cas, la chaux n'apportant pas avec elle d'acide phosphorique, il n'y aurait plus équilibre entre l'azote nitrique formé et l'acide phosphorique naturel du terreau. La végétation n'en ressentirait pas d'heureux effets.

Au point de vue économique les maraîchers de

Paris, qui ont leur potager établi sur le terreau à peu près pur, auraient grand avantage à employer des engrais minéraux chimiques — ce qu'ils ne font presque jamais — et spécialement les scories, plutôt que de persister dans l'apport constant de fumier de cheval, de fumier de caserne ou autre, d'un prix toujours assez élevé. Nous ne voulons point dire qu'il faille supprimer le fumier, mais seulement en restreindre l'emploi.

D'ailleurs, les maraîchers de Paris ne trouvent plus dans la capitale la quantité de fumier dont ils ont besoin pour leurs cultures pour la raison que, dans les grandes écuries, depuis quelques années, on a une tendance de plus en plus marquée à remplacer la paille qui, seule, donne de l'excellent fumier, par de la tourbe, de la sciure de bois, ou toutes sortes de déchets que l'industrie livre à très bon compte.

Il y a aussi la traction mécanique par la vapeur et l'électricité qui réduit forcément le nombre de moteurs animés et par conséquent la quantité de fumier disponible.

Formules d'engrais chimiques (d'après M. EMILE AUBIN)

NATURE des RÉCOLTES A OBTENIR	ÉPOQUE de l'enfouissement et de l'épandage	TERRES LÉGÈRES		TERRES FORTES	
		TERRE GRANITIQUE	TERRE CALCAIRE	TERRE ARGILEUSE	Terre argilo-calcaire
		kg.	kg.	kg.	kg.
1° Blé aux engrais chimiques en terre épuis. par Blé sur Blé	Automne.. Printemps.	Sang desséché.. 200 Scories phosph. 800 — Nitrate de soude 150 Plâtre... 300	Sang desséché.. 200 Superphosphate. 500 Chlor. de potass. 100 Nitrate de soude 150 —	Sulf. d'ammon. 100 Scories... ...... 800 — Nitrate de soude 150 Plâtre.......... 300	Sulf. d'ammon. 150 Superphosphate. 600 Chlor. de potass. 50 Nitrate de soude 100 —
2° Blé sur jachère fumée	Automne.. Printemps.	Fumier..... .. 30.000 Scories........ 500 Nitrate de soude 100 Plâtre... 300	Fumier..... .. 30.000 Superphosphate. 300 Nitrate de soude 100 —	Fumier...... 30.000 Scories........ 500 Nitrate de soude 100 Plâtre.......... 300	Fumier..... .. 30.000 Superphosphate. 400 Nitrate de soude 100 —
3° Blé après plantes sarclées fumées	Automne..	Sang desséché.. 200 Phosp. précipité. 100 Plâtre.......... 300	Sulf. d'ammon.. 150 Superphosphate. 300 Chlor. de potass. 100	Sulf. d'ammon. 150 Phosp. précipité 100 Plâtre.......... 300	Nitrate de soude 200 Superphosphate. 300 Chlor. de potass. 75
4° Seigle aux engrais chimiques	Automne..	Sulf. d'ammon.. 150 Scories........ 600 Plâtre.......... 250	Sulf. d'ammon. 150 Superphosphate. 400 Chlor. de potass. 100	Nitrate de soude 200 Phosp. précipité 100 Plâtre.......... 300	Nitrate de soude 200 Superphosphate. 400 Chlor. de potass. 75
5° Avoine après blé	Automne..	Sang desséché.. 200 Scories........ 300 Plâtre.......... 200	Sang desséché.. 200 Superphosphate. 300 Chlorure de pot. 50	Sulf. d'ammon. 100 Phosp. précipité 140 Plâtre.......... 300	Sulf. d'ammon. 100 Superphosphate. 300 Chlor. de potass. 50

NATURE des RÉCOLTES A OBTENIR	ÉPOQUE de l'enfouissement et de l'épandage	TERRES LÉGÈRES		TERRES FORTES	
		TERRE GRANITIQUE	TERRE CALCAIRE	TERRE ARGILEUSE	Terre argilo-calcaire
		kg.	kg.	kg.	kg.
6° **Betteraves à sucre** sur fumier de ferme et engrais chimique.	Automne.. / Printemps.	Fumier. 25 à 30.000 Scories....... 600 Nitrate de soude 200 Plâtre....... 300	Fumier. 25 à 30.000 Superphosphate. 300 Nitrate de soude 200 Plâtre....... 200	Fumier. 25 à 30.000 Scories....... 600 Nitrate de soude 200 Plâtre....... 300	Fumier. 25 à 30.000 Superphosphate. 300 Nitrate de soude 200 Plâtre....... 200
7° **Betteraves fourragères** au fumier de ferme et aux engr.chimiques.	Automne.. / Printemps.	Fumier. 35 à 40.000 Scories....... 400 Nitrate de soude 300 Plâtre....... 300	Fumier. 35 à 40.000 Superphosphate. 200 Nitrate de soude 300 Plâtre....... 200	Fumier. 35 à 40.000 Scories....... 400 Nitrate de soude 200 Plâtre....... 300	Fumier. 35 à 40 000 Superphosphate. 200 Nitrate de soude 300 Plâtre....... 200
8° **Pommes de terre** au fumier et aux engrais chimiques.	Automne.. / Printemps.	Fumier..... 30.000 Phosp. précipité 75 Plâtre....... 300 —	Fumier..... 30.000 Superphosphate. 200 Chlor. de potass. 150 Plâtre....... 200	Fumier..... 30.000 Phosp. précipité 75 Plâtre....... 300 —	Fumier..... 30.000 Superphosphate. 200 Chlor. de potass. 75 Plâtre....... 200
9° **Prairies naturelles.**	Automne..	Poudre d'os.... 300 Plâtre....... 300 —	Superphosphate. 600 Sang desséché.. 100 Chlor. de potass. 100	Scories....... 600 Plâtre....... 300 Sulf. d'ammon. 75	Superphosphate. 600 Sulf. d'ammon. 75 Chlor. de potass. 75
10° **Prairies artificielles.**	Automne..	Scories....... 800 Plâtre....... 400	Superphosphate. 800 Chlor. de potass. 200	Scories....... 800 Plâtre....... 400	Superphosphate. 800 Chlor. de potass. 100

NATURE des RÉCOLTES A OBTENIR	ÉPOQUE de l'enfouissement et de l'épandage	TERRES LÉGÈRES		TERRES FORTES	
		TERRE GRANITIQUE	TERRE CALCAIRE	TERRE ARGILEUSE	Terre argilo-calcaire
		kg.	kg.	kg.	kg.
11° Vignes aux engrais chimiques seuls.	Automne..	Sang desséché.. 200 Phosp. précipité 80 Plâtre......... 300 —	Sulf. d'ammon. 100 Superphosphate. 250 Chlor. de potass. 150 Plâtre......... 300	Sang desséché.. 150 Sulf. d'ammon. 100 Phosp. précipité 80 Plâtre......... 300	Sulf. d'ammon. 100 Superphosphate. 250 Chlor. de potass. 75 Plâtre......... 200
12° Herbages ou pâtures.	Automne.. Mars......	Poudre d'os.... 300 Nitrate de soude 100 Plâtre......... 300 —	Superphosphate. 600 Chlor. de potass. 100 Nitrate de soude 100 Plâtre......... 200	Scories........ 600 Nitrate de soude 100 Plâtre......... 300 —	Superphosphate. 600 Chlor. de potass. 50 Nitrate de soude 100 Plâtre......... 200
13° Arbres fruitiers à pépins.	Automne..	Phosp. précipité 4 Sang desséché.. 2 Plâtre......... 2 Sulfate de fer... 2	Superphosphate. 10 Sulf. d'ammon.1 k.5 Chlor. de potass. 1 Sulfate de fer.. 2	Scories........ 12 Sulf. d'ammon.1 k.5 Plâtre......... 2 Sulfate de fer.. 2	Superphosphate. 10 Sulf. d'ammon.1 k.5 Chlor. de potass.0 k.5 Sulfate de fer.. 2
14° Arbres fruitiers à noyaux, greffés sur pruniers.	Automne..	Sang desséché.. 2 Phosp. précipité 4 Plâtre......... 2 Sulfate de fer.. 1	Sang desséché.. 2 Superphosphate. 10 Chlor. de potass. 1 Sulfate de fer.. 1	Sang desséché.. 2 Scories........ 12 Plâtre......... 2 Sulfate de fer. 1	Sang desséché.. 2 Superphosphate. 10 Chlor. de potass. 0k.5 Sulfate de fer.. 1

REMARQUES. — Les formules ci-dessus ne doivent s'appliquer qu'à des terres déjà cultivées et fumées, et dont la teneur en humus n'est pas épuisée. Les chiffres indiqués peuvent être modifiés et diminués en raison de la richesse initiale des terres. Il est préférable de mettre la plus grande partie des engrais à l'automne et d'ajouter le complément au printemps. — Pour les terres siliceuses que l'on peut classer parmi les terres légères, il faut ajouter aux formules ci-dessus 100 à 150 kilogr. de chlorure de potassium.

AUTRES FORMULES D'ENGRAIS
A APPLIQUER AUX TERRES DE MOYENNE FERTILITÉ ET SE TROUVANT EN BON ÉTAT DE CULTURE.

BLÉ D'HIVER, sans fumier de ferme.

a) *En automne :* Scories Thomas........ 200 kilogr.
Kaïnite............... 400 kilogr.
Nitrate de soude...... 75 kilogr.
après céréale ou betterave à sucre sans fumier de ferme.
b) *Au printemps :* Nitrate de soude....... 125 à 150 kilogr. à répandre au réveil de la végétation.

Lorsque le blé vient après les betteraves à sucre ou pommes de terre fumées au fumier de ferme, on supprime le nitrate en automne et on se contente de .donner au printemps les quantités ci-dessus prescrites.

BLÉ D'HIVER fumé avec 15.000-20.000 kilogr. de fumier.

a *En automne :* Scories Thomas........ 200 kilogr.
b) *Au printemps :* Nitrate de soude. ..... 100 kilogr. à répandre en couverture.

BLÉ DE PRINTEMPS.

Au printemps : Superphosphate.......... 200 kilogr.
Kaïnite............... 400 kilogr.
Nitrate de soude........ 100 kilogr.
au moment des semailles.

> Nitrate de soude.......... 100 kilogr.
> à répandre en couverture.

ou encore :   Superphosphate d'ammoniaque à 5 + 10
>   350 kilogr.
> Kaïnite.................. 400 kilogr.
> Nitrate de soude.......... 100 kilogr.
>   à répandre en couverture.

SEIGLE, sans fumier.

a) *En automne :* Scories Thomas............ 200 kilogr.
>   Nitrate de soude.......... 100 kilogr.
>   en cas de besoin.

b) *Au printemps :* Nitrate de soude......... 100 à 150
>   kilogr. à répandre en
>   couverture.

SEIGLE fumé avec 15.000 à 20.000 kilogr. de fumier.

a) *En automne :* Scories Thomas.......... 200 kilogr.

b) *Au printemps :* Nitrate de soude........ 50 à 75 ki-
>   logr. à répandre en
>   couverture.

SEIGLE en terrain léger, sans fumier.

a) *En automne :* Scories Thomas..... 200 à 300 kilogr.
>   Kaïnite............... 400 kilogr.
>   Nitrate de soude..... 50 kilogr. en cas
>   de besoin.

b) *Au printemps :* Nitrate de soude.... 150 à 200 kilogr.
>   à répandre en couverture par moitié à
>   2 mois d'intervalle.

SEIGLE, avec 15.000 à 20.000 kilogr. de fumier.

a) *En automne :* Scories Thomas...... 150 à 200 kilogr.
b) *Au printemps :* Nitrate de soude... 100 à 150 kilogr.

ORGE DE PRINTEMPS.

Superphosphate...............	200 kilogr.
Kaïnite......................	400 —
Sulfate d'ammoniaque..........	100 à 150 kilogr.
mélangé avec le superphosphate.	

ORGE D'HIVER.

Mêmes doses d'engrais que ci-dessus avec, en plus, 5o à 75 kilogr. de nitrate de soude, si c'est nécessaire, à répandre en couverture au printemps.

AVOINE sans fumure au fumier, après plantes avides d'azote.

Scories Thomas........	200 kilogr.
Nitrate de soude.......	100 —

Sel de potasse dans les terres qui en manquent.

AVOINE après légumineuses (trèfle, pois, haricots, etc.),

Scories Thomas ou superphosphate.......	200 kilogr..
Nitrate de soude ou sulfate d'ammoniaque	100 —

AVOINE fumée avec 15.000-20.000 kilogr. de fumier.
On ne donne pas d'autre engrais.

AVOINE sur engrais vert.

Scories Thomas ou superphosphate...   200 kilogr.

Si l'engrais vert s'est bien développé, on ne donne pas d'autre engrais azoté.

BETTERAVE A SUCRE SANS FUMIER DE FERME.

a) *Après plantes avides d'azote*

Superphosphate..........	300-400 kilogr.
Sel de potasse à 40 0/0...	300 —

Nitrate de soude . . . .   300-400 kilogr. à donner en deux fois ; la seconde portion du 1er au 15
juin. On peut remplacer la première moitié par
du sulfate d'ammoniaque.

Dans les terres légères on remplace 1/3 ou 1/2 du
superphosphate par des scories.

b) *Après légumineuses* (trèfle, pois, haricots, etc.)

Superphosphate	300-400	kilogr.
Sel de potasse à 40 0/0	300	—
Nitrate de soude	200-300	—

c) *Avec 30.000 kilogr. de fumier de ferme.*

Superphosphate	200	kilogr.
Kaïnite	400	—
Nitrate de soude	200	—

Sur engrais vert.

Superphosphate	300-400	kilogr.
Sel de potasse à 40 0/0	300	—
Nitrate de soude	200	—

En terre légère on remplace 1/2 du superphosphate
par des scories.

BETTERAVES FOURRAGÈRES.

a) *Après plantes avides d'azote.*

Superphosphate	300 à 400	kilogr.	
Kaïnite	600 à 800	—	
Nitrate de soude	300 à 500	kilogr.	à

donner en deux fois.

Dans les terres légères, on remplace la moitié du
superphosphate par des scories Thomas. — Si l'on

craint l'encroûtement du sol, on remplace la kaïnite par 300 kilogr. de sel de potasse à 40 o/o.

b) *Après légumineuses* (trèfle, pois, haricots, etc.).
Superphosphate............ 300 à 400 kilogr.
Nitrate de soude........... 200 à 300 kilogr.

c) *Sur engrais vert.*
Superphosphate........ ... 300 à 400 kilogr.
Kaïnite.............. ... 600 à 800 kilogr.
Nitrate de soude......... 200 kilogr.

Dans les terres légères, on remplace la moitié du superphosphate par des scories Thomas. Si l'on craint l'encroûtement du sol, on remplace la kaïnite par 300 kilogr. de sel de potasse à 40 o/o.

d) *Sur fumier de ferme* (30.000 kilogr.).
Superphosphate..................... 200 kilogr.
Kaïnite......................... 450 kilogr.
Nitrate de soude................. 200 kilogr.

POMMES DE TERRE en bonne terre.

1o *Sans fumier de ferme.*
a) *Après plantes avides d'azote.*
Superphosphate................... 300 kilogr.
Sel de potasse à 40 0/0......... 300 kilogr.
     à répandre au printemps.
Nitrate de soude 150 à 300 kilogr.

On peut remplacer le nitrate par 100 à 150 kilogr. de sulfate d'ammoniaque, qu'on mélange avec le superphosphate.

b) *Après légumineuses* (trèfle, pois, haricots, etc.).

Superphosphate .... 300 kilogr.
Sel potassique à 40 0/0 .... 300 kilogr.
Nitrate de soude .... 100 kilogr.

2° *Avec 20.000-30.0000 kilogr. de fumier de ferme.*

Superphosphate.................. 200 kilogr.
Nitrate de soude. .... 100 kilogr.
ou 75 kilogr. de sulfate d'ammoniaque.

2° *Sur engrais vert.*

Superphosphate. .... 300 kilogr.
Sel de potasse à 40 0/0 .... 300 kilogr.
Nitrate de soude................. 100 kilogr.

POMMES DE TERRE.

a) *Après plantes avides d'azote.*

Scories Thomas................... 300-400 kilogr.
Sel de potasse à 40 0/0 .... 300 kilogr.
Nitrate de soude......... 150 à 300 kilogr. ou
Sulfate d'ammoniaque..... 100 à 200 kilogr.

b) *Après légumineuses* (trèfle, pois, haricots, etc.).

Scories Thomas.......... 300 à 400 kilogr.
Sel de potasse à 40 0/0........... 300 kilogr.
Nitrate de soude..........100 à 150 kilogr.

c) *Avec 20.000-30.000 kilogr. de fumier de ferme.*

Scories Thomas.................. 200 kilogr.
Nitrate........................ 100 kilogr. ou
Sulfate d'ammoniaque....... 50 à 75 kilogr.

d) *Sur engrais vert.*

Scories Thomas.......... 300 à 400 kilogr.
Sel de potasse à 40 0/0.......... 300 kilogr.
Nitrate de soude ....50 à 100 kilogr.

COLZA, sans fumier de ferme.

1° *En automne :* Scories Thomas ou
                 superphosphate 300 à   400 kilogr.
                 Sel de potasse à 40 0/0.   250 kilogr.
                 Nitrate de soude.......... 100 kilogr.
2° *Au printemps :* Nitrate de soude........ 250 kilogr.

COLZA avec 20.000-30.000 kilogr. de fumier.

1° *En automne :* Scories Thomas ou super-
                 phosphate.   200 kilogr.
2° *Au printemps :* Nitrate de soude........ 100 kilogr.

COLZA après jachère (sans fumier).

          Scories   ou   superphos-
          phate.......... 300 à   400 kilogr.
          Sel de potasse à 40 0/0.. 250 kilogr.

NOMBRE DE PLANTS A L'HECTARE.

La table suivante, publiée par M. Grandeau, sert à
déterminer sans calculs le nombre de plants nécessaire
par hectare pour la création d'une vigne, d'un ver-
ger, d'une houblonnière, etc... ainsi que le nombre
de plants existant dans un champ.

Si l'on a, par exemple, planté des pommes de
terre à o m. 6o d'espacement sur les lignes distantes
l'une de l'autre de o m. 7o, on trouve à l'intersec-
tion de la 11ᵉ ligne de la première colonne avec la
11ᵉ ligne de la 8ᵉ colonne, le nombre de plants à
l'hectare : 23.8o9.

Plantations en ligne : en carré et en quinconce

Écartement m.	CARRÉ	QUINCONCES	Écartements des lignes l'une de l'autre							
	Nombre de plants		0m30	0m40	0m50	0m60	0m70	0m80	0m90	1m00
			Nombre de pieds à l'hectare							
0,10	1.000.000	1.154.700	333.333	250.000	200.000	166.667	142.857	125.000	111.111	100.000
0,15	444.444	513.148	222.222	166.667	133.333	111.111	95.228	83.333	74.074	66.667
0,20	250.000	288.675	163.667	125.000	100.000	83.333	71.428	62.500	55.556	50.000
0,25	160.000	184.752	133.333	100.000	80.000	66.667	57.142	50.000	44.444	40.000
0,30	111.111	128.300	111.111	83.333	66.667	55.556	47.619	41.667	37.037	33.333
0,35	81.631	94.259	95.238	71.429	57.142	47.618	40.816	35.714	31.746	28.572
0,40	62.500	72.169	83.333	62.500	50.000	41.667	35.714	31.250	27.778	25.000
0,45	49.382	57.021	74.066	55.556	44.444	37.036	31.746	27.778	24.692	22.222
0,50	40.000	46.188	66.667	50.000	40.000	33.333	28.571	25.000	22.222	20.000
0,55	33.058	37.172	60.606	45.454	36.363	30.303	25.974	22.727	20.202	18.182
0,60	27.778	32.075	55.556	41.667	33.333	27.778	23.809	20.833	18.518	16.667
0,65	23.669	27.331	51.282	38.461	30.769	25.641	21.978	19.231	17.094	15.384
0,70	20.408	23.565	47.619	35.714	28.571	23.809	20.408	17.857	15.873	14.286
0,75	17.777	20.438	44.444	33.333	26.667	22.222	19.048	16.667	14.815	13.334
0,80	15.625	18.042	41.667	31.250	25.000	20.833	17.857	15.625	13.889	12.500
0,85	13.841	15.982	39.218	29.412	23.529	19.608	16.807	14.706	13.072	11.764
0,90	12.346	14.256	37.033	27.778	22.222	18.518	15.873	13.889	12.346	11.111
0,95	11.080	12.794	35.088	26.316	21.053	17.544	15.038	13.158	11.696	10.526
1,00	10.000	11.547	33.333	25.000	20.000	16.667	14.285	12.500	11.111	10.000
1,10	8.264	9.543	—	—	—	—	—	—	—	—
1,20	6.944	8.019	—	—	—	—	—	—	—	—
1,30	5.917	6.833	—	—	—	—	—	—	—	—
1,40	5.102	5.891	—	—	—	—	—	—	—	—
1,50	4.444	5.132	—	—	—	—	—	—	—	—
1,60	3.906	4.511	—	—	—	—	—	—	—	—
1,70	3.460	3.996	—	—	—	—	—	—	—	—
1,80	3.086	3.564	—	—	—	—	—	—	—	—
1,90	2.770	3.199	—	—	—	—	—	—	—	—
2,00	2.500	2.887	—	—	—	—	—	—	—	—

CHAPITRE X

LÉGISLATION ET COMMERCE DES ENGRAIS

Le commerce des engrais est actuellement réglementé par la loi du 4 février 1888, en ce qui concerne la répression des fraudes ; cette loi est complétée par quelques autres dispositions que nous indiquerons plus loin.

Loi du 4 février 1888.

ARTICLE PREMIER. — Seront punis d'un emprisonnement de six jours à un mois et d'une amende de 500 à 2.000 francs, ou de l'une de ces deux peines seulement :

Ceux qui, en vendant ou mettant en vente des engrais ou amendements, auront trompé ou tenté de tromper l'acheteur, soit sur leur nature, leur composition ou le dosage des éléments utiles qu'ils contiennent, soit sur leur provenance, soit par l'emploi, pour les désigner ou les qualifier, d'un nom qui, d'après l'usage, est donné à d'autres substances fertilisantes.

En cas de récidive dans les trois ans qui ont suivi la première condamnation, la peine pourra être élevée à deux mois de prison et 4.000 francs d'amende.

Le tout sans préjudice de l'application du paragraphe 3 de l'article 1er de la loi du 27 mars 1851 relatif aux fraudes sur la quantité des choses livrées, et des articles 7, 8 et 9 de la loi du 23 juin 1857 concernant les marques de fabrique et de commerce.

Art. 2. — Dans les cas prévus à l'article précédent, les tribunaux peuvent, en outre des peines ci-dessus portées, ordonner que les jugements de condamnation seront, par extraits ou intégralement, publiés dans les journaux qu'ils détermineront et affichés sur les portes de la maison et des ateliers ou magasins du vendeur et sur celles des mairies de son domicile et de celui de l'acheteur.

En cas de récidive dans les cinq ans, ces publications et affichages seront toujours prescrits.

Art. 3. — Seront punis d'une amende de 11 à 15 francs inclusivement ceux qui, au moment de la livraison, n'auront pas fait connaître à l'acheteur, dans les conditions indiquées à l'article 4 de la présente loi, la provenance naturelle ou industrielle de l'engrais ou de l'amendement vendu et sa teneur en principes fertilisants.

En cas de récidive dans les trois ans, la peine de l'emprisonnement pendant cinq jours au plus pourra être appliquée.

Art 4. — Les indications dont il est parlé à l'article 3 seront fournies, soit dans le contrat même, soit dans le double de commission délivré à l'acheteur au moment de la vente, soit dans la facture remise au moment de la livraison.

La teneur en principes fertilisants sera exprimée par les poids d'azote, d'acide phosphorique et de potasse contenue dans 100 kilogrammes de marchandise facturée telle qu'elle est livrée, avec l'indication de la nature ou de l'état de combinaison de ces corps, suivant les prescriptions du règlement d'administration publique dont il est parlé à l'article 6.

Toutefois, lorsque la vente aura été faite avec stipulation du règlement du prix d'après l'analyse à faire sur échantillon prélevé au moment de la livraison, l'indication préalable de la teneur exacte ne sera pas obligatoire, mais mention devra être faite du prix du kilogramme de l'azote, de l'acide phosphorique et de la potasse contenus dans l'engrais tel qu'il est livré, et de l'état de combinaison dans lequel se trouvent ces principes fertilisants. La justification de l'accomplissement des prescriptions qui précèdent sera fournie, s'il y a lieu, en l'absence du contrat préalable ou d'accusé de réception de l'acheteur, par la production, soit du copie de lettres du vendeur, soit de son livre de factures régulièrement tenu à jour et contenant l'énoncé prescrit par le présent article.

Art. 5. — Les dispositions des articles 3 et 4 de la présente loi ne sont pas applicables à ceux qui auront vendu, sous leur dénomination usuelle, des fumiers, des matières fécales, des composts, des gadoues ou boues de villes, des déchets des marchés, des résidus de brasserie, des varechs et autres plantes marines pour engrais, des déchets frais d'abattoirs, de la marne, des faluns, de la tangue, des sables coquilliers, des chaux, des plâtres, des cendres ou des suies provenant des houilles ou autres combustibles.

Art. 6. — Un règlement d'administration publique prescrira les procédés d'analyse à suivre pour la détermination des matières fertilisantes des engrais, et statuera sur les autres mesures à prendre pour assurer l'exécution de la présente loi.

Art. 7. — La loi du 27 juillet 1867 est et demeure abrogée.

Art. 8. — La présente loi est applicable à l'Algérie et aux colonies.

Le règlement d'administration publique prévu par la loi précédente est ainsi conçu :

Article premier. — Tout vendeur d'engrais ou amendement, autre que l'un de ceux mentionnés à l'article 5 de la loi du 4 février 1888, est tenu d'indiquer, soit dans le contrat de vente, soit dans le double de commission délivré à l'acheteur au moment de la vente, soit dans une facture remise ou envoyée à l'acheteur au moment de la livraison ou de l'expédition de l'engrais ou amendement :

1º Le nom dudit engrais ou amendement;

2º Sa nature ou la désignation permettant de le différencier de tout autre engrais ou amendement;

3º Sa provenance, c'est-à-dire le nom de l'usine ou de la maison qui l'a fabriqué ou fait fabriquer, s'il s'agit d'un produit industriel, ou le lieu géographique d'où il est tiré, s'il s'agit d'un engrais naturel, soit pur, soit simplement trié et pulvérisé.

Art. 2. — Les indications prescrites par l'article qui précède doivent être complétées par la mention de la composition de l'engrais ou amendement.

Cette composition doit être exprimée par les poids des éléments fertilisants contenus dans 100 kilogrammes de la marchandise facturée, telle qu'elle est livrée et dénommée ci-après :

Azote nitrique;

Azote ammoniacal;

Azote organique;

Acide phosphorique en combinaison soluble dans l'eau;

Acide phosphorique en combinaison soluble dans le citrate d'ammoniaque;

Acide phosphorique en combinaison insoluble;

Potasse en combinaison soluble;

Potasse en combinaison soluble dans l'eau.

Pour l'azote organique et la potasse en combinaison soluble dans l'eau, l'origine ou l'indication de la matière première dont ils proviennent doit être mentionnée.

Dans tous les cas, la teneur par 100 kilogrammes d'engrais ou amendement est exprimée en azote élémentaire (Az), en acide phosphorique anhydre (PhO^5), et en potasse anhydre (KO).

Les mots « pour cent » dans l'indication du dosage doivent être exprimés en toutes lettres.

Art. 3. — Lorsque la vente est faite avec stipulation du règlement du prix d'après l'analyse à faire sur échantillon prélevé au moment de la livraison, l'indication de la composition de l'engrais ou amendement, telle qu'elle est exigée par l'article 2 qui précède, n'est pas obligatoire ; mais le vendeur est tenu de mentionner, en outre des prescriptions de l'article 1er :

Le prix du kilogramme d'azote nitrique ;

Le prix du kilogramme d'azote ammonical ;

Le prix du kilogramme d'azote organique ;

Le prix du kilogramme d'acide phosphorique en combinaison soluble dans l'eau ;

Le prix du kilogramme d'acide phosphorique en combinaison soluble dans le citrate d'ammoniaque ;

Le prix du kilogramme d'acide phosphorique en combinaison insoluble ;

Le prix du kilogramme de potasse en combinaison soluble dans l'eau.

Pour l'azote organique et la potasse en combinaison soluble dans l'eau, l'origine ou l'indication de la matière première dont ils proviennent doit être mentionnée.

Les prix se rapportent toujours au kilogramme d'azote élémentaire (Az), d'acide phosphorique anhydre (PhO⁵) et de potasse (KO).

Art. 4. — Les infractions aux dispositions de la loi du 4 février 1888 et à celles du présent règlement d'administration publique seront constatées par tous officiers de police judiciaire et agents de la force publique.

S'il y a doute ou contestation sur l'exactitude des indications mentionnées dans les contrats de vente, factures ou commissions destinées à l'acheteur, il peut être procédé, soit d'office, soit à la demande des parties intéressées, à la prise d'échantillon et à l'expertise de l'engrais ou amendement vendu.

Art. 5. — Au cas où il est procédé à la prise d'échantillon, à la demande des parties intéressées, les échantillons sont prélevés contradictoirement par les parties au lieu de la livraison.

Si le vendeur refuse d'assister à la prise d'échantillons ou de s'y faire représenter, il y est procédé à la requête et en présence de l'acheteur ou de son représentant, par le maire ou le commissaire de police du lieu de la livraison.

Art. 6 — Quand il est procédé d'office à la prise d'échantillon, celle-ci est faite par le maire de la localité, ou son adjoint, ou le commissaire de police, soit dans les magasins ou entrepôts, soit dans les gares ou ports de départ ou d'arrivée.

Art 7. — Les échantillons sont toujours pris en trois exemplaires ; chacun d'eux est enfermé dans un vase en verre ou en grès verni, immédiatement bouché avec un bouchon de liège, sur lequel le magistrat qui aura procédé à la prise d'échantillon attachera une bande papier qu'il scellera de son sceau.

Une étiquette engagée dans l'un des cachets porte le nom de l'engrais ou amendement, la date de la prise d'échantillon et le nom de la personne ou du fonctionnaire ou agent qui requiert l'analyse.

Art. 8. — Chaque prise d'échantillon est constatée par un procès-verbal qui relate :

1º La date et le lieu de l'opération ;

2º Les noms et qualités des personnes qui y ont procédé ;

3º La copie des marques et étiquettes apposées sur les enveloppes de l'engrais ou amendement ;

4º La copie du contrat de vente, du double de la commission ou de la facture ;

5º La marque imprimée sur les cachets et la couleur de la cire ;

6º Le nombre des colis dans lesquels ont été prélevés des

échantillons, ainsi que le nombre total des colis composant le lot échantillonné ;

7° Enfin, toutes les indications trouvées utiles pour établir l'authenticité des échantillons prélevés et l'identité industrielle de la marchandise vendue.

Art. 9. — Des trois exemplaires de chaque échantillon d'engrais ou amendement, l'un est remis ou envoyé au vendeur, l'autre est transmis à un chimiste-expert pour servir à l'analyse, le troisième est conservé en dépôt au greffe du tribunal de l'arrondissement pour servir, s'il y a lieu, à de nouvelles vérifications ou analyses.

Dans le cas où la prise d'échantillon a lieu d'un commun accord ou à la requête de l'acheteur, les parties peuvent convenir du choix du chimiste-expert.

En cas de désaccord, ou en cas de prise d'échantillon d'office, le chimiste-expert est désigné par le juge de paix du canton, sur la réquisition du magistrat qui a procédé à l'opération ou, à son défaut, de la partie la plus diligente.

L'échantillon est remis au chimiste-expert ; en même temps transmission est faite à celui-ci de la copie des énonciations de provenance et de dosage formulées par le vendeur, conformément aux articles 3 et 4 de la loi et des articles 1er et 3 du présent décret.

Art. 10. — L'expertise est faite par l'un des chimistes-experts désignés par le ministre de l'Agriculture et dont la liste est revisée tous les ans dans le courant du mois de janvier.

Les frais de l'expertise sont réglés par un tarif arrêté par le ministre.

Art. 11. — L'analyse de l'échantillon doit être effectuée dans un délai de dix jours au plus, à partir du jour de la remise de l'échantillon au chimiste-expert.

Art. 12. — L'analyse doit être faite d'après les procédés indiqués ci-après :

I. — *Préparation de l'échantillon.*

L'échantillon doit être amené à un état d'homogénéité parfaite.

II. — *Dosage des éléments utiles.*

1° AZOTE.

a) Azote nitrique.

On transforme l'acide nitrique en bioxyde d'azote au moyen de l'ébullition avec le protochlorure de fer, et l'on compare le volume de bioxyde d'azote obtenu au volume que donne une quantité connue de nitrate pur.

b) Azote ammoniacal.

On distille en présence d'un alcali la matière addition-née d'eau, en se servant d'un appareil à serpentin ascen-dant.

L'ammoniaque est recueillie dans l'acide titré.

c) Azote organique.

On le détermine par le chauffage de la matière avec la chaux sodée, qui le transforme en ammoniaque qu'on re-çoit dans une liqueur titrée. Les nitrates qui peuvent se trouver dans l'engrais sont préalablement enlevés.

On dose encore l'azote organique en traitant la matière par l'acide sulfurique additionné d'un peu de mercure ; l'azote amené ainsi à l'état de sulfate d'ammoniaque est dosé comme il est dit au paragraphe précédent ; il y a lieu aussi d'exclure l'azote nitrique.

2° ACIDE PHOSPHORIQUE.

a) Acide phosphorique total.

On dissout l'engrais ou amendement dans l'acide chlo-rhydrique, et l'on maintient en dissolution l'oxyde de fer et l'alumine ainsi que la chaux par du citrate d'ammo-niaque. On précipite l'acide phosphorique à l'état de phosphate ammoniaco-magnésien, qu'on calcine pour le transformer en pyrophosphate, et l'on pèse.

Si la chaux est en trop forte proportion, on l'élimine au préalable par l'oxalate d'ammoniaque.

b) Acide phosphorique en combinaison soluble à l'eau.

On traite la matière par l'eau distillée, en évitant un contact prolongé ; on filtre et, dans la solution filtrée, on précipite l'acide phosphorique et l'on dose celui-ci comme il est dit dans le paragraphe précédent (*a*).

c) Acide phosphorique en combinaison soluble dans le citrate d'ammoniaque.

On traite la matière à froid par le citrate d'ammoniaque alcalin, en laissant le contact se prolonger pendant douze heures, et l'on précipite dans la solution l'acide phosphorique à l'état de phosphate ammoniaco-magnésien.

Pour les trois dosages (*a*, *b* et *c*), au lieu de précipiter directement l'acide phosphorique à l'état de phosphate ammoniaco-magnésien, on peut, au préalable, le précipiter par le nitro-molybdate d'ammoniaque en solution nitrique. Le précipité obtenu est dissous dans l'ammoniaque, et l'on détermine l'acide phosphorique en le transformant, comme dans les cas précédents, en phosphate ammoniaco-magnésien.

3° Potasse en combinaison soluble a l'eau.

a) Dosage à l'état de perchlorate.

La potasse est amenée à l'état de perchlorate ; celui-ci est lavé à l'alcool, séché et pesé.

b) Dosage par le platine réduit.

La potasse est précipitée à l'état de chlorure double de platine et de potassium ; ce précipité, lavé à l'alcool, est traité par le formiate de soude, qui précipite le platine métallique, dont on prend le poids après lavage et calcination. De la quantité de platine on déduit le poids de la potasse.

c) Dosage à l'état de chlorure double de platine et de potassium.

On amène les sels de potasse à l'état de chloroplatinate, qu'on pèse après lavage à l'alcool et dessiccation.

Le ministre de l'Agriculture règle, par une instruction, sur l'avis conforme du Comité consultatif des stations agronomiques et des laboratoires agricoles, les détails de chacun des procédés d'analyse mentionnés ci-dessus.

Art. 13. — Le chimiste-expert, dans son rapport, indique les tolérances d'écart qui lui paraissent admissibles, en tenant compte :

1° Du degré d'homogénéité dont l'engrais est susceptible ;

2° Des changements qu'il a pu subir, suivant sa nature, entre la livraison et l'analyse ;

3° Enfin du degré de précision des procédés d'analyse suivis.

Il conclut en donnant son avis sur les circonstances qui ont pu, indépendamment de la volonté du vendeur, modifier la composition de l'engrais.

Art. 14. — Le rapport du chimiste-expert est déposé au greffe du tribunal qui a procédé à la désignation de l'expert. Avis du dépôt est donné par l'expert aux parties intéressées, au moyen d'une lettre recommandée.

Si le vendeur conteste l'analyse, il doit faire sa déclaration dans un délai de huit jours à partir du dépôt, le jour de la notification non compris. Dans ce cas, le troisième exemplaire de l'échantillon est soumis à une contre-expertise par un chimiste expert choisi sur la liste dressée par le ministre et désigné par le président du tribunal de l'arrondissement où il a été procédé à la prise d'échantillon.

Art. 15. — Le chimiste-expert chargé de la contre-expertise fait, dans les huit jours à partir de celui où l'échantillon lui a été remis, l'analyse de l'engrais ou de l'amendement et rédige son rapport dans les formes indiquées à l'article 13 ci-dessus.

Art. 16. — Le rapport du chimiste-expert chargé de la contre-expertise est déposé au greffe du tribunal civil où il a été procédé à la prise d'échantillon.

Avis du dépôt est donné par l'expert aux parties intéressées au moyen d'une lettre recommandée.

Art. 17. — Les rapports des chimistes-experts, ensemble les procès-verbaux de prise d'échantillons, sont transmis au procureur de la République pour y être donné telle suite que de droit.

Art. 18. — Cette transmission a lieu, par les soins du chimiste-expert, dans les huit jours qui suivent l'expiration du délai imparti par l'article 15 pour contester l'analyse, quand l'analyse n'a pas été contestée par le vendeur, et par ceux du chimiste chargé de la contre-expertise, au cas où il a été procédé à cette opération dans les quarante-huit heures qui suivent la clôture du rapport.

Art. 19. — Le ministre de l'Agriculture est chargé de l'exécution du présent décret qui sera inséré au *Bulletin des lois* (10 mai 1889).

Pour préciser les conditions de l'application de la loi et du décret précités, le ministre de l'Agriculture a adressé aux préfets la circulaire suivante :

Monsieur le Préfet, j'ai l'honneur de vous adresser ci-inclus un exemplaire :

1° De la loi du 4 février 1880 concernant la répression des fraudes dans le commerce des engrais ;

2° Du décret du 10 mai 1889 portant règlement d'administration publique pour l'exécution de la loi précitée ;

3° Du rapport du Comité des stations agronomiques et des laboratoires agricoles sur les méthodes à suivre pour la prise d'échantillons et l'analyse des matières fertilisantes, méthodes dont l'application pour les expertises légales est devenue obligatoire en vertu de l'article 12 du décret portant règlement d'administration publique;

4o La liste des chimistes-experts dressée par l'Administration sur l'avis du Comité des stations agronomiques et des laboratoires agricoles, en exécution de l'article 10 du règlement susvisé.

J'appelle tout particulièrement votre attention sur ces divers documents, dont l'importance ne saurait vous échapper et qui forment un exemple de dispositions dont le but est d'assurer à l'agriculture une protection efficace contre les fraudes pouvant être pratiquées dans la vente des engrais.

Le règlement d'administration publique devait, aux termes de l'article 6 de la loi, prescrire les procédés d'analyse à suivre pour la détermination des matières fertilisantes des engrais et statuer sur les autres mesures à prendre pour assurer l'exécution de la loi.

L'examen approfondi auquel la préparation de ce document a donné lieu de la part de l'Administration supérieure et du Conseil d'Etat permet d'espérer que la tâche des fonctionnaires et agents chargés de faire appliquer la loi du 4 février 1888 sera facile.

Je crois devoir cependant soumettre quelques observations sur les principales dispositions du décret du 10 mai, afin de mettre bien en lumière l'esprit général qui a présidé à la rédaction de ce document et ne laisser aucune place dans votre esprit aux erreurs d'interprétation.

Les articles 1er, 2 et 3 du décret ont trait aux indications que le vendeur d'engrais est tenu, aux termes de la loi, de faire figurer soit dans le contrat de vente, soit dans le double de commission, soit dans la facture, afin d'éclairer l'acheteur sur la valeur de l'engrais. Il n'est fait exception à cette règle que pour les engrais ou amendements mentionnés à l'article 5 de la loi qui sont vendus tels quels et sous leur dénomination usuelle.

Les indications que le vendeur est obligé de fournir sont : le nom, la provenance, la nature, la composition et la teneur en principes fertilisants de l'engrais ou de l'amendement.

Il importe tout d'abord, monsieur le Préfet, de bien définir ces différents termes.

Nom. — Par nom, il faut entendre la désignation sous laquelle l'engrais ou amendement est connu ou vendu.

Vous remarquerez, monsieur le Préfet, que l'article 1er de la loi considère comme une tromperie ou tentative de tromperie l'emploi, pour désigner ou qualifier un engrais, d'un nom qui, d'après l'usage, est donné à d'autres substances fertilisantes.

Ainsi la vente ou la mise en vente, sous le nom de *guano*, d'un engrais fabriqué, alors même que cet engrais aurait la richesse du guano en éléments utiles, constitue une tromperie ou une tentative de tromperie sur la dénomination en même temps que sur la nature du produit. Les mots « ou qualifier » dont se sert le législateur ont pour but d'interdire formellement de faire entrer les noms d'engrais déjà connus comme *guano, noir d'os*, etc., dans la dénomination d'un engrais nouveau.

Provenance. — Le règlement d'administration publique définit suffisamment ce qu'il faut désigner sous ce nom. C'est le lieu géographique d'où est tiré le produit, s'il s'agit d'un engrais naturel comme le guano du Pérou, ou le nom de l'usine ou de la maison qui le fabrique ou le fait fabriquer, s'il s'agit d'un produit industriel.

Nature. — Par nature, il faut entendre l'ensemble des propriétés qui caractérisent la marchandise et la différencient de toute autre. Il y a tentative de tromperie sur la nature de l'engrais quand l'indication fournie soit dans le contrat, soit dans le double de commission, soit dans la facture, s'applique à une marchandise différente de celle qui est vendue ou mise en vente. Ainsi la désignation du cuir torréfié sous le nom de *sang desséché*, de poudre de corozo sous le nom de *poudre d'os*, de la tourbe torréfiée ou coke de Boghead sous le nom de *noir*, de schistes pulvérisés sous le nom de *phosphates*, de terre rougeâtre sous le nom de *guano*, constitue une tromperie sur la nature de l'engrais, parce que ces diverses matières ne possèdent pas l'ensemble des propriétés des engrais sous le nom desquels elles sont vendues ou mises en vente, bien qu'elles en aient plus ou moins l'aspect extérieur.

COMPOSITION. — Les chimistes distinguent deux sortes de compositions : la composition qualitative, qui est l'énumération des composants essentiels dont une substance est formée, et la composition quantitative, qui indique pour chaque composant la proportion pour laquelle il entre dans l'ensemble.

Le dosage des éléments utiles, qui n'est autre que la composition quantitative dans ce qu'elle a d'essentiel en matière d'engrais, étant spécialement visé dans l'article 1er de la loi, il ne peut être question pour la tromperie sur la composition que de la composition qualitative. On reconnaîtra donc l'existence de cette tromperie lorsque le marchand d'engrais annoncera comme entrant dans la composition de l'engrais mis en vente ou vendu des substances qui ne s'y trouvent pas.

DOSAGE DES ÉLÉMENTS UTILES. — En ce qui concerne le dosage des éléments utiles qui fait l'objet de l'article 2 du règlement d'administration publique, il y aura tromperie ou tentative de tromperie lorsque l'analyse de l'engrais vendu ou mis en vente révélera pour un ou plusieurs des éléments énumérés à l'article 4 de la loi (azote, acide phosphorique et potasse) un dosage (quantité contenue dans 100 kilogrammes d'engrais à l'état normal) inférieur à celui qui aura été annoncé conformément aux prescriptions de l'article 3 de la loi.

Toutefois, la tentative de tromperie ne pourra être admise que si l'écart entre le dosage garanti et le dosage trouvé dépasse les écarts d'homogénéité admissibles pour ces sortes de marchandises et les limites d'erreurs inhérentes aux méthodes d'analyse suivies.

Vous remarquerez que l'article 2 du règlement d'administration publique mentionne, parmi les éléments fertilisants, l'acide phosphorique en combinaison insoluble; il doit être bien entendu que cette mention s'applique à l'acide phosphorique insoluble dans l'eau ou dans le citrate d'ammoniaque, mais soluble dans les acides minéraux. L'acide phosphorique soluble seulement dans les acides est assimilable par les végétaux et est utilisé par l'agriculture; il a donc une valeur propre; aussi, pour prévenir toute confusion, les marchands d'engrais pourront employer la mention suivante : acide phosphorique en combinaison insoluble dans l'eau et le citrate d'ammoniaque, mais soluble dans les acides.

Aux termes de l'article 4 du décret, tous officiers de police judiciaire, tous agents de la force publique ont qualité pour constater les infractions aux dispositions de la loi et à celles du présent règlement d'administration publique; s'il y a doute ou seulement contestation sur l'exactitude des indications fournies par le vendeur, il peut être procédé, soit d'office, soit à la demande des parties intéressées, à la prise d'échantillon et à l'expertise de la marchandise suspecte.

Il y a grand intérêt à distinguer si la prise d'échantillon a lieu dans les conditions prévues par l'article 5 du règlement, c'est-à-dire à la demande des parties intéressées, ou de l'une d'elles seulement, ou dans les conditions prévues par l'article 6, c'est-à-dire d'office.

Dans le premier cas, en effet, l'opération devra toujours être faite contradictoirement au lieu de la livraison; dans le second, elle pourra s'effectuer non seulement au lieu de la livraison, mais encore dans les magasins ou entrepôts, ou dans les gares ou ports de départ ou d'arrivée.

Il en résulte que l'Administration se trouve investie d'un droit dont elle pourra user sans mise en demeure préalable, mais seulement lorsqu'elle aura de sérieux motifs pour le faire. Il ne faut pas perdre de vue que l'abus de ce droit deviendrait une source de vexations pour les commerçants honnêtes, en même temps qu'il apporterait les plus fâcheuses entraves à la liberté des transactions. L'Administration ne devra donc se servir de l'arme que le législateur a mise entre ses mains qu'avec la plus grande circonspection et lorsqu'elle y sera autorisée par de graves indices ou de fortes présomptions. Dans tous les cas, la prise d'échantillon d'office devra être faite en présence du vendeur ou de son représentant.

Que la prise d'échantillon ait lieu d'office ou sur la requête de l'acheteur ou de son représentant, c'est le maire ou le commissaire de police qui devra procéder à cette opération. Toutefois, dans la pratique, l'Administration ne saurait trop recommander à ces officiers de police judiciaire de se faire assister, autant que possible, par le chimiste-expert ou par le professeur d'agriculture du département ou de l'un des départements limitrophes, de telle façon que la prise d'échantillon s'effectue dans les conditions les plus régulières et d'après les procédés les plus sûrs, afin que l'échantillon soit la reproduction exacte de la marchandise.

Cette opération de la prise d'échantillon présente une si grande importance que je crois devoir reproduire ici les instructions contenues dans le rapport du Comité des stations agronomiques :

« Les engrais peuvent se présenter sous des formes variables : tantôt ils sont pulvérulents, tantôt en masses agglomérées ou pâteuses, tantôt en morceaux durs ou débris plus ou moins gros, tantôt à l'état de pâte plus ou moins liquide, plus ou moins homogène, tantôt enfin à l'état d'un liquide fluide.

« Lorsque les engrais sont pulvérulents, et c'est le cas le plus général, leur prise d'échantillon n'offre pas de difficulté. Quand ils sont en sacs, à l'aide d'une sonde suffisamment longue, on prendra l'échantillon dans le sac lui-même, en procédant de la manière suivante :

« On ouvre un des angles du sac et l'on y plonge la sonde en la dirigeant en diagonale vers l'angle opposé ; on répète la même opération successivement sur chacun des quatre angles du sac ; mais, lorsque le lot est considérable, il faut répéter la même opération sur un certain nombre de sacs pris au hasard. On réunit tous les produits de ces prélèvements, on les place sur une toile ou sur un papier, et on les remue à la main ou avec une spatule, assez longtemps pour que l'homogénéité puisse être regardée comme parfaite ; une partie de ce mélange, représentant 300 à 400 grammes, est placée dans un flacon de verre qu'on bouche avec un liège.

« Lorsque les engrais pulvérulents sont en tonneaux, on perce les deux fonds du tonneau de deux trous, au moyen d'une vrille ; le trou doit être assez grand pour qu'on puisse y introduire la sonde, ce qu'on fait en s'éloignant autant que possible de l'axe du tonneau. Le mélange se fait d'ailleurs comme précédemment.

« Lorsque l'engrais est en tas, on peut également se servir de la sonde pour y prélever l'échantillon moyen : mais il faut avoir soin de faire pénétrer cet instrument jusque dans les parties centrales du tas, de même que jusque dans les parties inférieures. Si le tas est trop volumineux pour qu'on puisse ariver à ce résultat, le meilleur moyen consiste à faire une tranchée vers le centre du tas et à prélever ensuite dans un grand nombre de points placés dans les différentes parties du tas, en y comprenant ceux que la tranchée a rendus libres, les échantillons au moyen de la sonde.

« Lorsque l'engrais est en masse pâteuse ou compacte, et qu'il se trouve en sacs ou en tonneaux, il est indispensable de vider plusieurs sacs pris au hasard sur un plancher ou sur des dalles préalablement balayées ; on mélange alors à la pelle le tas obtenu et l'on prélève en différents points de ce tas des pelletées de l'engrais. Ce nouvel échantillon formé est divisé et mélangé, pulvérisé ou concassé autant que possible, avec une batte ou un marteau ; on mélange finalement à la main cette matière plus ou moins pulvérulente et on l'introduit dans un flacon ou une boîte métallique.

« Quand l'échantillon est primitivement en tas, on procède de la même manière en pratiquant une tranchée, comme il a été expliqué plus haut.

« On ne doit, dans aucun cas, dans l'une ou l'autre de ces opérations, éliminer les pierres ou les parties étrangères de l'engrais ; elles doivent entrer dans l'échantillon prélevé dans une proportion autant que possible égale à celle dans laquelle elles existent dans l'engrais.

« Des matières peu homogènes, rognures, chiffons, etc., sont disposées en tas et bien mélangées à la pelle ; sur ce mélange on prélève, à la main, dans un très grand nombre d'endroits, une poignée de matières, on réunit le produit de tous ces prélèvements, qu'on mélange de nouveau avec la main et sur lequel on prend finalement l'échantillon destiné à l'analyse.

« Moins la matière est homogène, plus grand devra être l'échantillon destiné à l'analyse ; dans quelques cas, il faut prélever jusqu'à 3 et 4 kilogrammes de matière. Cet échantillon est introduit dans une boîte métallique ou dans une caisse en bois hermétiquement fermée.

« Les engrais qui sont en pâte plus ou moins liquide (par exemple les vidanges) peuvent présenter deux cas : ou bien ils sont homogènes, et alors il suffit de les mélanger à la pelle et d'en remplir un flacon ; ou bien ils se séparent en deux parties, l'une plus fluide, l'autre plus consistante ; dans ce cas, il est indispensable de prélever de l'une et de l'autre dans une proportion égale à la proportion dans laquelle elles existent dans le lot à examiner.

« Les parties liquides sont remuées et aussitôt, sans laisser le temps de déposer ; on en prélève une quantité proportionnelle.

« Les parties solides sont divisées à la bêche ; on y

prélève un échantillon égal proportionnel, et l'on réunit les deux lots dans un grand flacon à large goulot hermétiquement bouché. »

Toutes les fois que la prise d'échantillon aura lieu d'un commun accord, l'Administration n'aura pas à intervenir et les parties pourront convenir du choix de l'expert et s'adresser à tel chimiste qu'elles s'entendront pour désigner.

« Mais dans le cas de désaccord entre l'acheteur et le vendeur ou de prise d'échantillon d'office, c'est au juge de paix du canton qu'il appartient exclusivement de désigner le chimiste-expert, sur la réquisition du maire ou de son adjoint, ou du commissaire de police qui aura procédé à la prise d'échantillon, ou, à leur défaut, à la partie la plus diligente. Toutefois, le troisième paragraphe de l'article 9 doit être combiné avec l'article 10 et le juge de paix ne pourra choisir l'expert que sur une liste dressée à cet effet par le ministre de l'Agriculture. Le désaccord des parties ou la prise d'échantillon d'office constitue, en effet, une présomption de fraude; il est donc indispensable que, dans ce cas, l'analyse ne puisse être confiée qu'à des chimistes d'une compétence scientifique indiscutable. Vous remarquerez, monsieur le Préfet, que si l'Administration limite, dans certaines circonstances, le choix des juges de paix aux experts portés sur la liste, elle entend garantir les parties contre les abus du privilège, et l'article 10 du décret stipule que les frais de l'expertise seront réglés d'après un tarif arrêté par le ministre de l'Agriculture.

Les articles 11 et 12 fixent, d'autre part, les délais qui seront impartis aux chimistes-experts pour effectuer l'analyse des échantillons et déterminent les procédés d'analyse qu'ils devront employer. Il était nécessaire en effet de prévenir des lenteurs aussi préjudiciables à l'acheteur, qui a besoin d'être fixé sans retard sur la valeur de l'engrais, qu'au vendeur lui-même, qu'on ne saurait laisser trop longtemps sous le coup d'une suspicion peut-être imméritée. Il importait également de fixer d'avance les procédés d'analyse, afin d'entourer de toutes les garanties désirables les opérations qui seront, dans certains cas, le point de départ et la base des poursuites judiciaires. Il va sans dire que les procédés indiqués ne sont pas immuables et que l'Administration se réserve de modifier ses instructions au fur et à mesure des progrès ou des découvertes de la science.

Il était équitable de tenir compte des changements qui peuvent se produire dans la composition des engrais entre le moment de leur mise en vente ou de leur livraison et le moment de l'analyse. Certaines circonstances peuvent en effet modifier la proportion primitive des éléments fertilisants contenus dans l'engrais et, d'autre part, il ne faut pas perdre de vue que les procédés d'analyse recommandés, quelle que soit d'ailleurs leur supériorité, ne sont pas susceptibles d'une précision absolue : l'article 13 confère donc aux chimistes-experts un certain pouvoir d'appréciation en vertu duquel ils indiqueront dans leurs rapports les écarts qui leur paraissent admissibles entre les résultats de l'analyse et les déclarations du vendeur.

Aux termes de l'article 14, le rapport du chimiste-expert doit être déposé au greffe du tribunal qui a procédé à sa désignation. Avis de ce dépôt est donné par l'expert aux parties intéressées au moyen d'une lettre recommandée. L'expert, lorsqu'il réside au siège du tribunal qui a procédé à sa désignation, devra, par mesure de prudence, effectuer en personne le dépôt de son rapport et de l'échantillon ; dans le cas contraire, il devra transmettre son rapport par la poste comme pli recommandé et déposer l'échantillon au greffe du lieu où il a fait l'analyse.

Le deuxième paragraphe de cet article prévoit le cas où le vendeur contesterait les résultats de l'expertise. Le troisième exemplaire de l'échantillon prélevé suivant les prescriptions de l'article 7 doit, dans cette occurrence, être soumise à une contre-expertise confiée à un chimiste-expert choisi sur la liste dressée par le ministre et désigné par le président du tribunal de l'arrondissement où il a été procédé à la prise de l'échantillon.

Les articles 15 et 16 fixent les règles de la contre-expertise et les articles 17 et 18 s'occupent de la mise en mouvement de l'action publique en prescrivant la transmission au procureur de la République des procès-verbaux de la prise d'échantillon, ainsi que des rapports des chimistes chargés de l'expertise et de la contre-expertise.

Les instructions du Comité des stations agronomiques sur la prise d'échantillon et l'analyse des engrais complètent l'article 12 du décret du 10 mai 1889 en indiquant, d'une façon très précise, la manière de procéder suivant la nature des engrais ou des amendements ; elles permettent aux maires ou à leurs adjoints, ainsi qu'aux commissaires de police qui ne seraient pas familiarisés avec ce genre d'opération et qui ne pourraient se faire assister d'un chimiste ou d'un professeur d'agriculture, d'effectuer les prélèvements d'échantillons dans des conditions régulières et conformes aux données scientifiques.

D'autre part, elles constituent un guide certain pour tous les chimistes-experts et assurent l'unité et la précision des procédés d'analyse qui sont indispensables pour maintenir l'autorité et l'efficacité des prescriptions du législateur.

Quant à la liste des chimistes-experts, elle sera revisée tous les ans, dans le courant de janvier, afin d'être modifiée ou complétée suivant les circonstances.

Bien que le règlement ne contienne aucune disposition relative au payement des frais d'expertise, il doit être entendu que l'État supporte les frais des analyses faites à la demande des autorités compétentes si les résultats de la vérification ne sont pas défavorables au vendeur, et que les frais des analyses faites à la requête des particuliers sont payés d'après les conventions des parties, et, en cas de silence à ce sujet, par celle qui, à la suite de la vérification, est reconnue en faute, c'est-à-dire par le vendeur si ses indications sont fausses, par l'acheteur s'il a sollicité à tort une analyse.

En terminant, je crois devoir vous rappeler que l'article 471, paragraphe 15, du Code pénal demeure applicable à toutes les contraventions auxquelles pourra donner lieu la violation des dites prescriptions.

Je vous serai obligé, monsieur le Préfet, de donner la plus large publicité à la loi, au décret portant règlement d'administration publique, à la liste des experts et à la présente circulaire. Ces documents, indépendamment de leur insertion dans le *Recueil des actes administratifs* de votre département, figureront utilement dans le *Bulletin des Communes* et dans les principaux organes départementaux. Il est essentiel, en effet, que les agriculteurs connaissent les mesures qui ont été prises par le gouvernement de la République pour les protéger contre un genre de fraude dont ils n'ont souffert que trop longtemps et qui n'a pas peu contribué à retarder les progrès de la culture.

Je compte enfin, monsieur le Préfet, sur votre vigilance et votre fermeté pour faire produire à l'œuvre du législateur tous ses effets, en exerçant une surveillance des plus attentives sur le commerce des engrais, et en usant de toutes les facilités que vous donne la législation pour faire constater par qui de droit toutes les infractions aux prescriptions de la loi et du règlement d'administration publique et vérifier la nature de toutes les marchandises qui paraîtraient suspectes aux fonctionnaires ou agents placés sous vos ordres.

Arrêté ministériel fixant le tarif des expertises d'engrais :

Article premier. — Le tarif d'expertises des engrais est fixé à 10 francs par élément dosé et à 25 francs pour le rapport. Toutefois, les frais d'expertise d'un engrais ou amendement, quel que soit le nombre des éléments dosés, ne pourront s'élever à une somme supérieure à 50 francs.

Art. 2. — Les prises d'échantillons sont fixées à 6 francs par vacation de trois heures au plus. Les frais de déplacement seront remboursés sur état.

Article 3. — Le conseiller d'État, directeur de l'Agriculture, est chargé de l'exécution du présent arrêté.

(Paris, le 19 juin 1889.)

Loi du 8 juillet 1907 (*Lésion de plus d'un quart dans l'achat des engrais*).

Article premier. — La lésion de plus d'un quart dans l'achat des engrais ou amendements qui font l'objet de la loi du 4 février 1888 et des substances destinées à l'alimentation des animaux de la ferme donne à l'acheteur une action de réduction de prix et en dommages-intérêts.

Art. 2. — Cette action doit être intentée, à peine de déchéance, dans le délai de quarante jours à dater de la livraison. Ce délai est franc. Elle demeure recevable nonobstant l'emploi partiel ou total des matières livrées.

Article 3. — Nonobstant toute convention contraire qui sera nulle de plein droit, cette action est de la compétence du juge de paix du domicile de l'acheteur, quel que soit le chiffre de la demande, et sous réserve du droit d'appel au-dessous de 300 francs.

Cette loi est fort courte et paraît toute simple à première vue. En réalité, il n'en est pas tout à fait ainsi.

Voici les réflexions qu'elle a suggérées à un spécialiste, M. Pierre Larue, avocat, ingénieur-agronome (1).

(1) *Petit Journal agricole,* 1908, p. 502.

Que faut-il entendre par lésion de plus d'un quart ?

D'un quart sur quoi? Sur le prix de vente ou sur la valeur réelle? Autrement dit : on m'a vendu 20 francs un engrais qui en vaut 15. Puis-je réclamer? Non, si on prend comme base le prix de vente 20, dont le quart est 5. Je suis alors trompé d'un quart, mais non de *plus d'un* quart.

Oui, si on prend comme base la valeur réelle quinze francs, dont le quart est de 3 fr. 75. Le prix de vente, 20 francs, est, en effet, supérieur à 15 fr. + 3 fr. 75 = 18 fr. 75.

C'est cette valeur réelle qu'ont, en effet, voulu prendre nos législateurs. Ils l'ont dit dans la discussion. Ils auraient bien fait de le mettre dans la loi. Rien n'est donc plus intéressant pour son application que le résumé des idées échangées par nos honorables à ce sujet.

Le rapporteur M. Martin s'exprimait ainsi à la Chambre des députés :

Par lésion de plus d'un quart, il faut entendre le préjudice causé à l'acheteur dans le cas où le prix d'un engrais ou d'une substance destinée à l'alimentation des animaux de la ferme dépasse d'un quart sa valeur commerciale établie par l'expertise, en tenant compte de la mercuriale à la date de la convention, des frais de mélange et de broyage s'il y a lieu, des frais d'emballage et des frais généraux. (Il en est d'ailleurs ainsi en Belgique depuis 1897.)

« ... Il s'agit donc d'une exagération supérieure à un quart, non pas du prix strict, de la valeur intrinsèque, mais de la valeur commerciale, c'est-à-dire de la valeur établie en tenant compte des frais divers et du bénéfice légitime du commerçant. »

Au Sénat, M. Victor Leydet a demandé au ministre de l'Agriculture si on tiendrait compte des frais et risques que courent les commerçants et les intermédiaires dans les livraisons au détail. On a parlé de 8 à 10 p. 100 pour chacune de ces deux catégories de commerçants, ce qui ferait du 20 p. 100 en sus de la valeur intrinsèque augmentée des transports. M. le ministre a répondu : « Cela ne fait pas de doute. Tout doit entrer en compte : courtage loyal et honnête laissé à l'appréciation de l'expert, frais de transport, emmagasinage s'il y en a. Il est nécessaire qu'on évalue complètement la valeur de l'engrais au moment de la livraison. » (*Journal officiel* du 14 juin, page 754.)

Avant donc que de poursuivre son vendeur en justice de paix, l'acheteur devra bien examiner sa facture et se demander s'il n'est pas passé par un nombre trop grand d'intermédiaires. Si chacun d'eux n'a perçu qu'un bénéfice légitime, il ne pourrait guère intenter l'action avec succès.

Ainsi, un jour, dans l'île de Ré, on a présenté une facture de superphosphate dit « d'os mitigés » vendu le double du cours du gros. Or, on l'avait acheté à un voyageur venu de Paris par l'intermédiaire d'un courtier du pays. Il se pouvait fort bien que l'un et l'autre n'aient eu qu'un bénéfice légitime, peut-être une perte !

M. Larue cite encore cet autre exemple.

« Nous trouvons également, dans notre dossier, un compte fait par un courtier qu'un professeur d'agriculture voulait poursuivre. Ce courtier avait acheté l'engrais 3 fr. 55 les 100 kilos à l'usine. Il démontrait, par le détail suivant, qu'il ne gagnait guère en le revendant 13 fr. 50.

« Facturé par l'usine, 3 fr. 55 ; courtage, 4 francs ; port (465 kilomètres), 3 fr. 40 ; renseignements, 0 fr. 25 ; correspondance, 0 fr. 15 ; frais généraux (loyer, patente, employés), 0 fr. 40 ; recouvrement, 0 fr. 25 ; intérêt du capital pendant un an, 0 fr. 65 ; non valeurs, 0 fr. 50. Total : 13 fr. 15. Bénéfice net : 0 fr. 35. Prix de vente : 13 fr. 50.

« Resterait à savoir ce que représentent les 4 francs de courtage.

« Quoi qu'il en soit, on n'a pas osé poursuivre. »

Nous conclurons avec M. Larue que le législateur s'est montré trop discret. Nous engageons fermement les agriculteurs à éviter tout simplement de se laisser tromper en apprenant le cours des éléments fertilisants.

Ce sera moins long pour eux qu'un procès.

TABLE DES MATIERES DU TOME II

—

CHAPITRE VIII
Emploi des engrais chimiques.

CHAPITRE IX

Applications des engrais chimiques aux différentes plantes culturales.

CHAPITRE X
Législation et commerce des engrais.

PRINCIPAUX OUVRAGES CONSULTÉS :

Muntz et Girard. *Les Engrais.*
Dehérain. *Chimie agricole.*
Journal d'Agriculture pratique.
Journal de l'Agriculture.
Petit Journal agricole.
Annales de la Science agronomique.

Comptes-rendus de l'Académie des sciences.

Dr WAGNER. *Anwendung Künstlicher Düngemittel*, 3ᵉ éd. 1903.

Dr WAGNER. *Düngerfragen*, fasc. I à VI.

Dr SCHNEIDEWIND. *Die Kalidüngung auf besserem Boden*, 2ᵉ éd. 1905.

Dr SCHNEIDEWIND. *Die Stickstoffquellen und die Stickstoffdüngung*, 1908.

WOLFF. *Praktische Düngerlehre.*

RUMPLER. *Die Käuflichen Düngestoffe.*

Chemiker Zeitung. Etc., etc.